中国工程院咨询研究重点项目研究成果

高性能高分子材料

蹇锡高　王锦艳　刘　程　编著

科学出版社

北　京

内 容 简 介

本书是中国工程院咨询研究重点项目"高性能、功能性高分子材料
2035 发展战略研究"课题 2 "高性能高分子材料"的研究成果。围绕轻质
高强的结构高分子材料,重点以普通工程塑料、高性能工程塑料、高性能
纤维和高性能树脂基复合材料为研究对象,研究国外先进国家或地区高性
能高分子材料的发展现状;国内高性能高分子材料的发展现状;目前进口
品种及壁垒情况,国内技术与国外先进技术对比差距;国内高性能高分子
材料的工程化技术力量薄弱的原因;总结发达国家的先进技术、管理水平;
提出我国未来的高性能高分子材料的发展战略图和目标。

本书可供航空航天、舰船、石油化工、轨道交通等领域,从事高性能
高分子材料的研发、设计、生产、应用的科研、工程技术人员及相关部门
管理人员参考阅读,也可作为高等院校高分子材料、复合材料等相关专业
本科生及研究生的辅助阅读材料。

图书在版编目(CIP)数据

高性能高分子材料 / 蹇锡高,王锦艳,刘程编著. —北京:科学出版社,
2022.8

ISBN 978-7-03-072800-5

Ⅰ. ①高⋯ Ⅱ. ①蹇⋯ ②王⋯ ③刘⋯ Ⅲ. ①高分子材料
Ⅳ. ①TB324

中国版本图书馆 CIP 数据核字(2022)第 138518 号

责任编辑:翁靖一 高 微 / 责任校对:杜子昂
责任印制:赵 博 / 封面设计:耕者设计工作室

科 学 出 版 社 出版
北京东黄城根北街 16 号
邮政编码:100717
http://www.sciencep.com
三河市春园印刷有限公司印刷
科学出版社发行 各地新华书店经销

*

2022 年 8 月第 一 版 开本:720×1000 1/16
2025 年 1 月第三次印刷 印张:16 3/4
字数:328 000

定价:149.00 元
(如有印装质量问题,我社负责调换)

前　言

　　高分子材料具有质轻、耐腐蚀、便于复杂制品设计、成型时能耗小等优点，与金属材料、无机非金属材料和复合材料一起，已成为航空航天、电子电器、交通运输、能源动力、国防军工及国家重大工程等领域的重要基础材料，对国家支柱产业的发展，尤其是国家安全的保障起着重要或关键的作用。

　　高分子材料包括合成塑料、合成橡胶和合成纤维。高分子材料根据使用温度可分为通用高分子材料和高性能高分子材料。通用高分子材料长期使用温度在120℃以下，量大面广，价格较低，在人们衣、食、住、行、健康等方面发挥着重要作用。通用高分子材料的高性能化一直是其重要的发展方向。本书暂不包含该部分的研究进展。

　　与金属材料和无机非金属材料相比，高分子材料的使用温度低是限制其应用的重要原因。与通用高分子材料相比，高性能高分子材料是具有优异的热稳定性、化学稳定性、辐照稳定性、高温绝缘性和优异的力学性能，尤其在高温下仍保持优异的综合性能。其中，普通工程塑料的使用温度在150℃以下，高性能工程塑料的使用温度在150℃以上。具体种类如图1所示。另外，高性能树脂基复合材料具有质轻、比强度高、比模量高的特性，已成为各种空间飞行器、舰船、车辆等实现轻量高速、节能远航（行）的重要技术支撑材料。

　　随着高技术的快速发展，尤其是汽车、轨道交通、航空航天轻量化及节能的迫切需求，电子信息行业向高密度、高精度、高集成化装配技术发展，对相关的材料提出了越来越高的要求，使高性能高分子材料的市场需求量迅猛发展。我国虽然从"七五"就开始不断地大力支持高分子材料领域的技术发展，涌现出一批从事高性能高分子材料的企业，但其相关产品的技术与国外同类技术相比依然差距很大。

　　本书以普通工程塑料、高性能工程塑料、高性能纤维和高性能树脂基复合材料为研究对象，研究国外先进国家或地区（美国、日本、欧洲）高性能高分子材料的发展现状，包括主要品种的产能、市场需求及应用领域的发展情况；国内高性能高分子材料的发展现状，包括品种、产业化、市场需求的总体情况，目前进口品种及壁垒情况，国内技术与国外先进技术对比差距；国内高性能高分子材料的工程化技术力量薄弱的原因；总结发达国家的先进技术、管理水平；提出我国未来的高性能高分子材料的发展战略图和目标。

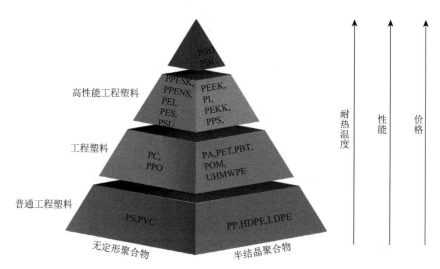

图 1　高分子材料分类金字塔

参与本书撰写工作的人员有大连理工大学化工学院蹇锡高院士（规划全书框架结构）、王锦艳（第 1 章，第 2 章，第 4 章）、翁志焕（第 1 章）、刘程（第 3 章），全书由王锦艳统稿。特别感谢翁志焕老师对第 1 章的文献整理的贡献，陈友氾老师对第 3 章 3.2 节和第 4 章的复合材料成型装备的发展现状部分的编写贡献。大连理工大学李佳惠博士、曹旗博士对第 1 章的图表和参考文献等编写做出了贡献；张锋锋博士、祖愿博士、刘文韬博士和赵铮博士对第 2 章的图表和参考文献等编写做出了贡献；贾航博士生、乔越博士生、顾宏剑博士生、乔丽媛博士生、张玉硕士生、孟庆鑫硕士生和党欣欣硕士生对第 3 章的图表和参考文献等编写做出了贡献。此外，感谢吉林大学姜振华教授对聚芳醚酮的国内外生产商部分提出修改建议，其中四川大学杨杰教授在聚苯硫醚方面提供部分资料，电子科技大学刘孝波教授、中国科学院大连化学物理研究所周光远研究员分别在聚芳醚腈和聚芳醚酮方面提供部分资料，中国石油和化学工业联合会胡迁林副秘书长在普通工程塑料方面提供部分资料；深圳大学徐坚教授、北京化工大学武德珍教授、清华大学庹新林副教授、烟台泰和新材料股份有限公司马千里、中国科学院山西煤炭化学研究所张兴华、威海光威复合材料股份有限公司马全胜、中蓝晨光化工研究设计院有限公司彭涛、内蒙古航天拓力科技发展公司马艳丽等在高性能纤维存在问题和建议方面提供部分资料，在此一并表示感谢。

　　本书撰写出版过程中得到科学出版社翁靖一编辑的支持和帮助，在此深表感谢。感谢科学出版社其他相关领导和编辑在本书出版过程中的辛苦付出。

　　限于作者时间和精力，书中不妥之处在所难免，敬请读者批评指正。

中国工程院院士

大连理工大学教授

2022 年 6 月 28 日

目　　录

第 1 章　普通工程塑料

1.1　普通工程塑料的概述

工程塑料是能长期作为结构材料承受机械应力，并在较宽的温度范围内和较为苛刻的化学物理环境中使用的塑料材料。与通用塑料相比，工程塑料拥有更优异的机械性能、电性能、耐化学性、耐热性、耐磨性、尺寸稳定性等特点，与金属材料相比则具有质量轻、便于复杂制品设计、成型时能耗小等优点，已广泛应用于电子电器、建筑、汽车、机械、航空航天等领域。工程塑料是化工新材料产业的重要组成部分，2017 年工业和信息化部等多部委联合发布的《新材料产业发展指南》，提出先进基础材料、关键战略材料、前沿新材料三大重点发展方向，其中，将工程塑料列入先进基础材料重点发展领域，并予以支持发展[1]。

工程塑料按照用量、性能和使用范围划分，可分为普通工程塑料（或称通用工程塑料）和高性能工程塑料（或称特种工程塑料）。普通工程塑料主要包括聚酰胺、聚碳酸酯、聚甲醛、聚苯醚、热塑性聚酯等。

1.1.1　聚酰胺

聚酰胺是分子主链含有酰胺基团的聚合物总称，英文名称为 polyamide，简称 PA。可由二元酸与二元胺通过缩合聚合反应制得（图 1-1），也可由 ω-氨基酸或内酰胺自聚而得（图 1-2）。聚酰胺分子链段中的酰胺基易使邻近分子链之间形成氢键（图 1-3），进而使得聚酰胺的分子链结构易结晶。由于分子链间的氢键作用，聚酰胺有较高的力学强度和较高的熔点。另外，在聚酰胺分子中亚甲基（—CH_2—）的存在使得其分子链比较柔顺，因而具有较好的韧性。

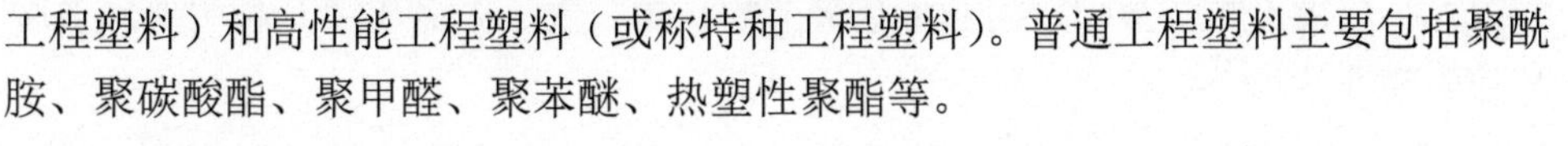

图 1-1　PA6T 的合成路径

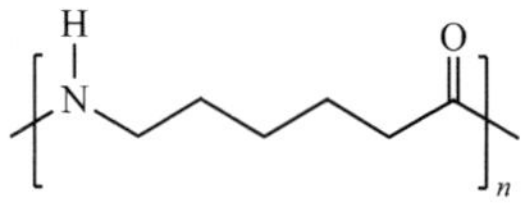

图1-2 PA6 的化学结构式

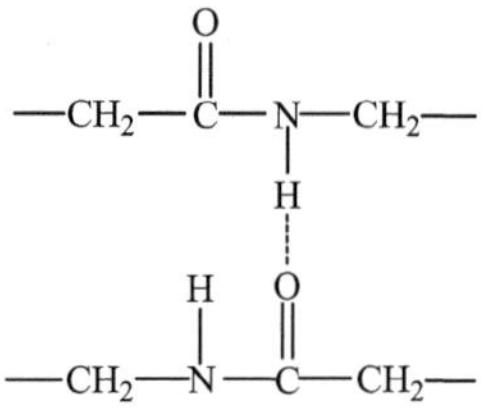

图1-3 聚酰胺分子链中氢键的作用

聚酰胺由于结构不同，其性能也有所差异。化纤用聚酰胺俗称锦纶，工程塑料级聚酰胺俗称尼龙。尼龙具有良好的综合性能，包括力学性能、耐热性、耐磨损性、耐化学药品性和自润滑性，且摩擦系数低，有一定的阻燃性，易于加工，适于用玻璃纤维和其他填料填充增强改性，提高性能和扩大应用范围。尼龙品种繁多，有 PA6、PA66、PA11、PA12、PA46、PA610、PA612、PA1010 等，以及近几年开发的半芳香族尼龙 PA6T、PA9T 和其他特种尼龙等。尼龙为普通工程塑料中产量最大、品种最多、用途最广的品种，已广泛用于汽车工业、机械工业、电子电器、日用产品及化工建材业等方面。然而，聚酰胺因其酰胺基团吸水性强，吸水后使尼龙材料的尺寸稳定性差，力学性能、耐热性能等大幅度降低，其吸水性的大小取决于酰胺基团之间亚甲基链节的长短。表 1-1 列出了几种主要聚酰胺品种的物理性能[2]。

表1-1 几种主要聚酰胺品种的物理性能

性能	PA6	PA66	PA11	PA12	PA610	PA1010	浇注聚酰胺
密度/(g/cm³)	1.13~1.45	1.14~1.15	1.04	1.09	1.8	1.04~1.06	1.14
吸水率/%	1.9	1.5	0.4~1.0	0.6~1.5	0.4~0.5	0.39	—
拉伸强度/MPa	74~78	83	47~58	45~50	60	52~55	77.5~97
断裂伸长率/%	150	60	60~230	230~240	85	100~250	—
弯曲强度/MPa	100	100~110	76	86~92	—	89	160
缺口冲击强度/(kJ/m²)	3.1	3.9	3.5~4.8	10~11.5	3.5~5.5	4~5	—
压缩强度/MPa	90	120	80~100	—	90	79	100
洛氏硬度（B）	114	118	108	106	111	—	—
熔点/℃	215	250~265	—	—	210~220	—	220
热变形温度（1.82MPa）/℃	55~58	66~68	55	51~55	51~56	—	—
脆化温度/℃	−70~−30	−30~−25	−60	−70	−20	−60	—

续表

性能	PA6	PA66	PA11	PA12	PA610	PA1010	浇注聚酰胺
线膨胀系数 /(×10⁻⁵K⁻¹)	7.9～8.7	9.0～10	11.4～12.4	10	9～12	10.5	7.1
燃烧性	自熄	自熄	自熄	自熄至缓慢燃烧	自熄	自熄	自熄
介电常数（测试频率 60Hz）	4.1	4	3.7	—	3.9	2.5～3.6	4.4
介电击穿强度/ （kV/mm）	22	15～19	29.5	16～19	28.5	>20	19.1
介电损耗角正切（测试频率 60Hz）	0.01	0.014	0.06	0.04	0.04	0.020～0.026	—

1.1.2　聚碳酸酯

聚碳酸酯是分子链中含有碳酸酯基的线型高聚物，英文名称为 polycarbonate，简称 PC。根据重复单元中酯基种类的不同，可分为脂肪族、芳香族、脂环族等多种类型。目前最具工业价值的是芳香族聚碳酸酯，其中以双酚 A 型聚碳酸酯为主（图 1-4），其产量在工程塑料中仅次于聚酰胺。

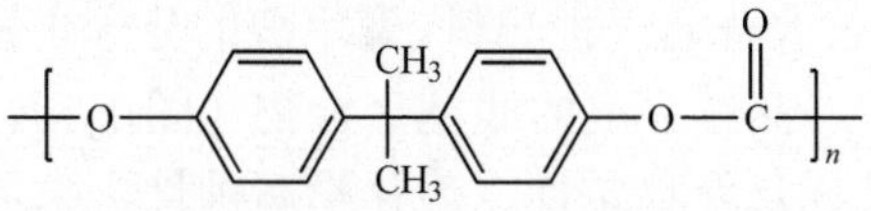

图 1-4　双酚 A 型聚碳酸酯的化学结构式（n 为 100～500）

聚碳酸酯是一种无味、无臭、无毒、透明热塑性高分子材料，具有较高的冲击强度、透明性，良好的力学强度、耐火焰性，优良的电绝缘性和耐热性；它吸水率低、收缩率小、尺寸稳定，可用于电子元件和电动工具部件等精度高的成型制品。缺点是容易产生应力开裂、耐溶剂性差、不耐碱、高温易水解、对缺口敏感性大、与其他树脂相容性差、摩擦系数大、无自润滑性等。

聚碳酸酯的上述物理性能与其结构特点息息相关。聚碳酸酯分子主链上的苯环使聚碳酸酯具有很好的力学性能和耐热性能，而醚键又使聚碳酸酯的分子链具有一定的柔顺性，所以聚碳酸酯是一种既刚又韧的高分子材料。由于聚碳酸酯分子主链的刚性及苯环的体积效应，它的结晶能力差，基本属于无定形聚合物，具有良好的透明性。聚碳酸酯分子主链上的酯基对水很敏感，尤其在高温下易发生水解现象。表 1-2 为双酚 A 型聚碳酸酯的物理性能。

表 1-2　双酚 A 型聚碳酸酯的物理性能

性能	数值	性能	数值
密度/(g/cm³)	1.2	流动温度/℃	220～230
吸水率/%	0.15	热变形温度(1.82MPa)/℃	130～140
断裂伸长率/%	70～120	维卡耐热温度/℃	165
拉伸强度/MPa	66～70	脆化温度/℃	−100
拉伸弹性模量/MPa	2200～2500	热导率/[W/(m·K)]	0.16～0.2
弯曲强度/MPa	106	线膨胀系数/($\times 10^{-5}$K^{-1})	6～7
压缩强度/MPa	83～88	燃烧性	自熄
剪切强度/MPa	35	介电常数(测试频率 10^6Hz)	2.9
无缺口冲击强度/(kJ/m²)	不断	介电损耗角正切(测试频率 10^6Hz)	6×10^{-3}～7×10^{-3}
缺口冲击强度/(kJ/m²)	45～60	介电击穿强度/(kV/mm)	17～22
洛氏硬度（B）	75	体积电阻率/(Ω·cm)	3×10^{16}
布氏硬度/MPa	97～104		

1.1.3　聚甲醛

聚甲醛被誉为"超钢"或者"赛钢"，又称聚氧亚甲基，是 20 世纪 60 年代出现的一种工程塑料，英文名称为 polyoxymethylene，简称 POM，产量仅次于聚酰胺和聚碳酸酯，为第三大普通工程塑料。聚甲醛的分子主链上具有 $\vdash$CH$_2$O$\dashv$ 重复单元，是一种无侧链、高结晶度的线型聚合物（图 1-5），具有密度小，机械性能、电性能、耐磨损性、尺寸稳定性、耐化学腐蚀性、抗冲击性能优良，透气和透水蒸汽性较低等特性，特别是耐疲劳性突出，自润滑性能好，是替代金属，特别是铜、铝、锌等有色金属及合金制品的理想工程塑料。用聚甲醛制成的齿轮、按钮、水表、阀门、泵的叶轮、喷灌器部件、拉链等制品，广泛地用于汽车工业、电子电器、工业器械、农业和消费品等领域。

聚甲醛根据其分子链的化学结构分为均聚甲醛和共聚甲醛两种。生产聚甲醛的单体，工业上一般采用三聚甲醛为原料，因为三聚甲醛比甲醛稳定，容易纯化，聚合反应容易控制。均聚甲醛是以三聚甲醛为原料，以三氟化硼-乙醚络合物为催化剂，在石油醚中聚合，再经端基封闭而得到的。其分子结构式如图 1-6 所示。

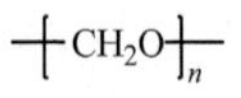

$$\vdash\text{CH}_2\text{O}\dashv_n$$

图 1-5　聚甲醛的化学结构式

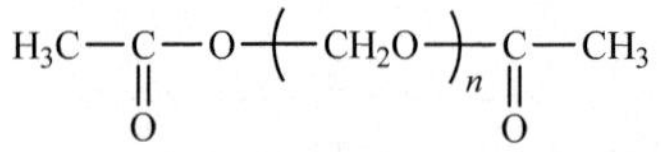

$$\text{H}_3\text{C}-\overset{\text{O}}{\underset{\text{O}}{\text{C}}}-\text{O}\vdash\text{CH}_2\text{O}\dashv_n\overset{\text{O}}{\underset{\text{O}}{\text{C}}}-\text{CH}_3$$

图 1-6　均聚甲醛的分子结构式

　　共聚甲醛是以三聚甲醛为原料，与二氧五环作用，在以三氟化硼-乙醚为催化剂的情况下共聚，再经后处理除去大分子链两端不稳定部分而得。其分子结构式如图 1-7 所示。

$$\left.\left.\left[\!\left[CH_2\!-\!O\right]_x\!CH_2\!-\!O\!-\!CH_2\!-\!O\!-\!CH_2\right]_y\right]_n\right.$$

图 1-7　共聚甲醛的分子结构式

　　聚甲醛的外观为白色粉末或粒料，硬而质密，表面光滑且有光泽，着色性好。聚甲醛吸湿性小，尺寸稳定性好，但热稳定性较差，容易燃烧，长期暴露在大气中易老化，表面会发生粉化及龟裂的现象。聚甲醛的典型物理性能如表 1-3所示。

表 1-3　聚甲醛的典型物理性能

性能	均聚甲醛	共聚甲醛	性能	均聚甲醛	共聚甲醛
密度/(g/cm^3)	1.43	1.41	缺口冲击强度/(kJ/m^2)	7.6	6.5
成型收缩率/%	2.0～2.5	2.5～3.0	介电常数(测试频率 10^{6}Hz)	3.7	3.8
吸水率(24h)/%	0.25	0.22	介电损耗角正切(测试频率 10^{6}Hz)	0.004	0.005
拉伸强度/MPa	70	62	体积电阻率/(Ω·cm)	6×10^{14}	1×10^{14}
拉伸弹性模量/MPa	3160	2830	介电击穿强度/(kV/mm)	18	18.6
断裂伸长率/%	40	60	线膨胀系数/(×10^{-5}K^{-1})	8.1	11
压缩强度/MPa	127	113	马丁耐热温度/℃	60～64	57～62
压缩弹性模量/MPa	—	3200	连续使用温度(最高)/℃	85	104
弯曲强度/MPa	98	91	热变形温度(1.82MPa)/℃	124	110
弯曲弹性模量/MPa	2900	2600	脆化温度/℃	—	−40
无缺口冲击强度/(kJ/m^2)	108	95			

1.1.4　聚苯醚

　　聚苯醚又称聚亚苯基氧，英文名称为 polyphenylene oxide，简称 PPO。在聚苯醚的诸多异构体中，具有实际意义而且研究最广的是对位结构的聚合物，其中以 2-位、6-位都被甲基取代，形成的聚（2,6-二甲基-1,4-苯醚）为代表，结构如图 1-8 所示。

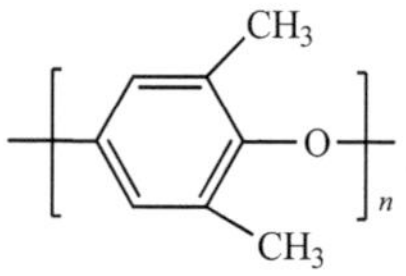

图 1-8 聚苯醚的分子结构式

聚（2,6-二甲基-1,4-苯醚），是美国通用电气公司（GE 公司）的 Allan S. Hay 于 1959 年首次采用氯化亚铜-吡啶络合物为催化剂，硝基苯作溶剂，氧气为氧化剂，在常温、常压下，由 2,6-二甲基苯酚（DMP）单体通过碳-氧偶合方法制得，并于 1965 年实现工业化，建成世界第一座年产 4.54kt 聚苯醚的生产线。

聚苯醚为白色或微黄色粉末，在其中加入一定量的增塑剂、稳定剂、填料及其他添加剂，经挤出机挤出造粒后，即得到聚苯醚塑料。聚苯醚分子主链中含有大量的酚基芳香环，使其分子链段内旋转困难，从而使得聚苯醚的熔点升高，熔体黏度增加，熔体流动性大，加工困难；分子链中的两个甲基封闭了酚基两个邻位的活性点，可使聚苯醚的刚性增加、稳定性增强、耐热性和耐化学腐蚀性提高。基于上述的结构特点，聚苯醚材料在长期负荷下，具有优良的尺寸稳定性和突出的电绝缘性，使用温度范围广，可在-127～121℃范围内长期使用；具有优良的耐水、耐蒸汽性能，制品具有较高的拉伸强度和冲击强度，抗蠕变性也好，且有较好的耐磨性和电性能。主要用于代替不锈钢制造外科医疗器械，在机电工业中可制作齿轮、鼓风机叶片、管道、阀门、螺钉及其他紧固件和连接件等，还用于制作电子电器工业中的零部件，如线圈骨架及印刷电路板等。聚苯醚虽然具有许多优异性能，但由于其加工流动性差、易应力开裂、价格昂贵，因此限制了它在工业上的应用。所以，目前工业上使用的聚苯醚主要是改性聚苯醚（MPPO），例如，与聚苯乙烯共混得到的 PS/PPO 合金。表 1-4 列出了聚苯醚和改性聚苯醚的主要物理性能。

表 1-4 聚苯醚和改性聚苯醚的主要物理性能

性能	聚苯醚	30%玻璃纤维增强聚苯醚	共混改性聚苯醚	接枝改性聚苯醚
密度/(g/cm³)	1.06	1.27	1.10	1.09
吸水率/%	0.03	0.03	0.07	0.07
拉伸强度/MPa	87	102	62	54
弯曲强度/MPa	116	130	86	83
弯曲模量/GPa	2.55	7.7	2.45	2.16
冲击强度/(J/m)	127.4	—	176.4	147
线膨胀系数/($\times 10^{-5} K^{-1}$)	4	2.5	6	7.5

性能	聚苯醚	30%玻璃纤维增强聚苯醚	共混改性聚苯醚	接枝改性聚苯醚
热变形温度/℃	173	—	128	120
体积电阻率/(Ω·cm)	7.9×10^{17}	1.2×10^{16}	10^{16}	10^{16}
介电损耗角正切（测试频率 60Hz）	0.00035	—	0.0004	0.0004

1.1.5　热塑性聚酯

热塑性聚酯是由饱和二元酸和二元醇经缩合聚合反应制得的线型半结晶聚合物，可分为非工程塑料级和工程塑料级两大类。目前大规模工业化生产的工程塑料级热塑性聚酯主要是聚对苯二甲酸乙二醇酯（PET）和聚对苯二甲酸丁二醇酯（PBT）。聚萘二甲酸乙二醇酯（PEN）、聚对苯二甲酸丙二醇酯（PTT）、聚对苯二甲酸环己烷二甲醇酯（PCT）是近年来开发的新品种。

聚对苯二甲酸乙二醇酯（polyethylene terephthalate，PET）是由对苯二甲酸或对苯二甲酸二甲酯与乙二醇缩聚的产物，其制备过程可以采用酯交换法和直接酯化法先制得对苯二甲酸双羟乙酯，再经缩聚后得到聚对苯二甲酸乙二醇酯，其分子结构式如图 1-9 所示。

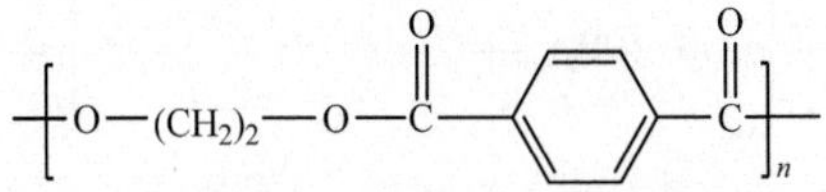

图 1-9　聚对苯二甲酸乙二醇酯的分子结构式

PET 在 1947 年开始工业化生产，起初主要用于生产薄膜和纤维（俗称涤纶）。PET 分子结构规整，属结晶型高聚物，但其结晶度一般为 40%左右，经过加工处理后可获得透明度很高的无定形 PET，已被用于智能电子产品中的光学级 PET 薄膜等。PET 在室温下具有优越的力学性能和摩擦、磨损性能。PET 抗蠕变性、刚性和硬度等较好，且吸水性低、线膨胀系数小、尺寸稳定性高；其主要缺点是热力学性能与冲击性能很差。PET 的分子链由刚性的苯基、极性的酯基和柔性的脂肪烃基组成，所以其大分子链既刚硬，又有一定的柔顺性。由于 PET 结晶速率很慢，结晶温度又高，降低其热成型加工性能，一般采用与 PBT 等聚合物进行合金改性来改善其热成型加工性能。20 世纪 60 年代中期开发了玻璃纤维增强 PET，可以方便地挤出、注射成型和吹塑成型。表 1-5 列出了 PET 和玻璃纤维增强 PET 的物理性能。

表 1-5　PET 和玻璃纤维增强 PET 的物理性能

性能	PET	30%玻璃纤维增强 PET	45%玻璃纤维增强 PET	性能	PET	30%玻璃纤维增强 PET	45%玻璃纤维增强 PET
密度/(g/cm³)	1.37~1.38	1.56	1.69	缺口冲击强度/(kJ/m²)	3.92	80	—
吸水率/%	0.26	0.05	0.04	热变形温度（1.82MPa）/℃	80	215	227
成型收缩率/%	1.8	0.2~0.9	—	线膨胀系数/($\times 10^{-5}$K⁻¹)	6	2.9	
拉伸强度/MPa	80	140~160	196	介电常数（测试频率10^6Hz）	2.8	4	
拉伸模量/MPa	2900	10400	14800	介电击穿强度/(kV/mm)	30	29.6	—
弯曲强度/MPa	117	235	288	体积电阻率/($\Omega \cdot$m)	>10^{14}	5×10^{14}	10^{13}
弯曲模量/MPa	—	9100	14000				

　　聚对苯二甲酸丁二醇酯（polybutyleneterephthalate，PBT）是对苯二甲酸和丁二醇缩聚的产物。其制备方法和 PET 类似，可以采用酯交换法和直接酯化法，其分子结构式如图 1-10 所示。

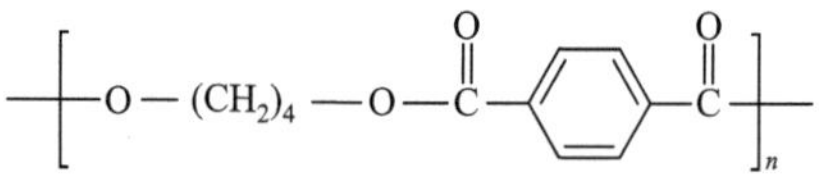

图 1-10　聚对苯二甲酸丁二醇酯的分子结构式

　　PBT 为乳白色半透明到不透明、结晶型热塑性聚酯，具有高耐热性、韧性、耐疲劳性、自润滑、低摩擦系数、耐候性、低吸水率（仅为 0.1%）、电绝缘性佳等特点，但体积电阻率、介电损耗大。耐热水、碱类、酸类、油类，但易受卤代烃侵蚀，耐水解性差，低温下可迅速结晶，热成型加工性能良好。缺点是缺口冲击强度低，成型收缩率大，因此大部分采用玻璃纤维增强或无机填充改性。表 1-6 列出了未增强 PBT，30%玻璃纤维增强 PBT、PPO、PA6、PC、POM 主要物理性能比较。

表 1-6　未增强 PBT，30%玻璃纤维增强 PBT、PPO、PA6、PC、POM 主要物理性能比较

性能	未增强 PBT	增强 PBT	增强 PPO	增强 PA6	增强 PC	增强 POM
拉伸强度/MPa	55	119.5	100~117	150~170	130~140	126.6
拉伸模量/MPa	2200	9800	4000~6000	9100	10000	8400

续表

性能	未增强 PBT	增强 PBT	增强 PPO	增强 PA6	增强 PC	增强 POM
弯曲强度/MPa	87	168.7	121~123	200~240	170	203.9
弯曲模量/MPa	2400	8400	5200~7600	5200	7700	9800
悬臂梁缺口冲击强度/(J/m)	60	98	123	109	202	76
最高连续使用温度/℃	120~140	138	115~129	116	127	96

1.2　普通工程塑料的发展现状

1.2.1　我国普通工程塑料"十三五"期间整体发展

我国普通工程塑料起步较晚，但发展迅速，目前已逐步形成了具有树脂合成、改性与合金、加工应用等相关配套能力的完整产业链，产业规模不断扩大，并且出口不断增长；企业规模持续壮大，产品品种不断增加；科技水平日益提高，部分产品技术、质量指标也已接近国外先进水平；管理水平明显提高，万华化学集团股份有限公司(简称万华化学)、蓝星化工新材料股份有限公司(简称蓝星新材)、中国神马集团有限责任公司(简称神马集团)、云南云天化股份有限公司(简称云天化)等一批企业先后上市。

1. 我国普通工程塑料的供需现状

如表 1-7 所示，2018 年我国普通工程塑料主要产品产量约 297.3 万 t，进口量222.8 万 t，出口量 73.0 万 t。其中，出口量与 2017 年（74.3 万 t，表 1-8 所示）相当，自给率达到 66.5%。

表 1-7　2018 年普通工程塑料主要品种供需情况[3]

品种	产量/万 t	进口量/万 t	出口量/万 t	表观消费量/万 t	自给率/%
聚碳酸酯	70.0	131.0	25.0	176.0	39.8
聚酰胺	130.1	41.0	16.8	154.3	84.3
聚甲醛	28.0	34.0	3.0	59.0	47.5
热塑性聚酯	68.0	16.8	28.2	56.6	120.1
聚苯醚	1.2	—	—	1.2	—
合计	297.3	222.8	73.0	447.1	66.5

表 1-8　2017 年普通工程塑料主要品种进出口情况（单位：万 t）[4]

品种	出口量	进口量
聚碳酸酯	28.8	138.5
聚酰胺	16.6	39.8
聚甲醛	3.3	30.9
热塑性聚酯	25.6	15.3
聚苯醚	—	4.2
合计	74.3	228.7

2. 我国普通工程塑料的重点企业

我国普通工程塑料主要生产企业有 60 多家（表 1-9），包括神马集团、中国化工蓝星集团、云天化集团、中国石化仪征化纤有限责任公司等企业；德国科思创、美国英威达、日本帝人、三菱丽阳等国际知名生产商都已在国内投资建厂并不断扩大规模；此外，中国石化、中国海油下属企业也进入了普通工程塑料行业。

2017 年，我国普通工程塑料主要产品产能 347.5 万 t，产量 264.6 万 t，平均开工率 76%。根据当年价格水平计，2017 年我国普通工程塑料产业实现产值约 480 亿元。据不完全统计，截至 2018 年，我国普通工程塑料主要产品产能 401.6 万 t，产量 297.3 万 t，平均开工率 74%，见表 1-10。

表 1-9　我国普通工程塑料主要生产企业[4]

产品	生产企业	2017 年产能/（万 t/a）
聚碳酸酯	科思创聚合物（中国）有限公司	40
	帝人聚碳酸酯有限公司	15
	宁波浙铁大风化工有限公司	10
	菱优工程塑料（上海）有限公司	10
	鲁西化工集团股份有限公司	6.5
	中石化三菱化学聚碳酸酯（北京）有限公司	6
聚酰胺	中国平煤神马集团	24.3
	英威达尼龙化工（中国）有限公司	15
	华峰集团有限公司	4
	鞍山市国锐化工有限公司	4
	江苏华洋尼龙有限公司	2

续表

产品	生产企业	2017 年产能/（万 t/a）
聚甲醛	云南云天化股份有限公司	9
	宝泰菱工程塑料（南通）有限公司	6
	神华宁夏煤业集团	6
	中海石油天野化工有限责任公司	6
	河南永煤集团开封龙宇化工有限公司	4
	兖矿鲁南化肥厂	4
	开滦集团唐山中浩化工有限公司	4
	新疆联合化工有限责任公司	4
热塑性聚酯	长春化工（江苏）有限公司	18
	江苏恒力集团营口康辉石化有限公司	12
	河南开祥精细化工有限公司	10
	中石化仪征化纤工程塑料厂	8
	无锡市兴盛新材料科技有限公司	8
	江阴和时利工程塑料科技发展有限公司	7
	南通星辰合成材料有限公司	6
	新疆蓝山屯河聚酯有限公司	6
	福建湄洲湾氯碱工业有限公司	6
	潍焦振兴日升化工有限公司	6
聚苯醚	蓝星集团南通星辰合成材料有限公司	2

表 1-10 2017 年和 2018 年普通工程塑料主要品种生产情况[3]

品种	2017 年			2018 年		
	产能/万 t	产量/万 t	开工率/%	产能/万 t	产量/万 t	开工率/%
聚碳酸酯	92.5	63.6	69	120.5	70.0	58
聚酰胺	120.0	109.6	91	140.0	130.1	93
聚甲醛	43.0	24.8	58	48.0	28.0	58
热塑性聚酯	90.0	65.7	73	90.0	68.0	76
聚苯醚	2.0	0.9	45	3.1	1.2	39
合计	347.5	264.6	76	401.6	297.3	74

注：统计的数据不包括聚甲基丙烯酸酯。

　　由于工程塑料属于技术密集型产业，外资企业在该领域一直占有较大份额，其次是国有控股型企业。根据统计分析[4]（图1-11），在我国工程塑料生产企业中，外资占35%、国有占36%、民营占20%、台资占9%。另外，从单个企业的规模来看，如图1-12所示，外资和台资企业的平均年生产能力为13万t，国有企业的平均年生产能力为7万t，民营企业的平均年生产能力为4万t，存在一定差距。目前我国普通工程塑料均已建成生产装置，以引进技术为主，但中国本土企业生产比例不断提高。

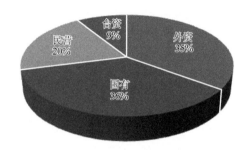

图1-11　不同资本普通工程塑料生产企业所占比例

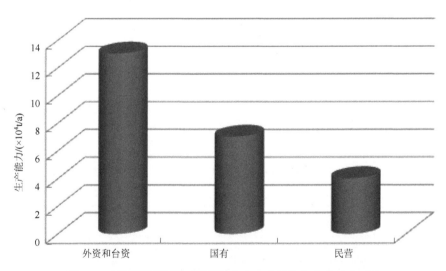

图1-12　不同类型普通工程塑料生产企业平均年生产能力对比

　　从区域分布来看[4]，我国工程塑料企业近70%（按生产能力计）集中在华东地区（图1-13），其次有不到20%的企业集中在中南地区，其他分布在西北、华北等地区。从单个企业规模来看，华东和中南地区的工程塑料企业平均规模为8万~9万t/a，规模水平和集中度相对较高。

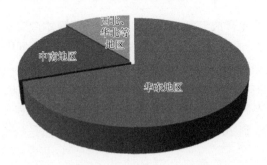

图 1-13　我国普通工程塑料企业的区域分布

1.2.2　高温聚酰胺的发展现状

鉴于目前高温尼龙的核心技术在于树脂合成，我们主要对高温尼龙树脂合成相关的专利进行了检索分析。采用 THOMSON INNOVATION 数据库检索高温尼龙合成领域 2005 年 1 月 1 日～2016 年 5 月 31 日的专利，并且同族专利去重后，得到 665 件专利，并对这些专利进行了分析。

通常，专利除了在本国申请外，还会申请其他国家的同族专利。这样，就会造成分析专利时的一个困扰——如何区分这件专利是来自本国，还是其他国家的公司在该国的同族专利申请？如果是后者，是无法反映出该国的实际科技实力的。我们对该问题的解决方案是采用优先权国家（地区）统计的策略，绝大部分情况下，本国的科研成果做出后会首先在本国申请专利，然后以本国申请专利获得优先权后再申请国际专利。这样，优先权国家（地区）的统计就能反映该国的实际科技实力。高温尼龙合成专利国家及地区分布如图 1-14 所示，从中可以看出，日

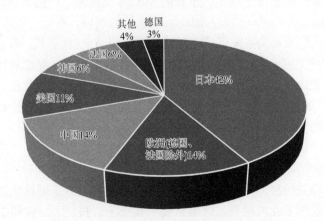

图 1-14　高温尼龙合成专利国家及地区分布

本专利占据了高温尼龙合成专利的 42%。这反映了日本政府和公司的科技实力以及对知识产权的重视。除去德国和法国以外的欧洲地区专利同中国专利数量相当，都比美国的专利数量多。这反映了国内近十年来在高温尼龙领域的实力逐步加强，至少在专利数量上已经不容小觑。另外，韩国和法国在该领域也有一定影响。

高温尼龙合成专利时间分布如图 1-15 所示。本领域专利数量自 2008 年开始迅猛增长，一直持续到 2015 年才略有下降，但目前仍然是热点领域。

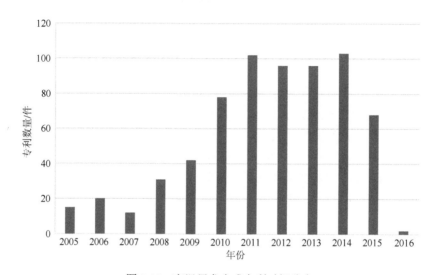

图 1-15　高温尼龙合成专利时间分布

高温尼龙合成专利主要公司分布如图 1-16 所示。三菱化学株式会社（简称三菱化学）的主要产品是基于间苯二甲胺的 MXD6 聚酰胺。严格来说，该聚酰胺的熔点不超过 250℃，不应该被归入耐高温聚酰胺的领域。不过，该产品性能很好，吸水率较低，并且间苯二甲胺可以随时被对苯二甲胺 PXD 替代，聚合工艺基本不变，替代后所得 PXD6 熔点高达 290℃，是高温尼龙的潜在候选材料。其他公司都是高温尼龙业内的知名公司。值得注意的是，国内金发科技股份有限公司（简称金发科技）、杰事杰集团和中北大学近十年来也分别申请了 10 件以上专利，在此领域做出了初步布局。

我们还进一步分析了二胺和二酸单体近十年来的发展趋势。二胺单体的统计分析如图 1-17 所示。己二胺作为尼龙的传统单体，优势地位难以撼动。值得指出的是，癸二胺相关特种尼龙专利处于第二位，已经超过可乐丽株式会社的壬二胺尼龙专利。这反映了业内对癸二胺的重视。其余壬二胺、丁二胺和 2-甲基戊二胺等都是业内传统的单体。另外，十二二胺的专利也出现了明显的增长，有希望成为下一个产业化的特种尼龙产品。

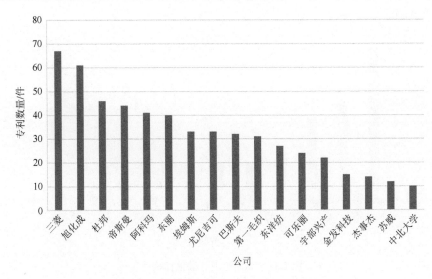

图 1-16　高温尼龙合成专利主要公司分布

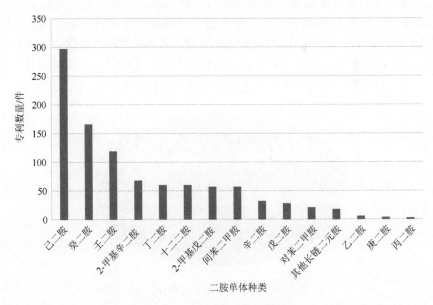

图 1-17　高温尼龙二胺单体统计

　　二酸单体的统计分析如图 1-18 所示。除了常见的对苯二甲酸、己二酸和间苯二甲酸外，癸二酸、脂环酸和十二二酸也已经跃居前列。其中，癸二酸和十二二酸是癸二胺和十二二胺的原材料，其产能大部分集中在我国，国内在此领域具有先天性优势。脂环酸尼龙是一种新兴的产品，相对于基于对苯二甲酸的耐高温尼龙，其具有突出的颜色优势、极高的玻璃化转变温度和良好的耐候性。

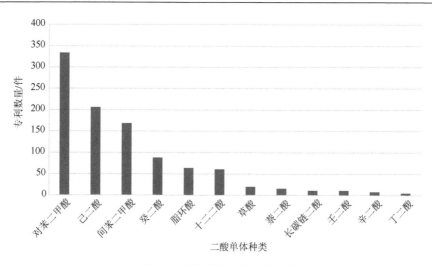

图 1-18　高温尼龙二酸单体统计

高温尼龙的聚合工艺是产业化的核心，目前高温尼龙的主流聚合工艺仍然是间歇聚合，如图 1-19 所示。这主要是由于目前高温尼龙的市场较小，市场规模在 20 万 t 以内，不适合大工业化的连续装置。固相间歇聚合和熔融间歇聚合工艺都有公司采用，固相间歇聚合专利相对更多一些。显然，这同高温尼龙的熔点较高、接近分解温度有关，固相增黏更能保持产品的热稳定性。

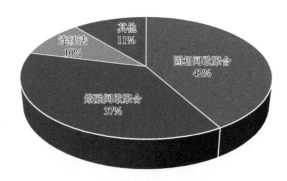

图 1-19　高温尼龙树脂的聚合工艺

我国在长碳链尼龙领域起步较晚，工业化水平较低，其中长链尼龙产量尚未占到我国尼龙工程塑料总产量的 1%，远低于长碳链尼龙在世界尼龙总产量中所占比例（12%）。国外长碳链尼龙树脂制造技术属国家核心技术秘密，禁止对我国进行技术转让。国内长碳链尼龙的生产厂家主要有淄博广通化工有限责任公司（简称淄博广通）、山东东辰工程塑料有限公司（简称山东东辰）、山东广垠新材料有限公司（简称山东广垠）、阿科玛（Arkema）（苏州）高分子材料有限公司、无锡殷达尼龙有限公司等，其中淄博广通、山东东辰、山东广垠基本上都是采用郑州大学和中国科学院化学研究所开发的长碳链尼龙合成技术[5]，产品主要以双号码尼龙（如 PA1012 和 PA1212）为主。双号码长碳链尼龙产品较单号码尼龙（PA11 和 PA12）丰富，包括 PA1111、PA1212、PA1313、PA1113、PA1311 等数十种产品，性能完全可以替代进口的 PA11 和 PA12 产品；双号码长碳链尼龙的生产步骤包括腈化、胺化、中和成盐及聚合四步，聚合条件在 220℃左右，反应时间在 8h 以内，反应条件温和。因此，双号码长碳链尼龙较国外同类产品有明显的原料及技术优势。目前国内生产长碳链尼龙的主要生产厂家山东广垠的生产能力为 1 万 t 左右，无锡殷达尼龙有限公司年产量最大达到 1000t，远不能满足国内市场对长碳链尼龙性能和用量的需求。

国内部分半芳香尼龙的研究起步较早（2000 年左右）[6, 7]，但一直未实现产业化。郑州大学工程塑料研究室开发了一系列的新型长链半芳香尼龙，如 PA12T、PA11T、PA12N、PA13N 等新品种，并开发了水溶液高压成盐以及一步法高效聚合等耐高温尼龙合成方面的专利技术，生产效率较高，能耗远低于国外同类产品生产技术。目前在河南君恒实业集团生物科技有限公司实现了千吨级工业化生产。此外，金发科技也已成功开发了半芳香 PA10T，建成了千吨级工业化生产线，产品主要销往韩国三星电子等公司。

1.2.3 聚甲醛的发展现状

目前全球聚甲醛的产能约 120 万 t。Hoechst 和杜邦公司是世界上最大的聚甲醛生产公司，其生产能力分别占世界聚甲醛产量的 28%和 24%。美国、德国、日本、中国、荷兰、韩国等均建有万吨级生产装置。

表 1-11 中列出了 1960～2010 年聚甲醛行业专利申请总量排前五位的国外申请公司名称，德国和日本在自主知识产权的聚甲醛全面技术方面占有绝对优势，国外专利申请数量远远领先于国内申请，其中占有专利最多的是日本，其次是德国。表 1-12 中列出 2010～2021 年国内聚甲醛行业专利申请排名。由于我国聚甲醛的研制工作起步较晚，在 2010 年之前聚甲醛专利主要被国外所垄断，2010 年之后我国聚甲醛专利申请得到突破，在 2010～2021 年内我国申请的聚甲醛类专利数量排名居前。其中中国石化及其附属单位申请专利突破百件。

表 1-11　1960～2010 年国外聚甲醛行业专利申请排名

排名	国别	专利权人名称	申请数量/件
1	日本	松下电器有限公司	120
2	日本	日立化学有限公司	108

续表

排名	国别	专利权人名称	申请数量/件
3	日本	三井化学株式会社	105
4	德国	巴斯夫集团	57
5	日本	住友化学株式会社	47

表 1-12 2010～2021 年国内聚甲醛行业专利申请排名

排名	国别	专利权人名称	申请数量/件
1	中国	中国石化股份有限公司	128
2	中国	开封龙宇化工有限公司	16
3	中国	合肥杰事杰新材料股份有限公司	11
4	中国	云南云天化股份有限公司	9
5	中国	科创新材料（苏州）有限公司	8

　　我国聚甲醛产业起步较晚，基础技术匮乏，最初研制聚甲醛由于技术限制、原材料损耗高、产品质量不稳定等因素，进展十分缓慢。由图 1-20 可知，2011 年之后，我国聚甲醛产量得到突破，随着产能不断提升，国内聚甲醛产量稳定增长，截止到 2019 年，我国聚甲醛产量达到 32 万 t。目前国内具有代表性的公司主要有

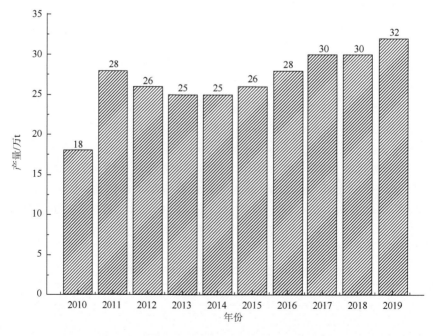

图 1-20 2010～2019 年我国聚甲醛产量的变化

开封龙宇化工有限公司、云南云天化股份有限公司、宝泰菱工程塑料（南通）有限公司、中国蓝星（集团）股份有限公司、神华宁夏煤业集团煤炭化学工业分公司、中海石油天野化工有限责任公司，但大部分公司依旧采用技术转让和跨国公司联合投资的形式进行 POM 的生产。现阶段国外的研究大部分集中于聚甲醛材料新性能的开发，例如，Aylin 采用 $FeCl_3$ 作氧化剂的原位化学聚合法和溶液混合法分别制备导电聚甲醛/聚噻吩（POM/PT）复合材料和 PT/POM 混合物。B. Fayolle 采用放射化学辐射降解研究 POM 均聚物摩尔质量变化对晶体结构的影响。从专利统计分析不难发现，国外在该领域的研究开发以企业研究为主。与国内聚甲醛研究水平相比，国外研究侧重点主要在各类机理剖析、模型模拟、加工方法和新材料助剂开发等领域[8]。通过上述研究分析发现，国外在加工成型方面的技术明显优于我国。近些年，我国在技术上已出现加速追赶的迹象，但依旧有一些技术领域，如国外的成型技术，我国的研究领域并未涉及[9]。

1.2.4 聚苯醚的发展现状

聚苯醚（PPO）的工业化生产始于 1964 年，SABIC 塑料公司（原美国 GE 公司）采用氧化偶联工艺建立了 PPO 的生产装置。随后，日本旭化成株式会社（简称旭化成）、三菱瓦斯化学株式会社（简称三菱瓦斯化学）及中国蓝星化工新材料股份有限公司（简称蓝星新材）也加入到 PPO 的生产行列，打破了原 GE 公司对 PPO 生产技术和市场的垄断局面，并占据一定市场[10]。目前 PPO 的生产企业主要有 SABIC 塑料公司、旭化成、三菱瓦斯化学和蓝星新材，其中以 SABIC 塑料公司占主导地位，其主要生产企业的产能如表 1-13 所示。

表 1-13 国内外 PPO 主要生产企业和产能

生产企业	生产工艺	产能/(万 t/a)
SABIC 塑料公司	均相溶液缩聚法	15.0
旭化成	均相溶液缩聚法	8.5
三菱瓦斯化学	均相溶液缩聚法	5.0
蓝星新材	沉淀缩聚法	1.0
合计		29.5

当前全球改性 PPO（MPPO）产品的年消费量超过 60 万 t，且对 MPPO 的需求将保持 8%的增长率。在全世界范围内，SABIC 塑料公司占据着 PPO 及 MPPO 产能和市场的 70%左右，其他亚洲和欧洲企业也在极力扩大产能并进行合金的开发。对我国而言，MPPO 的需求量在 15 万 t/a 左右。

　　MPPO 由于其综合性能优良，是目前普通工程塑料领域最典型与用量最大的工程塑料合金[11]。随着 PPO 共混改性及接枝共聚功能化技术的不断发展，各种具有专属特性的 PPO 改性产品大量地应用于办公设备、家电、汽车零部件以及工业机械领域。SABIC 塑料公司不仅在 PPO 原粉的生产上占有绝对优势，而且其 PPO 改性产品品种也相当多，超过 110 个牌号。根据不同用途，MPPO 主要分为注塑级、挤出级、通用级、增强泡沫级、滑动性专用级等。SABIC 塑料公司开发的 PPO/PPS 合金能够承受 260℃以上的高温，目前已市售的两个品级 APS 430 型和 APS 440 型可满足电器、电子设备耐热、阻燃和表面安装技术要求。2011 年 4 月日本旭化成株式会社推出了世界上第一款阻燃性能达到 UL94 V-0 的膨胀改性 PPO 发泡珠粒，牌号为 SunForceⅢ。由该改性珠粒制成的发泡材料有着更轻的质量、更好的隔热性能，且无卤环保。这种新型改性 PPO 发泡级树脂于 2011 年 10 月开始试销售，2012 年已经开始全面生产并销售。旭化成于 2012 年 4 月在美国召开的 NPE 国际展览上推出其 Xyron PV 等级的改性 PPO 新产品，该产品获得了 UL 的 5VA 和 V-0 等级认证，适用于制造太阳能电池板组件。据统计，目前世界 PPO 改性产品的消费量超过 40 万 t/a，除了传统的 MPPO 生产商如 SABIC 塑料公司、旭化成和三菱工程塑料株式会社（简称三菱工程塑料）纷纷扩大产能外，日本住友化学株式会社（简称住友化学）、德国巴斯夫（BASF）和德固赛也加入 MPPO 生产的行列。蓝星新材在生产 PPO 原粉的同时，与北京首塑新材料科技有限公司合作，不断开发 PPO 合金产品，推动 MPPO 的国产化。目前世界 MPPO 的主要生产商及产能分布如表 1-14 所示。未来几年世界各大生产厂商 MPPO 产能将保持相对平稳，而 MPPO 需求的不断增长尤其是亚洲市场的需求将使 MPPO 的产需逐步达到平衡[12]。

表 1-14　世界 MPPO 主要生产商及产能

生产商	牌号	产能/kt
SABIC 塑料公司	Noryl	40
旭化成	Xyron	13.5
三菱工程塑料	Lemalloy/Iupiace	12
巴斯夫	Luranyl	3.0
德固赛	Vestoran	7
住友化学	Artley	5
蓝星新材	—	6.5
合计		87

　　蓝星新材引进捷克的沉淀法技术，2007 年成功实现聚苯醚产业化，真正意

义上实现了国产聚苯醚技术的产业化，从技术层面打破了国外封锁。目前，中国蓝星（集团）股份有限公司聚苯醚产能达到 5 万 t/a。2017 年鑫宝集团在邯郸建设 1 万 t/a 溶液法聚苯醚生产线。大连中沐化工有限公司引进中国科学院化学研究所相关技术，建成 9000t/a 溶液法聚芳醚装置，已于 2021 年 5 月投产。

采用新型的相融合掺混技术制备 PPO 合金，在保留 PPO 自身优异介电性能、耐温性能、尺寸稳定性、低吸湿率等优势外，实现了很好的可加工性。例如，热固性 PPO 已应用于高频印刷电路板；纳米颗粒改性 PPO/HIPS 和 PPO/PA 合金等用于电子电器、汽车零件、机械零件等领域；阻燃 PPO 合金材料在阻燃类工程塑料产品（如无卤电子材料与电缆材料等）中也具有极强的竞争优势和发展潜力。

总之，PPO 合金具有良好的使用性能，得到了广泛的应用。MPPO 目前在全球消费量逐年增加，预计未来 MPPO 消费增长速度会高于工程塑料平均增幅，将保持 5% 左右的年均增长率，具有良好的市场前景。

1.2.5　热塑性聚酯的发展现状

本部分以热塑性聚酯的典型代表聚对苯二甲酸乙二醇酯（PET）为例介绍热塑性聚酯的发展和研究现状。

近年来，国内对 PET 的关注主要集中在对 PET 的改性和可再生 PET 聚合物的合成研究[13]。翟中凯等研究了直接酯化法或酯交换法合成 PET-PEN 共聚酯（PETN），探讨了 PETN 的合成反应条件，结果表明：直接酯化法较酯交换法更加可控；仪征化纤股份有限公司的胡兆麟等成功地将对乙酰氧基苯甲酸（PABA）引入 PET 分子链中，得到改性共聚酯 PET/60PABA，共聚酯 PET/60PABA 几乎为完全无规共聚物，熔融状态下具有向列型热致液晶聚合物的典型特征[14]；中石油的闫小燕采用共聚的方法将阻燃元素磷引入到 PET 中，生产环保型阻燃 PET[15]；中国科学院宁波材料技术与工程研究所的朱锦研究员带领的生物基高分子材料团队通过 2,5-呋喃二甲酸与乙二醇共聚，采用直接酯化缩聚法，制备了一系列分子结构中呋喃环含量不同的生物芳香聚酯 PET（又称生物基 PET），材料气体阻隔性测试表明 PEF 的 CO_2 阻隔性能比 PET 提高 14.8 倍，O_2 阻隔性能比 PET 提高 6.8 倍。由于生物基芳香聚酯 PEF 具有良好的耐热性、强度、模量和阻隔性，其应用前景被十分看好。

随着欧美等国家和地区不断提出"绿色纤维"的概念，我国的纺织品出口受到致命威胁。环保绿色纺织品将成为国际发展潮流[16]。聚酯行业中其缩聚催化剂由锗、钛、锑三种元素的化合物生产，具有活性较高、价格低等优点，但其含有的锑离子作为重金属在聚酯中含量大，对环境和人体健康不利，不符合环保绿色纺织品对绿色纤维的要求；而锗系催化剂价格过于昂贵；钛系催化剂是近十年来国际上研究的热点，其具有无重金属、环保、高效、对环境和人体无危害等优点。中石化天津分公司开发生产了新型钛系催化剂并投入使用，实验研究表明该种催化剂与锑系催化剂复配使用可以有效降低反应温度，降低装置能耗，同时提高切片的色相 L 值和熔体的可纺性，具有良好的工业应用前景。韩国湖南石油化学有限公司生产的 PET，其乙二醇原料的 30%（质量分数）是从甘蔗中提炼的生物乙醇中获得的。与传统石化原料基 PET 相比，生物基 PET 生产过程中可减少二氧化碳排放量的 20%，而且产品质量与传统 PET 没有差别。

目前，PET 的产品已经从最初的涤纶短纤维单一产品扩展到目前的涤纶短纤维、涤纶长纤维、聚酯瓶、聚酯薄膜、无纺布、工程塑料及复合多功能性产品等多个系列上百种产品。虽说，目前全球的 PET 重心已经转移至亚洲，或者说已经转移到我国，我国成为世界占 PET 生产、消费第一大国，但是我国的 PET 发展依然处于跟跑阶段。

我国的 PET 产品在普通应用方面，尤其在 PET 的回收及再加工方面与世界差距较小，可以说是并跑阶段。目前，由于劳动力成本等因素，发达国家在再生 PET、再加工领域更多地关注新技术开发、产品市场拓展、高附加值产品开发方面。

目前，我国大部分的 PET 是由从石油中提炼的原生 PET 原料制造而成，每年庞大数量的 PET 需求，消耗了大量的石油，同时也造成了巨大的环境压力；PET 上游产品对苯二甲酸（PTA）、乙二醇（EG）等的生产装置在我国大量投产，这对我国 PET 的产量具有促进作用，但可能造成重复劳动和产量过剩；PET 产品大多是一次性的产品，随之而来的是大量 PET 废弃物的产生，这给我国的环境造成了巨大的压力，而我国在这方面的研究和工业化还有所欠缺，与世界的差距较大。目前，我们应该致力于开发先进技术，降低生产成本，走可持续发展道路；积极开发生产差别化、功能性新产品，并促进其工程化和市场化，提高产品市场竞争力；可再生回收的生物基 PET 拥有巨大的前景，各大公司和研究机构也在致力于这些方面的研究。预测到 2025 年，PET 的差别化应用开发将达到一定规模，生物基 PET 将进一步取代石油基 PET，为全球的环境减压。

1.3　普通工程塑料的需求分析

1.3.1　普通工程塑料的整体需求分析

近年随着汽车、电子电器行业的发展，我国工程塑料需求进一步扩大，虽然我国工程塑料产能也在不断增长，但存在一段较长的在建周期，大部分产能尚未释放。从进出口来看，我国工程塑料进口压力一直存在，进口量一般为出口量的 3～4 倍，且高端产品基本全部依赖进口。总体来看，市场供给还不足以满足市场需求。值得注意的是，目前有部分产品供应逐步与需求持平，典型品种如聚碳酸酯市场将由当前对外依存度高、进口量巨大转变为供需基本趋近过剩，因此，有专业人士呼吁警惕聚碳酸酯产能过剩问题（具体见聚碳酸酯的需求分析部分）。

全球城市化进程的快速推进、基础设施建设的不断增加以及可支配收入的持续增长，都是推动全球工程塑料市场增长的重要因素。未来一段时间，中国经济增长仍是全球化工产品市场增长的主要动力，中国工程塑料市场的需求以及良好的投资环境仍将吸引国内外公司持续投资。目前中国工程塑料市场需求占据了亚太地区工程塑料市场需求的 65%，中国是全球工程塑料需求增长最快的国家，2018 年中国工程塑料消费量达到 558.7 万 t，同比增长 5.71%（图 1-21）[3]。

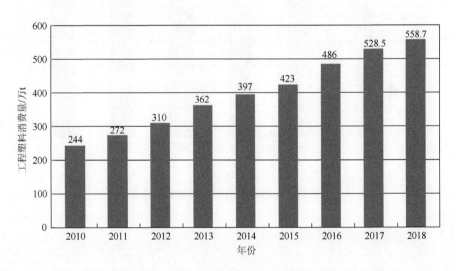

图 1-21　2010～2018 年工程塑料消费量及增长情况[统计数据涵盖聚甲基丙烯酸甲酯（PMMA）和高性能工程塑料的消费量]

"十三五"及今后一段时期，我国工程塑料市场仍会持续发展，主要来自两个方面的难得机遇。一方面，新型城镇化和消费升级将拉动需求持续增长；另一方面，制造业升级提供了巨大的市场需求，主要集中在汽车、高铁、航空航天等高端设备制造业对先进材料的需求增长。《新材料产业发展指南》提出的重点任务包括突破重点应用领域急需的新材料；推进原材料工业供给侧结构性改革，紧紧围绕高端装备制造、节能环保等重点领域需求，加快调整先进基础材料产品结构，积极发展精深加工和高附加值品种，提高关键战略材料生产研发比例，并提出新材料保障水平提升工程。

　　我国制造业升级将带动工程塑料需求大幅增加，我国已初步形成工程塑料产业链，普通工程塑料改性规模较大，部分特种工程塑料研究居国际领先水平，国内企业的技术开发能力和长期的技术积累为工程塑料发展打下良好的产业基础。随着工程塑料生产、改性和应用技术的不断提升，其应用领域持续拓宽。2019～2024 年需求年均复合增速为 5.04%，到 2024 年，我国工程塑料需求量有望突破 800 万 t（图 1-22）。

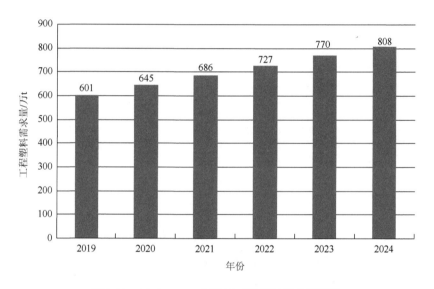

图 1-22　2019～2024 年我国工程塑料需求量预测

1.3.2　聚酰胺的需求分析

　　从历年的进口数据看（图 1-23），国内 PA66 对外依存度逐年下降。2014 年我国 PA66 进口量为 31.50 万 t，对外依存度高达 61.26%；2018 年进口量大约在 27.26 万 t，进口依存度大约在 36.63%，虽然 2018 年 PA66 的进口依存度较 2014 年降低了 24.63 个百分点，但是整体看来进口依存度仍然较大。

　　近年来，随着蓖麻油深加工工艺和微生物发酵法制备长链二元酸工艺成熟，可以得到 C_{11} 以上二元酸，用于长碳链尼龙的生产。山东广垠新材料有限公司投资 8 亿元在淄博高新区建设的一期年产 1 万 t/a 长碳链尼龙树脂项目已顺利投产，可生产 PA1212、PA1012、PA1313、PA1414 等树脂。无锡市兴达尼龙有限公司于 1987 年开始生产 PA610、PA612 树脂，已成为全球最大的 PA610、PA612 生产企业。

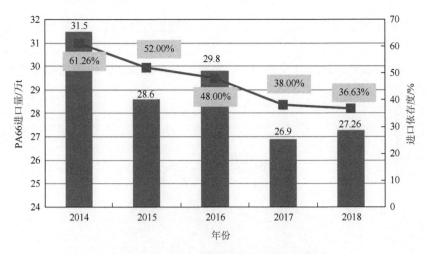

图 1-23　　2014～2018 年我国 PA66 进口情况

目前已形成从蓖麻油到长碳链二元酸和二元胺原料、长碳链尼龙聚合及改性的完整产业链。金发科技自 2006 年以来基于国内充足的生物基癸二胺单体来源，以生物基耐高温尼龙的国产化需求为切入点，集中优势资源，在耐高温 PA10T 树脂聚合工艺和设备方面取得突破。2016 年 6 月，河南省君恒实业集团生物科技有限公司年产 1000t 耐高温尼龙 PA12T 一次投料试车成功，经过一年半的试车生产，已经稳定向市场提供 PA12T 产品。

1.3.3　聚碳酸酯的需求分析

近十年来，虽然我国聚碳酸酯进口量一直保持在 100 万 t 以上，但进口增速已明显趋缓。从 2015 年起，受国家政策影响，众多投资者将目光聚焦到聚碳酸酯行业，使聚碳酸酯产能迅速增加。仅 2018 年，就有万华化学 10 万 t/a、利华益维远化学股份有限公司 10 万 t/a、鲁西化工集团股份有限公司的二期 13 万 t/a 以及泸天化（集团）有限责任公司 10 万 t/a 的新增装置相继投产。截至目前，我国聚碳酸酯年产能已达 120 万 t/a。乐观预计，未来几年中国仍将是全球聚碳酸酯需求增长最为重要的引擎，年需求量将以年均 6.7%的增速增长，预计 2022 年将达到 240 万 t 左右；而中国聚碳酸酯产能将进入集中释放期，目前建成尚未投产、在建、立项以及规划中的聚碳酸酯项目产能将达到 352 万 t/a 左右。因此，中国聚碳酸酯市场将由当前对外依存度高、进口量巨大转变为产能过剩的局面。

从中国聚碳酸酯的消费结构来看（图 1-24）[4]，电子电器、汽车、建材行业是主要的消费领域，例如，大型公共建筑设施以及高速公路隔音墙需要大量 PC 板材，消费总量约占中国聚碳酸酯总量的 76%。另外，随着节能减排力度的加大，交通工具塑化轻质的发展成为必然趋势，聚碳酸酯在汽车车窗玻璃上的需求量将进一步增大；国内高速列车、国产大型飞机等领域都为聚碳酸酯在高端领域的应用提供了良好契机。研制开发高强度、高透明、高耐候 PC 板材是未来聚碳酸酯发展的重要方向。

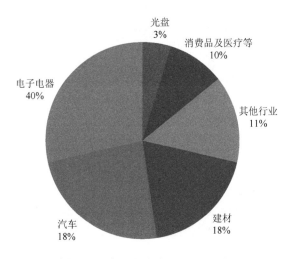

图 1-24　中国聚碳酸酯的需求结构

1.3.4　聚甲醛的需求分析

由于中国目前不能生产一些特殊级别的聚甲醛（POM），虽然一些通用牌号产品的出口或将增加，但是中国仍是世界最大的聚甲醛净进口国。2017 年中国聚甲醛进口量约 30.97 万 t，2018 年进口量上升至 33.97 万 t；净进口量也从 27.65 万 t 上升到 30.93 万 t（表 1-15）。总体来看，我国聚甲醛缺口还较大。

表 1-15　2017 年和 2018 年我国聚甲醛进出口情况

项目	2017 年	2018 年
进口量/t	309702	339660
进口金额/亿元	41.32	44.46
出口量/t	33168	30341
出口金额/亿元	4.41	4.28
净进口量/t	276534	309319

2020 年，全球聚甲醛市场需求量将达到 154 万 t 左右，全球产能达到 196 万 t，全球聚甲醛行业都将处于产能过剩状态。2020 年国内需求将增长到 59 万 t 左右，且伴随着全球贸易环境变化，全球产业分工将面临变化，产业迁移在所难免，预计国内需求量将在 60 万 t 左右到达顶峰后转而下降；而 2020 年国内产能达到 65 万 t，其中，中资企业产能达到 57 万 t，但国内产能增长是在技术没有突破、产品品质没有提升的情况下重复的低端建设，中资企业产品能进入的市场不足 24 万 t，产能过剩形势将异常严峻。

1.3.5　聚苯醚的需求分析

2014 年之前我国市场上的聚苯醚（PPO）需求量比较平稳。2015 年以来，受国内光伏产业、新能源汽车以及高性能无卤阻燃柔性电线电缆对 PPO 需求快速增长的影响，PPO 的消费增速加快。2015 年国内 PPO 原粉消费量为 2.3 万 t；2016 年国内 PPO 原粉消费量为 2.46 万 t；2017 年国内 PPO 原粉消费量为 2.66 万 t，同比增长 8.1%。2012～2018 年，年均增长率为 9%。2018 年改性 PPO（MPPO）的消费量约为 10 万 t。2018 年 MPPO 材料消费构成见图 1-25。

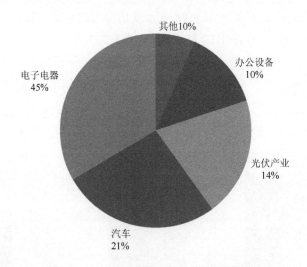

图 1-25　2018 年我国 MPPO 材料消费构成

由于国内规模工业化生产 PPO 的企业少，虽然目前我国有 6 万 t 的产能，但 2018 年我国 PPO 仅实现产量 1.7 万 t，82% 以上的需求依赖进口。目前我国 PPO 进口依存度高，国内进口的 PPO 及其合金主要来自 SABIC 塑料公司、GE 塑料日本公司及日本旭化成株式会社。截至 2018 年初，国内新建项目主要包括：

邯郸市峰峰鑫宝新材料科技有限公司正在新建二期 PPO 原粉生产装置,新建产能为两套 4 万 t/a,共计 8 万 t/a。蓝星集团和日本旭化成株式会社合资在南通生产 PPO 纯树脂及 MPPO 材料,纯树脂产能为 3 万 t/a,MPPO 产能为 2 万 t/a,纯树脂厂已于 2020 年建成投产。

1.3.6　热塑性聚酯的需求分析

　　从市场供需层面来分析,近年来,聚对苯二甲酸丁二酯(PBT)行业并无新增产能投放,但下游需求结构却悄然发生着变化。PBT 主要应用于包括电子电器、汽车、机械设备等行业。在电子电器行业中,计算机、通信设备及消费电子等行业是 PBT 最典型的应用领域。根据相关行业研究结果,未来我国计算机产量将保持稳定增长,同时通信行业的发展也将对连接器等电子元器件带来较大需求。此外,节能灯已经成为 PBT 在电子电器领域消费量的一个巨大市场。随着汽车轻量化的快速发展,PBT 在车用工程塑料领域也将保持稳定增长。光纤包覆领域是 PBT 需求的另一个增长点,我国信息工业发展迅速,对光纤的需求将快速增长,相应地对 PBT 的需求也将同步增长。

　　经过多年的发展,目前我国 PBT 基本满足国内需求并实现净出口。2018 年,我国 PBT 进口 16.8 万 t,净出口 11.4 万 t(图 1-26)[3]。

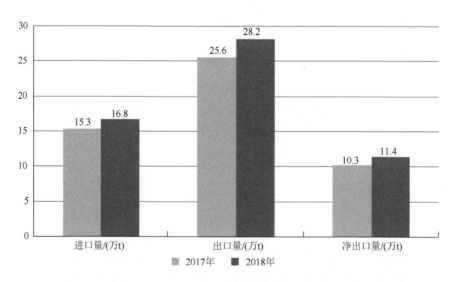

图 1-26　2017 年和 2018 年我国 PBT 净出口情况

1.4　普通工程塑料行业的国外对比和建议措施

1.4.1　普通工程塑料行业的国内外对比

国内普通工程塑料行业技术水平落后于国际先进水平是不争的事实。以汽车塑料市场为例，目前国内汽车行业的发展主要依赖与国际大型汽车制造商的合作，以市场换取技术，但是汽车工业的核心技术仍掌握在国际大型汽车制造商手中。这一现状导致国内汽车材料基础技术研究薄弱，缺少材料技术评价体系，统一的技术标准尚未健全。

另外，国内普通工程塑料行业还存在技术研究与应用脱节的问题，造成先进技术未能得到很好的商业推广，没有产生应有的价值。行业投资者如果没有掌握比较先进的行业技术水平，则很难在激烈的竞争中获胜。

国内普通工程塑料行业市场集中度低，行业内多数企业的产品品种单一，规模较小，产品缺乏竞争力，从而造成改性塑料低端市场呈现过度竞争和无序竞争的格局。随着经济全球化的深入，跨国公司看好中国市场的巨大需求，以强化市场地位、优化资源配置为目的，加强在中国的本土化开发和生产，这些国外公司依靠其在技术、品牌、资金、人才等方面的优势，在国内普通工程塑料应用领域处于领先地位。此外，近年来国内也诞生了一批较有竞争力的企业，行业竞争进一步加剧。

国内普通工程塑料行业的发展受上下游行业影响较大，上下游产业经济景气度的变化直接影响普通工程塑料行业的发展。己二酸、己内酰胺、氢气、硝酸、精制苯等原料市场价格不断提高，且这些原料占普通工程塑料成本的70%以上，价格的波动对普通工程塑料行业的盈利水平乃至销售水平都造成一定影响。

普通工程塑料行业处于国民经济产业链的中间层次，客观上要求普通工程塑料企业对下游产业出现的新要求具备很高的反应速度，但目前普通工程塑料行业的下游产业大多为产品品种繁多、更新换代快的行业，如家电、汽车、灯饰等，消费特点具有很强的潮流性和多变性。因此，普通工程塑料行业厂家在生产能力配套、生产工艺配方等方面必须能够保持很强的可调整性，以获得对市场需求变化的高反应速度。

典型的问题如下：

（1）聚碳酸酯低水平扩能。

聚碳酸酯是国内消费量最大的工程塑料品种，随着引进技术和自主技术开发同时获得突破，聚碳酸酯的扩能热潮已到来。由于缺乏自主创新技术支撑，新增装置的产品在短期内难以迅速有效替代进口产品。预计从 2024 年开始，将出现低端产品过剩、高端产品缺乏的局面，市场竞争激烈。因此，企业要避免盲目引进和建设聚碳酸酯装置；新建装置需要提升聚碳酸酯产品质量，企业应该重视改性和下游应用开发，同时配套建设复合材料生产线，针对应用领域开发改性产品。

（2）聚甲醛和热塑性聚酯的产品结构性矛盾较为严重。

聚甲醛和热塑性聚酯是近些年来随着煤化工产业的快速发展而呈现结构性过剩的两个工程塑料品种。近年，我国热塑性聚酯基础树脂已经实现净出口，但高端改性产品仍有 $20×10^4$t 左右的进口量。聚甲醛存在较为严重的产品结构性矛盾，装置平均开工率为 50%，同时国内市场自给率也在 50%左右，每年还需进口 $30×10^4$t 左右高端聚甲醛产品。因此，国内的企业要不断地进行工艺技术改进，提高通用产品的质量，降低生产成本，要加快高端产品的开发研究，拓宽树脂的应用领域。

（3）聚酰胺的生产和应用研发能力还需提高。

我国尼龙产能（包括纤维级和工程塑料级等）以 PA6 和 PA66 为主，并有少量 PA11、PA12、PA610、PA612 等特种尼龙生产。由于 PA66 关键起始原料己二腈的先进生产技术被英威达、罗地亚等公司所控制，因此国内 PA66 的发展受到了一定的限制。我国是纺织品生产和出口大国，因此国内聚酰胺装置以生产纤维级产品为主，同时由于受工艺技术限制，国内尼龙工程塑料品种产量占比不到其聚合产能的 20%，在国内汽车、电子领域需要的尼龙以进口和外资产品为主。我国在耐高温尼龙领域技术领先，因此可以大力发展耐高温尼龙，避开 PA66 等技术壁垒，进行错位发展。

1.4.2 建议措施

（1）普通工程塑料行业应高度重视科技创新。

全球石油和化学工业日臻成熟，已从靠资源和投资拉动转为创新驱动，新产品、新技术的开发受到高度重视，技术进步是行业未来发展的核心动力。各个国家也高度重视技术创新。特别是 2018 年以来，美国在贸易领域采取的保护措施，实质上针对的是我国高端制造业的赶超和崛起。普通工程塑料与大宗化工产品相比，具有技术含量高、研发投入比例高、市场发展快、消费带动性强等特点，竞争要素更加体现在新产品开发、市场服务方面。我国工程塑料产业与世界先进水平差距较大，特别是生产与应用脱节、关键领域自主保障不足等问题突出，因此，普通工程塑料行业应高度重视科技创新，逐步建立起以企业为主体的研发体系。

（2）扩大产业规模，实现集约化生产。

鼓励和引导企业间及上下游间的兼并重组，形成有实力的企业集团。通过市场融资和多元化投资使企业发展步入良性循环。建议中石油、中石化等五大公司积极介入发展工程塑料，加大投资力度，建立一批控股的大型工程塑料树脂聚合工厂，发挥资金、技术、原料、品牌和销售网络方面的优势，参与国内外的市场竞争。积极支持和扶持民营高科技企业的成长，形成国有、民营、外资共同支撑中国工程塑料产业发展的局面。

（3）重视环境保护，搞好资源回收利用。

在工程塑料行业中推行循环经济理念，节约资源、能源，重视环境保护，实现资源的综合利用。废旧塑料的回收利用和无害化处理将成为塑料工业的战略性课题。企业的环境战略将直接影响企业的竞争能力。

（4）加强行业自律，限制无序发展。

要限制行业低水平重复建设，提高企业准入门槛，加强知识产权保护，搞好产品标准的制定，加强资源的合理利用。要加强行规行约，限制无序发展、恶性竞争，使普通工程塑料行业得以健康、可持续发展。

参 考 文 献

[1]　张丽. 我国工程塑料产业现状分析与发展建议. 化工新型材料, 2018, 46 (12): 16-22.

[2]　黄丽. 高分子材料. 2 版. 北京: 化学工业出版社, 2010.

[3]　深圳前瞻资讯股份有限公司（前瞻产业研究院）. 2019—2024 年中国化工新材料行业发展前景与投资战略规划分析报告.

[4]　国家发展和改革委员会创新和高技术发展司, 工业和信息化部原材料工业司, 中国材料研究学会. 中国化工新材料产业发展报告（2018）. 北京: 化学工业出版社, 2019.

[5]　裴晓辉, 赵清香, 刘民英, 等. 双苯环长碳链半芳香尼龙的合成与表征. 塑料工业, 2005, 33 (1): 7-9, 18.

[6]　孟晖. 聚酰胺生产现状与发展趋势. 中国石油和化工, 2003, (8): 36-39.

[7]　白颐. 国内外聚酰胺系列产品发展分析. 化学工业, 2008, 26 (10): 3-8.

[8]　高彦静, 秦颖, 汪琴, 等. 从专利的视角分析聚甲醛的研究现状. 化工新型材料, 2017, 45 (10): 49-51.

[9]　Santis F D, Gnerre C, Nobile M R, et al. The rheological and crystallization behavior of polyoxymethylene. Polymer Testing, 2017, 57: 203-208.

[10]　王鹏, 袁绍彦, 陈大华, 等. 聚苯醚合成方法专利分析. 工程塑料应用, 2013, 41 (8): 107-112.

[11]　杜克丽. 聚苯醚共混改性领域专利技术综述. 中国新技术新产品, 2017, 17: 112-113.

[12]　孙广, 谭建忠, 周建国, 等. 聚苯醚生产技术及市场分析. 技术与教育, 2020, 34 (2): 10-14.

[13]　成晓燕, 马海燕. 成纤 PET 改性研究进展. 化工新型材料, 2020, 48 (6): 222-225.

[14]　胡兆麟, 左志俊, 倪寒秋. PET/60PABA 热致型液晶共聚酯的合成与表征. 合成技术及应用, 2013, 28 (4): 10-13, 30.

[15]　张新星, 王庆印, 孙腾, 等. PET 共聚阻燃改性研究进展. 精细化工, 2021, 38 (1): 34-43.

[16]　朱燕. 新型钛系催化剂在 PET 的工业化应用. 山东化工, 2014, 43 (1): 90-93.

第2章 高性能工程塑料

高性能工程塑料（high performance plastics（美国）；super engineering plastics（日本），所以有的资料译为特种工程塑料）的分子结构特点是主链有芳环和/或杂环及连接基团，如—O—、—S—、—CO—、—CONH—、—SO₂—、—COO—等构成的高分子材料，是在高温下仍保持高强、高韧、高绝缘、耐辐照等优异综合性能的高分子材料，长期使用温度在 150℃以上，尤其是高温力学性能优异。高性能工程塑料是 20 世纪 60 年代国际军备竞赛促使下发展起来的，是发展航空航天、舰船、核能、电子电器等高技术和国防军工不可或缺的重要材料，长期受西方发达国家垄断、封锁。

高性能工程塑料按照分子结构分类，分子结构中仅有芳环和连接基团构成的聚合物包括聚芳醚、聚芳酯和聚芳酰胺，已经实现商业化；分子结构中含有芳杂环和连接基团构成的聚合物包括聚酰亚胺、聚苯并咪唑、聚苯并噁唑、聚苯基三嗪、聚吡咯等新型芳杂环聚合物，只有聚酰亚胺实现了规模化生产，其余品种均未实现大规模生产。因此，本章将按照聚芳醚（聚苯硫醚、聚芳醚砜、聚芳醚酮和聚芳醚腈）、聚芳酯、聚酰亚胺进行论述，根据未来科技对耐高温材料的需求，也将研究分析聚苯并咪唑、聚苯并噁唑、聚苯基三嗪、聚吡咯等新型芳杂环聚合物的未来发展及实施方案。聚芳酰胺将在"第 3 章高性能纤维"中进行论述。

2.1 聚 苯 硫 醚

2.1.1 聚苯硫醚定义

聚苯硫醚（polyphenylene sulfide，PPS），是指主链由亚苯基与硫原子交替连接所形成的聚合物。其玻璃化转变温度（T_g）在 110℃左右，熔点（T_m）在 286℃左右，结晶度达 55%～65%。在 200℃下长期使用，短期可耐 260℃高温。典型的聚芳硫醚类树脂还包括聚芳硫醚砜（PASS）、聚芳硫醚酮（PASK）等。典型聚苯硫醚的分子结构如下所示：

2.1.2　聚苯硫醚合成方法

PPS 的主要合成方法包括：Friedel-Crafts 催化法[1]（Genvresse 法）、麦氏法[2]（Macallum 法）、硫化钠法[3]、硫磺法[4]、硫化氢法[5]、氧化聚合法[6]和对卤代苯硫酚缩聚法[7]等，其优缺点及工业化应用情况如表 2-1[8]所示。

表 2-1　PPS 主要合成方法比较分析

合成方法	优点或特点	缺点	工业化应用情况
Genvresse 法	最原始和最古老的方法	产率较低（50%～80%），分子量低，交联度高，含较多二硫杂蒽	无应用
Macallum 法	产品稳定，力学性能优良，成本较低	分子量较低，容易产生歧化和交联，分子链易断裂，导致产品热稳定性降低	应用较少
硫化钠法	原料价廉易得，工艺简单，产品质量稳定，产率较高（90%以上）	原料精制难度大，硫化钠脱水困难，生产工艺流程长	是目前最主要的工业化生产方法
硫磺法	采用硫磺为原料，原料纯度高，产品质量好，"三废"较少，反应周期短，生产成本较低	硫磺的提纯技术难度较大，反应需要引入还原剂和助剂，导致副产物增多	有应用
硫化氢法	副反应较少，产品的线性度较高，质量较好	工艺流程复杂，设备要求较高，废气污染严重	应用较少
氧化聚合法	产量极高（接近100%），产品纯度极高，无环合、歧化和交联现象，无副产盐产生，生产成本较低	目前所制备产品的分子量不高，黏度低，加工性较差	应用较少
对卤代苯硫酚缩聚法	碘单质易去除，产品纯度高，聚合度高	单体的制备工艺复杂，造价昂贵，产物中含有多硫结构，原料精制难	应用较少

下面对常用合成方法进行简要介绍：

（1）硫化钠法[3, 8]。硫化钠法最早由美国菲利普斯石油公司研发，于 1973 年实现工业化生产。该方法以对二氯苯（P-DCB）和无水硫化钠（Na_2S）为原料，以强极性有机溶剂 N-甲基吡咯烷酮（NMP）为溶剂，在高温高压下（180～270℃、2MPa）反应生成，反应式如下：

$$nCl\text{—}\langle\bigcirc\rangle\text{—}Cl + n\,Na_2S \longrightarrow \left[\langle\bigcirc\rangle\text{—}S\right]_n + 2n\,NaCl$$

此方法反应压力与选择的溶剂有关[8]，以六甲基磷酸三胺（HMPA）作溶剂，采用常压法制备，缺点是溶剂毒性大，且价格昂贵。

硫化钠法合成 PPS 的工艺流程大致如下：将 Na$_2$S 与 NMP（或其他极性有机溶剂）、催化剂、助剂等按照一定比例加入反应釜中，通入 N$_2$ 置换，直接在釜内升温脱水。当釜内含水量达到要求时，加入一定量的 P-DCB 和溶剂，将反应釜升温至指定温度，完成第一阶段反应；随后继续升温，完成第二阶段反应。对反应后的固液混合物进行处理得到 PPS 产品。

硫化钠法应用广泛，原料获取容易，产品质量高，产率高，但工艺流程长，原料难以精制，而且产品中含有的微量钠离子会使材料耐湿性、电气性能及成形性能有所下降。

（2）硫磺法[4, 8]。硫磺法是我国特有的 PPS 生产方法，用硫磺（S）来代替硫化钠（Na$_2$S）提供硫原子，将反应原料、催化剂、助剂等在高温高压下于极性有机溶剂（NMP 或 HMPA）下进行聚合反应得到 PPS，反应式如下：

$$n\text{Cl}-\!\!\!\!\!\bigodot\!\!\!\!\!-\text{Cl} + n\text{S} \longrightarrow \left[\!\!\!\!\bigodot\!\!\!\!-\text{S}\right]_n + 2n\text{Cl}^-$$

硫磺法生产的产品与硫化钠法生产的产品具有相同的链结构，均为线型高结晶聚合物。工艺过程大致为：将硫磺、催化剂、助剂、溶剂加入反应釜中，升温脱水后降温，加入 P-DCB 后升温反应，反应持续 8～10h 后停止，进行处理得到产物。流程与硫化钠法无明显差别，但周期较短。硫磺法原料丰富且廉价、物料配比准确、溶剂易于回收、周期短、废料少、产品质量高、投资低、能耗低，但硫磺的精制难度大，并且多引入的还原剂等助剂使副产物增加且不易去除。

（3）Genvresse 法[1, 8]。最早的 PPS 合成方法，由 Genvresse 于 1897 年发现。将苯与硫磺用 Friedel-Crafts 催化剂催化加热。该方法产率低，产物无定形，分子量低，支化度交联度高，含有较多副产品，不适用于 PPS 的生产。

（4）Macallum 法[2, 8]。Macallum 在 1948 年以硫磺、Na$_2$CO$_3$、P-DCB 为原料，用固相缩聚方法合成出 PPS。方法成本低，产物化学稳定性、力学性能较好，但副反应多、产率低、分子量低、易于支化和交联，且分子中含有的—S—S—键高温易断裂，使产物热稳定性差。

（5）硫化氢法[5, 8]。原料为 H$_2$S、NaOH、P-DCB，碱金属盐为助剂，在极性溶液中常压缩聚。得到的产物为线型，分子量较高，并且副反应少，产品质量高，但因 H$_2$S 腐蚀性严重，对设备要求高，并且有废气产生，污染严重，后处理复杂。

（6）氧化聚合法[6, 8]。E. Tsuchida 等于 1987 年提出。常温常压下以二苯基二硫化物为原料，路易斯（Lewis）酸作催化剂，O$_2$（常用）作为氧化剂，反应得到直链 PPS。该方法条件温和，成本低，收率极高（接近 100%），无副产物，纯度高，但后期会产生过硫键使分子量不高，还无法进行工业化生产。

此外，根据近年文献，另整理两种新型的 PPS 制备方法，如下所述。

（1）一种用合成母液制备 PPS 的方法[9]（由四川中科兴业高新材料有限公司于 2017 年申请专利）。以五水硫化钠和 1,4-对二氯苯为原料，氢氧化钠为助剂，以前批次 PPS 合成过程中产生的母液为溶剂。先将极良好的合成母液加入反应釜中搅拌，按比例依次加入五水硫化钠、氢氧化钠、催化剂到反应釜中，通入氮气保护。脱水完成后，向反应釜中缓慢滴加已经溶于 NMP 中的 1,4-对二氯苯，随后经多段反应得到 PPS 产品。由于合成母液为前批次 PPS 合成中产生的母液，解决了现有技术 PPS 合成成本高、能耗高的问题，大大减少溶剂、催化剂的分离回收流程，并且减少母液回收过程中低分子量 PPS 的浪费，产品稳定性更高。

（2）以可溶性聚锍阳离子为前驱体合成高分子量线型 PPS[10]。以苯甲硫醚和二苯二硫醚为起始原料，在过硫酸钾（$K_2S_2O_8$）和三氟乙酸（TFA）作用下经一步法氧化-亲电取代合成 4-(硫苯基)苯甲硫醚（MPS）；在经过硝酸-乙腈体系高效氧化反应合成聚合物单体 4-(硫苯基)苯甲亚砜（PSO）；上述亚砜在三氟甲磺酸的作用下发生阳离子聚合，生成可溶且聚合度很高的聚锍阳离子盐聚（甲基[4-(苯硫基)-苯基]锍三氟甲磺酸盐，PPST）；最后通过吡啶等亲核试剂去除 PPST 上的甲基形成 PPS，合成路线如图 2-1 所示[10]。

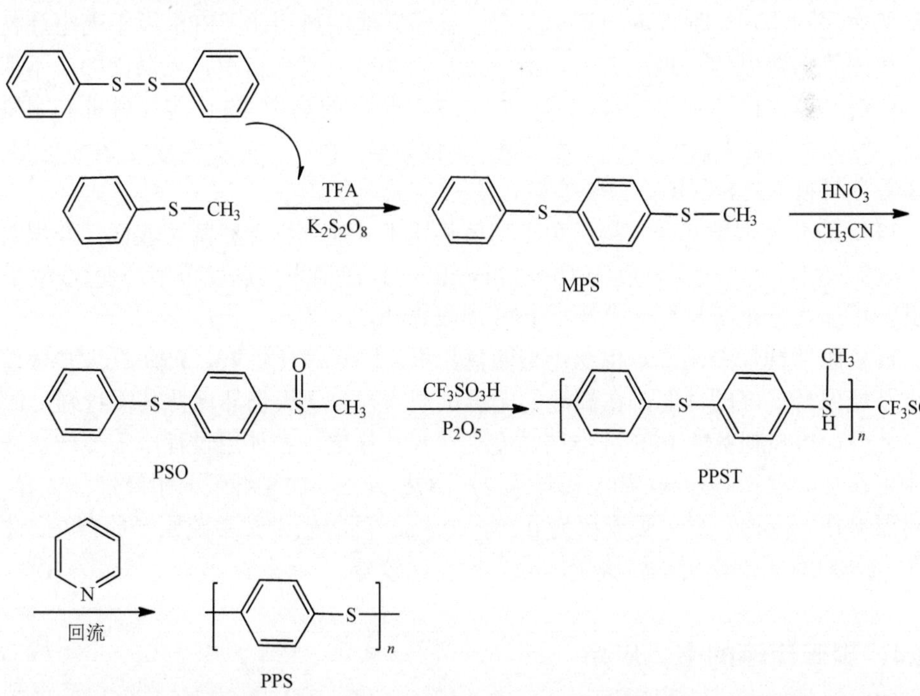

图 2-1 以可溶性聚锍阳离子为前驱体合成高分子量线型 PPS 的合成过程示意图[10]

通过四步法合成高分子量线型 PPS，简化了合成工艺，且避免使用有毒的液溴，减少了原料消耗，路线总收率达 72%，且具有操作简便、环境友好的特点。用傅里叶变换红外光谱（FTIR）、拉曼光谱、X 射线衍射（XRD）等多种手段进行表征分析并与商用 PPS 进行对比，表明 PPS 产品热力学性能优良，且为高分子量、高纯度的线型[10]。这为国内工业化生产 PPS 树脂的发展提供一个崭新的思路，但能否应用于工业化生产还需关注其后续发展。

2.1.3　聚苯硫醚的主要性能

聚苯硫醚的产量在普通工程塑料中排第六位，仅位于聚酯、聚碳酸酯、聚甲醛、聚酰胺、聚苯醚之后，是聚芳硫醚中最重要且应用最广泛的一种高性能热塑性树脂。

PPS 主链上硫原子与苯环在对位处交替连接，链规整性强，大幅提高结晶度，对热降解和化学反应具有很高的分子稳定性。刚性的苯环和柔顺性的硫醚键赋予了 PPS 一些其他优异的性能：阻燃性、电学性能、尺寸稳定性、流动性。

PPS 熔点在 286℃左右，T_g 在 110℃左右，结晶度 55%～65%，最高可达 75%。PPS 吸水率极小，一般仅为 0.03%左右，且与其他塑料相比，PPS 属于高阻燃材料，极限氧指数可达 34%～35%，着火点在 590℃，离火自熄，无滴落物，不需添加阻燃剂就可以达到 UL-94V-0 标准。PPS 有优异的热学性能、电学性能和耐腐蚀性，但因其结晶度较高，导致其性脆，韧性较差。PPS 产品主要分为 PPS 树脂、PPS 复合材料、PPS 纤维、PPS 涂料。

PPS 的介电常数和介电损耗角正切值相比于其他工程塑料都比较低，介电常数为 3.9～5.1，介电击穿强度为 13～17kV/mm，且在很大的温度范围内变化不大，故其常用作电气绝缘材料，市场上 PPS 用量占 30%左右。

PPS 耐腐蚀性特别好，仅次于聚四氟乙烯。除了氧化性酸，PPS 在大多数溶剂中都能保持较好的性能，在高温的无机试剂中存放 7 天仍然保持其本身强度。

此外，PPS 制备的 PPS 纤维结晶度高，尺寸稳定，在使用过程中形变较小，其强度在 2.4～4.7cN/dtex，初始模量为 27～37cN/dtex。PPS 纤维的耐磨性能优异，相对湿度在 65%时，材料吸湿率为 0.2%～0.3%。同时由于其中硫原子的存在，注定了 PPS 对氧化剂作用比较敏感，耐光性也比较差。

2.1.4　聚苯硫醚的主要应用

PPS 有优异的耐热性、耐腐蚀性、尺寸稳定性、阻燃性和介电性能，广泛应用于环保、电子电器、汽车、飞行器等领域。但是 PPS 也存在不足之处，如纯 PPS 的制品相对来说韧性较差，强度不足，而且由于硫元素的存在，PPS 在高温下易氧化，这些都限制了 PPS 的应用和发展。目前，国内外对 PPS 的研究主要集中在对 PPS 机械性能、热性能、摩擦性能和导电性能方面的研究。以下简述近年 PPS 及其复合基材料在不同领域中的应用[11]。

1. 交通运输行业

在全球市场中，运输行业对 PPS 的需求量最大，尤其是车辆和飞机领域对 PPS 的需求维持快速增长的趋势。用 PPS 取代金属部分/组件，实现轻量化、节能，所以 PPS 树脂已广泛应用于车辆的自动化部件，主要包括开关、温控器外壳、制动器、传感器、发电机、启动器、发动机、水泵叶轮和气动阀等。目前还拓展了 PPS 树脂在车辆体系应用的新领域，如动力刹车器的旋转真空叶片、卤素灯插座及外壳、进气管路阀门及外壳、燃油泵外壳等。

车辆领域对 PPS 树脂需求增长的另一个因素是混合动力和全动力汽车的出现。混合动力汽车的发动机部件比传统汽车要求更高，其充电及驱动组件的操作温度更高，需要能耐更高温度的树脂。与传统的聚酰胺（PA6 等）产品相比，PPS 树脂可承受更高的热量，且具有耐化学泄漏的特性，因此可用于电动汽车的电池、电驱动系统、高压发动机等领域。

PPS 在航空工业的需求也呈增长趋势。PPS 被用于福克 50 的起落架舱门、空客的固定翼前缘、龙骨梁、支架等。2001 年，福克公司将空客 A345-500 和 A340-600 系列商用喷气式飞机的机翼与机身连接处使用的金属铝替换成 PPS/玻璃纤维复合材料，使飞机质量更轻，具有更好的抗冲击、耐温以及耐化学腐蚀的性能。2009 年，湾流 G650 商用喷气式飞机使用一种基于 PPS 焊接的结构元件，用于飞机的升降舵和方向舵，而且 PPS 复合材料的使用将制造费用降低 20%，重量减轻 10%。这标志着热塑性复合材料首次作为承重结构用于航空工业。在这之前，这些部件是由热固性树脂与金属共同制造的。使用热塑性复合材料，能够节省飞机制造的时间，避免了劳动密集型铆接组件工作。同时，热塑性复合材料部分比其他材料重量轻 20%，因此节省燃料耗费。首次使用 PPS/碳纤维复合材料非金属机翼前缘的商用飞机是空客 A319，空客 A380 中接近 1000 个部件由 PPS 及其复合材料制造。

2. 电子电器行业

由于 PPS 具有良好的尺寸稳定性、低模塑收缩率、低热膨胀系数、良好的电绝缘性、耐电弧性以及优异的耐热和抗化学侵蚀性，其被广泛用于制造复杂、精密的模塑组件，如高密度电器连接器、插座、传感器、插头、变压器、开关零件、电刷架、电子手表部件、路灯套筒、洗衣机灯具以及其他应用部件。PPS 也被用于大量的家用电器以及商用机器，如复印机、传真机、照明配件。高流动性 PPS

树脂可用于集成电路和电容器的包装材料，也用于汽车和锅炉传感器外壳及电子发动机和微型电路板外壳。未来，PPS 可能用于住宅电气系统的燃料电池。PPS 将对其他塑料，如热塑性聚酯（如 PBT 和 PCT）、热固性环氧树脂和 LCPs 有着持续的竞争力。

3. 机械和工业

由于机械和工业领域的零部件通常在严酷的环境中工作，如高温、地下油井、蒸馏塔、燃气洗涤器中的腐蚀环境，极少数材料能在这种环境中长期使用。PPS 树脂可用于燃料气体洗涤器中的烟雾消除器，鼓风机、机械泵组件外壳以及叶轮、流量计、传感器、阀门和管件、井底油田部件、压力调节器等。PPS 可取代不锈钢和许多稀有合金，具有更长的使用寿命及更高的成本效益。

4. 纤维行业

纤维级的 PPS 通过熔融挤出制造纤维，具有耐热、抗化学腐蚀和阻燃性能。由于我国加大对空气质量的管理,我国的过滤袋行业将成为扩大 PPS 需求的主要市场。2003 年，国家颁布燃煤发电站释放空气污染物的标准（GB 13223—2003），该标准为燃煤发电站建立了减少微尘颗粒释放的时间表。目前，燃煤发电站占中国电力的 75%。PPS 纤维过滤袋能清除 99% 的微尘颗粒。2011 年 9 月，颁布 GB 13223—2011 新的标准规定排放微尘颗粒限制在 $50\sim30mg/Nm^3$，这也刺激了 PPS 树脂在过滤袋中的使用。伴随着政府持续严格的管制,PPS 在过滤袋中的使用在 2017～2022 年以 7% 的年产率增长。

尾气的成分通常为氮氧化物（NO_x）和灰分，需要在过滤装置内实现氮氧化物的转化，常将催化剂依据物理吸附涂敷在过滤袋表面[12]。覆盖催化剂虽然简便易行，但易造成催化剂脱落。可通过原位聚合法制备 PPS 催化过滤材料，实现高过滤效率，同时提升耐用性。

消防工作人员长期处于危险环境中，发展耐用的耐热、耐腐蚀、隔热工作服成为关注的热点。PPS 的无纺布有定向或随机排列的纤维组成的网状结构，绝缘温度可高达 120℃。随着 PPS 织物厚度的增加，绝缘温度也得到提高，并且湿润织物的热防护性能明显优于干燥织物。但因 PPS 纤维是由密集大分子链形成的疏水性纤维，不含有任何能与染料结合的极性基团，不易染色，限制了其在迷彩服等方面的应用，可以通过在 PPS 纤维的无定形区嵌入极性基团来改善染色性能。

日本生产商东洋纺株式会社（简称东洋纺）和东丽株式会社（简称东丽）的 PPS 纤维销售量占据全球市场的 60%。在欧洲，PPS 纤维从日本东丽进口并以 Torcon 的商标由三菱国际售卖。

5. 其他行业

PPS 也广泛用于其他行业，如电加热器烤架、电动工具配件、开关、蒸汽熨斗恒温器、医学及科学仪器。PPS 涂料广泛应用于化学和建筑工业中的铁金属抗腐蚀防护层。水供应系统为 PPS 模塑化合物提供新市场，如阀门的组件、管道、水龙头。由于 PPS 优异的耐水性及尺寸稳定性，其在饮用水系统中用于取代黄铜和其他金属以生产无铅恒温控制阀。

人体严重的骨损伤通常是无法挽回的，传统的骨植入材料多为钛合金，价格昂贵，且伴有有害金属离子释放的潜在威胁。PPS 以其优异的耐腐蚀性、耐化学性能、生物惰性逐渐成为金属的替代品。由于 PPS 轻质高强，除作为骨植入物外，PPS 也大量应用于医疗设备的制备与研发，如整形外科的外部固定器、拐杖和夹板等。

2.1.5 聚苯硫醚的全球市场现状及需求分析

2012 年以来，全球 PPS 的需求在逐年增长。2015～2018 年，全球 PPS 市场的年平均增长率达到 6%，至 2018 年，PPS 的全球市场年产量已达 8.6 万 t。此外，PPS 的全球需求量将以高于全球 GDP 增长速率的水平持续增长。2018～2023 年，世界 PPS 消耗量将以年产量 4%～5% 的速率增长，至 2023 年预计消耗量将达到 10.6 万 t。

据 IHS 调查显示，全球 PPS 需求中，中国需求量占比最高，已超过日本，成为 PPS 的最大消耗国家，中国 PPS 的消耗量占到全球 PPS 纯树脂总消耗量的 32%。日本（占 24%）、欧洲（占 18%）、美国（占 14%）依次减少。从表 2-2 的 2018 年全球消耗 PPS 树脂的主要市场统计分析看出，全球 PPS 市场高速增长的主要是交通运输行业，电子电器终端行业排名第二。

表 2-2 **2018 年全球消耗 PPS 树脂的主要市场统计**（单位：kt）

应用领域	美国	欧洲	日本	中国	其他	总量
电子电器	2.1	2.3	4.5	9.5	—	
机械和工业	1.6	1.2	a	2.3	—	
交通运输	7.2	9.5	12.3	7.2	—	
其他 b	1.0	2.7	4.0	8.6	—	
总量	11.9	15.7	20.8	27.6	10.0	86.0

a：包括在其他领域内。

b：包括纤维。

数据来源：IHS Markit《化学经济学手册》。

2.1.6　聚苯硫醚国内外生产发展情况

1. 世界 PPS 生产商分布分析

1967 年美国雪佛龙菲利普斯化工有限公司的 Edomond 和 Hill 用对二氯苯、硫化钠在极性溶剂中经过加热发生缩聚反应制得具有商业价值的 PPS 树脂同时取得专利权,于 1973 年首先实现工业化生产,并以商品名"Ryton"投放市场。1984 年雪佛龙菲利普斯化工有限公司的 PPS 基础专利期限届满失效后,日本的 DIC 株式会社、东丽株式会社、吴羽化学工业株式会社(简称吴羽化工)以及美国的佛特隆集团等多家企业相继开始涉足 PPS 产业。20 世纪 90 年代,雪佛龙菲利普斯化工有限公司在第一代 PPS 树脂产品的基础上推出了第二代线型高分子量 PPS 树脂产品。这种新型产品充分体现了 PPS 的耐高温、耐化学药品等特性,得到了众多行业领域的广泛应用。自此,美国与日本在 PPS 研发与生产方面已处于世界领先地位。著名的企业有美国的索尔维化工(Solvay)、泰科纳(Ticona)、通用电气公司,日本的东丽株式会社、DIC、东曹株式会社(简称东曹)、出光兴产株式会社、三菱化学等。除美国、日本外,德国也在 PPS 研发与生产方面崭露头角。目前,PPS 的工业化生产技术主要集中在日本、美国和中国。目前全球 PPS 主要生产商列于表 2-3。

表 2-3　全球 PPS 树脂生产商汇总表

公司及产地	2018 年产量 [a]/kt	商标/商品名	备注
美国			
福特工业 LLC (威明顿市,NC)	17	Fortron®	公司于 1993 年后期/1994 年前期开始运转。PPS 生产线使用吴羽化工的技术;也得到雪佛龙菲利普斯化工有限公司的许可。公司生产力在 1998 年中期突破瓶颈后得到迅速增长,到 2000 年产量增长至 7200t,到 2017 年产量进一步增长至 15000t,至 2017 年 10 月产量增长至 17000t
索尔维特种聚合物 有限公司 (博格,TX)	20	Ryton®	公司于 1972 年 10 月开始生产。生产线型、支化和交联 PPS 树脂,也生产 PPS 合金。1996 年和 1998 年公司生产能力扩大。至 2011 年,年产量达 20000t
美国总产量	37		
日本			
DIC EP 公司 (鹿岛市,茨城县)	18	DIC PPS	DIC 与 Tohpren 公司合并成立的公司。2001 年 4 月,DIC 收购 Tohpren 公司的 PPS 部门。2003 年该公司 PPS 生产能力为 3500t;至 2005 年增长至 5000t,2008 年增长至 8500t。2013 年又增加了 5500t。DIC 在 2017 年初增加了 4000t

续表

公司及产地	2018年产量ᵃ/kt	商标/商品名	备注
袖浦（千叶市）	5	DIC PPS	标准 PPS；于 1987 年开始运营。2005 年克服瓶颈后生产能力从 3500t 增长至 5000t
吴羽化工（磐城市，福岛县）	10.7	Fortron®	线型 PPS；于 1987 年开始运营。1996 年生产能力为 3000t。2003 年增长至 6000t。2006 年 4 月增长至 10000t。几年前，该公司完成一份在新加坡建立新工厂的调研后，公司决定不再投资新加坡工厂，转而将其生产力转向美国，在 2017 年 10 月其生产能力从 15000t 增长至 17000t
东丽（东海，爱知县）	19	Torelina®	生产 50%线型和 50%标准 PPS；1987 年开始运行。2003 年生产能力从 5700t 增长至 8000t。2017 年第四季度增长至 11500t，2010 年增长至 14000t。2013 年生产能力进一步增长至 19000t
东曹（四日市，三重县）	2.5	Susteel®	标准 PPS；于 1986 年开始运营。1998 年生产能力增长至 2000t，2007 年克服生产瓶颈后增长至 2300t，2007 年增长至 2500t
日本总产量	55.2		
中国			
成都乐天塑料有限公司（四川，成都）	1		
中国旭光高新材料集团有限公司（四川，德阳）	30	Haton®	之前宣布为最大的 PPS 树脂生产商，但在 2014 年由于资金问题停止运营
重庆聚狮新材料科技有限公司（重庆）	10		公司计划建造 30000t PPS 生产线。2017 年 7 月实行第一部分 10000t 投产
敦煌西域特种新材料股份有限公司（甘肃，敦煌）	2		2014 年建立 PPS 树脂生产线
伊顿科技有限公司（内蒙古，鄂尔多斯）	3		2014 年建立 PPS 树脂生产线
广安玖源新材料有限公司（四川，广安）	3		2016 年末开始试生产
浙江新和成特种新材料有限公司（浙江，上虞）	15	NHU PPS	公司于 2012 年 1 月 31 日成立，是浙江新和成股份有限公司的全资子公司。公司专门从事研发、生产、营销特种工程塑料。公司建立年产量 5000t 的 PPS 生产线。2017 年第一季度纯树脂生产能力达到 15000t
中国总产量	34		

续表

公司及产地	2018 年产量 [a]/kt	商标/商品名	备注
韩国			
INITZ （蔚山，全北道）	12		SK 化学（66%）和帝人（34%）的合资企业。2016 年底开始运营
东丽先进材料 韩国公司 （群山市，全北道）	8.6		东丽全资子公司。于 2016 年 4 月开始运营
韩国总产量	20.6		
世界总产量	146.8		

a. 纯树脂的生产能力。

数据来源：IHS Markit。

东丽是全球最大的 PPS 生产商，年产量达 19000t。东丽先进材料韩国公司，是东丽全资子公司，于 2016 年在韩国群山市建立工厂，其生产能力达 8600t/a。东丽在全球有着 27600t/a 的生产力。随后是 DIC、索尔维集团、浙江新和成特种材料有限公司和吴羽化工。东丽 PPS 占据全球较大的市场，在欧洲占 46%，北美占 22%，亚洲占 32%，在中国的占有率也达到 30%以上[13]。

2. 中国的 PPS 生产及其市场分析

我国的 PPS 产业化起步很晚，但发展较为迅速。自 20 世纪 70 年代开始，广州市化学工业研究所和广州化学试剂二厂针对国内市场对 PPS 需求高，完全依赖进口的问题，开始着手对 PPS 生产工艺进行研发，并于 1978 年实现了 PPS 小批量生产，打破了国内 PPS 需求完全依赖进口的局面。20 世纪 80 年代，受到国内 PPS 生产工艺研发成功的鼓舞，以四川特种工程塑料厂、四川长寿化工厂、都江堰高分子合成材料厂为代表的一些企业陆续进入 PPS 研发与生产领域。

20 世纪 90 年代，专业从事 PPS 等高分子新材料的研究、开发、生产及销售的四川得阳特种新材料有限公司在国内 PPS 领域异军突起。该公司首先建成了 85t/a 的 PPS 装置，随后又建设了千吨级 PPS 树脂工业化装置，在国内 PPS 研发领域取得众多技术突破，对国内的 PPS 技术发展起到了很大的推动作用。2002 年，该公司建成了国内第一套具有知识产权的千吨级的 PPS 工业化生产线，并荣获 2004 年四川省政府科学技术进步一等奖。2006 年以后，该公司又先后建设了多条不同品种 PPS 生产线，进一步提高了国内 PPS 品种与产能，使国内产业化进入了一个新的里程。2007 年，该公司又建设了 24000t/a PPS 树脂生产线，实现了 PPS 树脂的全程国产化。2010 年底，中国旭光高新材料集团有限公司收购四川得阳特种新材料有限公司和四川得阳化学有限公司，成为世界上最大的 PPS 生产企业[14]，但在 2014 年由于资金问题停止运营。

在我国"十三五"规划期间，PPS 技术研究作为一项重要内容被列入了规划。在良好的政治环境、社会环境与经济环境下，众多企业纷纷加大了人才培养与科技创新。目前中国主要 PPS 的生产商见表 2-3。

我国 2017 年 PPS 的总产能为 7.3 万 t，其中西南地区产能 3.4 万 t，占 46.58%；华东地区的产能 2.6 万 t，占 35.62%，其他地区产能 1.3 万 t，占 17.81%。

PPS 已被列入国家《新材料产业"十三五"规划》，已获得国家产业政策的重点培育。浙江新和成股份有限公司于 2017 年 3 月又上了一条 1 万 t 的生产线，开始投产。敦煌西域特种新材料股份有限公司也预计在 2020 年新增年产 PPS 树脂系列产品 2.6 万 t、PPS 改性材料 3.2 万 t、PPS 纤维 1 万 t、PPS 注塑件 1 万 t 等产品的生产线。目前正在论证或者即将投产的企业有广安玖源化工有限公司、重庆聚狮新材料科技有限公司等。

目前我国的 PPS 消费结构如图 2-2 所示。典型的应用如环保领域的过滤材料，汽车领域的汽化器、进化器、汽化泵、连接器等，还有在电子电器领域的插线板、变压器、绝缘插头、电容器、电子马达零件、集成电路的零部件等。

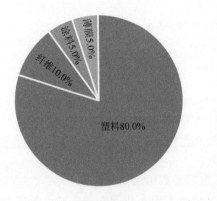
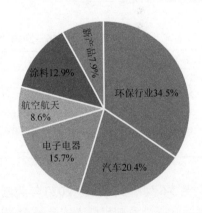

图 2-2　我国 PPS 消费结构[数据来源：现代化工《聚苯硫醚产业化发展分析》、塑料新材网]

在过去 10 年里，由于其他树脂的竞争，PPS 树脂的平均市场价格下降明显。用于高度填充模塑化合物的 PPS 树脂的价格已经达到可与通用工程塑料价格相当的水平。在 2018 年底，PPS 纯树脂的平均价格达到 10 美元/kg 甚至更低，而用于玻璃纤维增强的树脂基体价格则更低，大约 6 美元/kg 或更低。表 2-4 总结了近年来 PPS 树脂在中国的平均市场价格。

表 2-4　PPS 树脂在中国的平均市场价格（单位：美元/kg）

材料种类	2011 年	2014 年	2017 年	2018 年
PPS 树脂	20.30	12.95	7.45~10.45	5.90~10.30
40%玻璃纤维增强 PPS 树脂	10.90	9.71	3.75~6.00	2.95~5.90
65%玻璃纤维增强 PPS 树脂	9.40	6.47	2.25~4.50	1.90~4.10

数据来源：IHS Markit。

2.1.7　聚苯硫醚国内外研究进展及其专利分析

1. 国内外专利的计量学分析

通过对 2016~2020 年度国内外在 PPS 行业的专利申请数比较可以看出，当前在 PPS 技术研发领域，日本、美国、中国、韩国技术创新表现最为突出。表 2-5 列出了 2016~2020 年世界 PPS 行业专利申请排名的前五名，日本东丽独占鳌头，紧随其后的是日本的旭化成株式会社，总的来说，日本的企业在 PPS 研发领域非常活跃，除了上面提到的东丽株式会社、旭化成株式会社以外，日本的东洋纺株式会社、东曹株式会社、日立金属株式会社等大公司对 PPS 的研究也一直没有中断过。

表 2-5　2016~2020 年世界 PPS 行业专利申请排名

排名	国别	专利权人名称	申请量/件
1	日本	东丽株式会社	54
2	日本	旭化成株式会社	48
3	美国	索尔维特种聚合物有限公司	14
4	中国	重庆聚狮新材料科技有限公司	12
5	韩国	汇维仕（Huvis）株式会社	7

表 2-6 列出了 2016~2020 年我国 PPS 领域专利申请排名，通过表中数据可以看出，与国外专利申请人主要是企业的情况有所不同，我国专利申请人除了企业外，还有高校，企业和高校之间合作紧密，这主要是因为我国以企业为主体、市场为导向、产学研相结合的技术创新体系的提出，使作为产学研合作中最常见的形式的校企间的合作得到空前发展，从而促进了 PPS 的研发[15]。

表 2-6　2016~2020 年国内 PPS 行业专利申请排名

排名	专利申请人名称	申请量/件
1	重庆聚狮新材料科技有限公司	12
2	四川中科兴业高新材料有限公司	11

续表

排名	专利申请人名称	申请量/件
3	武汉纺织大学	11
4	蚌埠高华电子股份有限公司	10
5	中国石油化工股份有限公司	9

　　根据对 2002 年以来，PPS 行业专利申请的总量分析发现，我国在 PPS 领域研发占有的地位愈发重要，2005~2007 年申请专利总量不到 5%，2016~2020 年我国在该领域申请专利占比 79% 以上，并且 2002~2020 年我国在 PPS 领域申请专利总量占比该时期总量的 59.35%。

　　图 2-3 是 2002~2020 年国内 PPS 行业专利申请的时间分布图，图 2-4 是 2002~2020 年国内外 PPS 行业专利申请的地区分布，图 2-5 是 2002~2019 年国内外 PPS 行业专利申请的国家和时间分布。由图 2-3 可见，从 2002 年开始，中国的 PPS 相关专利申请逐年增加，增长速度基本平稳，2005~2018 年呈现快速增长趋势，并在 2018 年达到峰值。这体现出中国 PPS 行业的一个发展现状：在 2002 年以后，受到市场需求的影响，中国多家企业从之前的研发和小试发展起来，开始进入生产阶段，对 PPS 的专利申请和保护逐渐重视和提高。2008 年前后可能由于经济危机原因，申请量比较平稳。2019~2020 年可能由于部分专利申请尚未公开所致，申请量有所下降。总体上来说，随着年份的增加，申请量大体上逐年增加。结

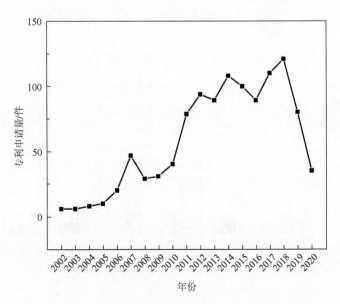

图 2-3　2002~2020 年国内 PPS 行业专利申请的时间分布

合图 2-4 和图 2-5 可以看出，我国 PPS 的产业虽起步较晚，但其发展速度惊人，尤其在 2011～2020 年中国专利申请数量与之前相比增长快速。在振奋之余，我们也应该意识到，虽然我国专利发表数量巨大，但国内企业在 PPS 某些领域（如 PPS 薄膜）尚未形成产业化生产，国内 PPS 生产企业在专利布局上缺乏全局性和前瞻性，没有形成自己的专利体系，而国外大公司体现出的市场竞争力优势是与其先进的技术密不可分的。在这方面，国内企业可以借鉴国外大公司的专利布局策略，在进行研发和生产的同时，注重专利挖掘和专利布局，对自主研发的技术进行有效保护，也为今后的专利侵权纠纷等提供有力的保障。此外，还可以增加多技术领域申请，如纤维、膜、膜制品、涂料和黏合剂多技术领域开发应用[16]。

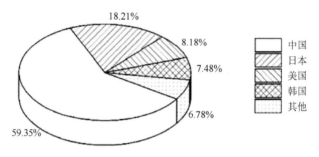

图 2-4　2002～2020 年国内外 PPS 行业专利申请的地区分布

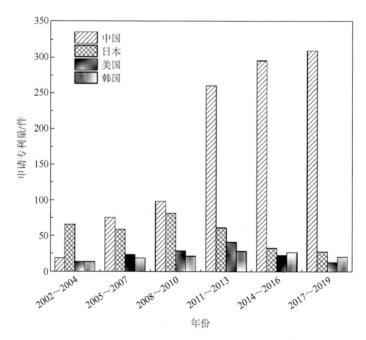

图 2-5　2002～2019 年国内外 PPS 行业专利申请的国家和时间分布

2. 2016～2020 年国内外专利的技术发展情况

1）2016～2020 年国外专利的研究方向

国外 PPS 及其相关产品的专利申请量排名比较靠前的国家主要是日本、美国和韩国。下面是对这三个国家部分企业 2016～2020 年间的专利研究方向的总结。

（1）日本东丽株式会社：2016～2020 年东丽的 PPS 领域申请专利主要集中于特定性能与应用的聚苯硫醚树脂组合物的制备以及加工方法的创新。2017 年，Washio Isao 等[17]在 PPS 树脂中混合一定量的 α-烯烃、缩水甘油醚、玻璃纤维、烷氧基硅烷等制备一种流动性好、焊接强度高、翘曲低的 PPS 树脂混合物，可注塑成型。Tomoya Yoshida 等[18]在含有碱金属的 PPS 树脂中掺入聚芳酰酮树脂，改善其断裂伸长率，且保持 PPS 树脂原机械强度、耐化学性和电绝缘性能。Naoya Ouchiyama 等[19]研究了一种适用于绝缘涂膜的加工性和韧性的 PPS 树脂混合物。Yukina Mizuta 等[20]提供一种具有优异机械强度 PPS 纤维的制造方法。2018 年东丽申请的专利包括：一种用于螺杆部件的具有优异扭矩强度的 PPS 树脂组合物[21]；用于拉塑成型的高强度高弹性模量的 PPS 组合物[22]；共混聚乙烯亚胺、与橡胶和树脂具有优异黏合性的 PPS 纤维[23]；与聚醚醚酮或聚醚酮酮，并添加少量聚醚酰亚胺树脂共混，获得具有优异韧性 PPS 树脂组合物[24]；与氟树脂、有机硅化合物等共混得到优异的介电性能和机械强度的 PPS 树脂[25]；通过引入亲水基团制备水电解槽用 PPS 机织物[26]等。2020 年东丽申请的专利包括：高收集性能和高强度的袋滤器用 PPS 纤维[27]；具有非常小的孔径变化率并优选用于高精度滤波器的 PPS 单丝[28]；与间位芳纶纤维和不低于 40%的 PPS 短切纤维共混湿法制造无纺布，制作具有优异介电击穿强度的电绝缘纸[29]；改性玻璃纤维共混得到具有优异机械强度的 PPS 共混树脂[30]等。2021 年东丽申请专利包括：一种在高湿高压条件下用的复合电解质膜[31]；适用于优异焊接性的造纸黏合剂的低热收缩率共聚 PPS 纤维[32]；一种有 PPS 共混物制造大长径比（＞20）整体成型的管状物品的方法[33]；一种高耐热连续纤维增强树脂复合材料及其制备方法[34]等。

（2）日本旭化成株式会社：旭化成近几年专利多为 PPS 无纺布方面研究，2017 年旭化成专利提出一种易于生产并且在尺寸稳定性、耐热性、耐化学药品性和成型性等物理特性方面优异的 PPS 纤维无纺布[35]。

（3）比利时索尔维集团：比利时索尔维集团近几年 PPS 领域的专利申请主要是关于 PPS 改性与加工的研究。2018 年，该公司提出一种 PPS、PA6、增强剂的树脂共混物，PA6 作为混合树脂中的热老化稳定剂[36]。2018 年该公司发明专利提出低熔体流动速率的 PPS 聚合物和 E-CR 玻璃纤维的聚合物混合物，相对于共混 E 玻璃纤维的传统 PPS 聚合物组合物，在水老化后具有显著改善的拉伸强度和断裂伸长率保持性（水老化性能）[37]；将 PPS 与柔性聚酯（PE）共混颗粒用于 SLS 3D 打印、涂层和热固性树脂增韧，而且还可通过将 PE 溶解到水中来回收颗粒[38]。2019 年一篇专利指出，以特定量的特定封端剂终止的 PPS 聚合物，制备一种具有优异熔体稳定性和可加工性的 PPS 聚合物，从而可以将该类 PPS 聚合物作为熔体加工有效改性剂[39]。

（4）韩国汇维仕株式会社：韩国汇维仕株式会社对 PPS 的研究主要集中于纤维及其复合材料领域。2018 年和 2019 年，该公司专利提出一种通过皮芯复合纺丝制备方法，皮部分由 PPS 树脂组成，芯部分可以由聚酯类、聚酰胺类、聚烯烃类或乙烯基类化合物中的至少一种组成，该方法可制备染色的 PPS 复合纤维[40]或者 PPS 橡胶复合材料[41]，其中橡胶复合材料具有出色的耐热性能和机械性能。2019 年，该公司的申请专利涉及 PPS 长丝纤维的生产和制造方法[42-44]，得到的 PPS 纤维具有优异的外观质量和高强度的物理性能。

2）典型国内专利的研究方向

（1）重庆聚狮新材料科技有限公司：重庆聚狮新材料科技有限公司主营业务是 PPS，该公司与南京大学等国内多所知名大学合作，共同研发的 PPS 规模化生产新工艺，在国内处于同行业领先地位，打破了国外生产厂家长期对我国的技术封锁，改变了国内对 PPS 的供需格局。通过对该公司 2016~2020 年申请的专利进行分析可以看出，该公司 2016 年、2018 年、2019 年的专利主要集中于 PPS 生产装置的构成[45, 46]与生产过程中的工艺条件，包括副产物浆料和含锂混盐的回收利用[47, 48]、生产系统合成废气[49]和滤液处理系统[50]、循环水工艺[51]、低分子量杂质含量的测定[52]、TVOC 含量的测定[53]等。

（2）四川中科兴业高新材料有限公司：四川中科兴业高新材料有限公司是一家以高新技术成果转化为主导，以聚芳硫醚类（PPS、PASS、PASK、PPSA 等）高分子材料研发为技术突破口，专业致力于 PPS 和聚芳硫醚砜（PASS）等国家尖端高分子聚合材料及其深加工分离膜的研发、生产和销售的企业。通过对该公司 2016~2020 年申请的专利进行分析可以看出，该公司近年的专利涉及面较广：2017 年的专利主要集中于合成 PPS 的装置，包括冷凝器、合成反应釜、滴加罐等[54-56]；2018~2019 年的专利主要侧重于 PPS 的合成改进，例如，2019 年的一个专利[57]针对现有的硫化钠法生产 PPS 的技术中线型聚苯硫醚分子量不高、生产成本较高及 PPS 树脂结晶度过高的问题，摒弃了现有国内主流以氯化锂为催化剂的 PPS 制备工艺，以低成本的有机酸盐为催化剂，制备出质量性能稳定且成本较低的 PPS 树脂，大大提高了 PPS 产品的性能，扩展了 PPS 的应用领域和使用范围。2019 年的一个专利[58]公开了一种控制水含量合成高分子量 PPS 的方法，涉及 PPS 合成技术领域，解决现有 PPS 合成工艺聚合过程中无法控制所得 PPS 的物理性质，且反应釜中杂质多、产物不易分离的问题。

（3）武汉纺织大学：武汉纺织大学 2016～2020 年对 PPS 的研究主要集中于膜材料、纤维及其复合材料领域。2016 年，该校一专利[59]针对现有的锂离子电池用聚烯烃复合隔膜普遍存在的吸液能力差和耐温性不足的问题，将对位芳纶纳米纤维配制成悬浮分散液，涂覆到熔喷 PPS 无纺布的上表面，制备熔喷 PPS 无纺布/对位芳纶纳米纤维复合隔膜，属于新能源材料技术领域。2017 年，该校另一专利[60]将 PPS 进行磺化处理，接枝磺酸基团（—SO_3H），然后通过磺化 PPS 的磺酸基团与十八叔胺的氨基（—NH_2）进行酸碱反应，以此来改性 PPS，在制备低黏度、高流动性的 PPS 方法上开辟了新的途径。2017 年，该校发明一种 PPS 超细纤维基布制备以及与聚氨酯的复合工艺[61]，特别涉及一种 PPS 超细纤维/聚氨酯合成革贝斯及其制备方法，所制备的合成革贝斯因采用 PPS 超细纤维作为基布原料，手感柔软，具有良好的透气性和优异的机械性能。2018 年，该校申请专利——一种降低焦油量的熔喷无纺布材料[62]。2019 年，该校申请专利——一种含有熔喷 PPS 超细纤维的复合片材及其制备方法[63]，复合片材具有良好的尺寸和化学稳定性以及优良的阻燃和绝缘或导电性，同时能耐高温、耐水解、耐紫外线，该复合片材可用于制备耐高温绝缘材料、高性能阻燃材料、轻量化蜂窝结构材料、锂离子电池隔膜材料等。除以上列举的专利外，该校近年专利申请还包括碳纤维、玻璃纤维等与 PPS 的复合材料[64-67]。

2.2　聚芳醚砜

2.2.1　聚芳醚砜定义

聚芳醚砜是在分子主链上含有砜基键（—SO_2—）、醚键（—O—）和芳核的非结晶型高分子化合物。在其高分子重复单元结构中具有高度共振的砜基，由于硫原子处于最高氧化态，对位砜基增强共振，使其具有优异的耐热氧化性能。商业化聚芳醚砜的主要品种及其结构与性能如表 2-7 所示。

表 2-7　聚芳醚砜主要品种及其结构与性能

聚合物名称	分子结构	热性能
双酚 A 型聚砜（PSU）		长期使用温度为 160℃，短期使用温度为 190℃
聚醚砜（PES 或者 PESU）		$T_g = 225$℃，长期使用温度 180～200℃

续表

聚合物名称	分子结构	热性能
聚亚苯基砜（PPSU）	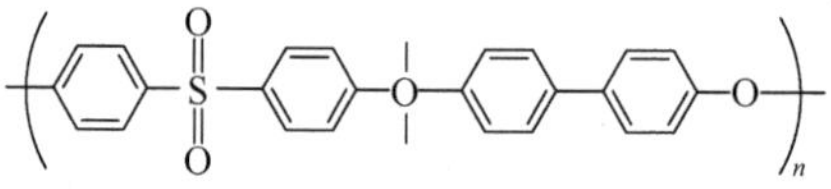	$T_g = 220℃$，长期使用温度 $190℃$
杂萘联苯聚醚砜（PPES）	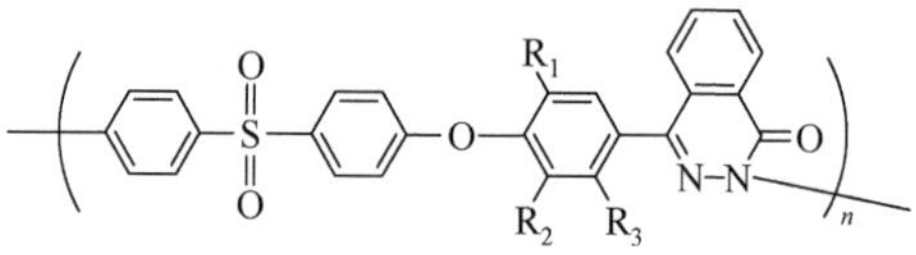	$T_g = 305\sim322℃$，长期使用温度 $280℃$ 以上

2.2.2　聚芳醚砜的种类及其合成与性能

1. 双酚 A 型聚砜

双酚 A 型聚砜的结构较为简单，其原料为双酚 A 和 4,4′-二氯二苯砜，氢氧化钠为成盐剂，二甲基亚砜（DMSO）为溶剂进行高温溶液共聚合，合成路线如下所示：

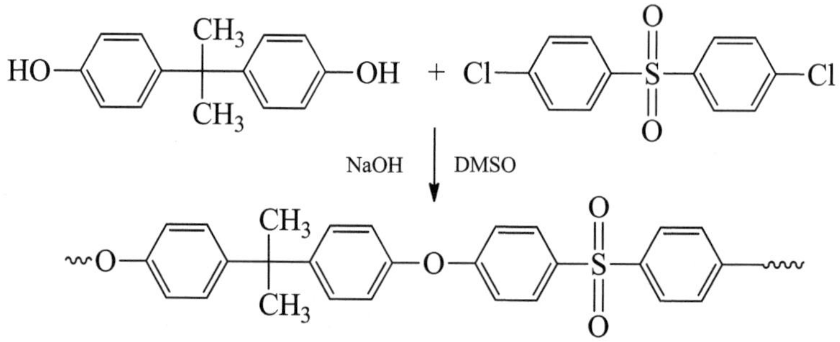

PSU 是呈透明淡琥珀色的非晶型塑料，其密度为 $1.25\sim1.37g/cm^3$，PSU 是一种优良的工程塑料，具有高模量、高强度、高硬度、低蠕变、耐热、耐寒、耐老化等特点。其热稳定性突出，可在 $-100\sim150℃$ 温度范围内长期使用，短期使用温度为 $190℃$，脆化温度为 $-101℃$。PSU 对一般无机酸、碱、盐以及脂肪烃、醇类和油类都较稳定，但会受到强溶剂浓硫酸、硝酸作用，某些极性溶剂如酮类、卤代烃、芳香烃、N, N-二甲基甲酰胺等会使其发生溶解和溶胀。耐紫外线和耐候性较差，耐疲劳强度差是主要缺点。PSU 的拉伸强度和弯曲强度优于 POM、PA 和 PC 等普通工程塑料，即使在 $150℃$ 时拉伸强度仍能达到 $60MPa$。PSU 的抗蠕变性十分优异，在室温及 $21MPa$ 应力作用下仍低于 2%。

2. 聚醚砜

聚醚砜的结构更为规整，醚键、砜基与苯环交替连接，其制备方法有两种，一种是亲核取代法（又称脱盐法），另一种是亲电取代法（又称脱氯化氢法）。两法相比，脱氯化氢法具有单体制备较容易、反应较平稳、成本低、工序少等优点，但由于 Friedel-Crafts 反应可使苯环在对位、邻位和间位上的氢有被取代的可能性，因此反应产物支化程度高，加工性差，且对设备的腐蚀严重。而脱盐反应中只要严格控制双酚 S 中 2,4-异构体的含量，就可以得到分子链结构规整的全对位产物，聚合物具有较高的流动性和冲击强度。但是，脱盐反应结束后必须加入氯甲烷封端剂，使活泼的基团变为较稳定的基团，以避免高聚物在加工中分解。

PES 是具有浅琥珀色的透明固体，无味，折射率 1.65，相对密度 1.37，吸水率 0.43%，收缩率 0.6%，制品为无定形聚合物。聚醚砜具有较高的力学性能，特别是高温下的力学性能保持率较高。在 200℃的高温下使用 5 年后拉伸强度的保持率仍高达 50%；在较高的温度和载荷下的蠕变值也很小，因而尺寸稳定性比较好。聚醚砜具有很高的耐热性，可在 180℃下连续使用，在−150℃的低温下制品不破裂。PES 的 T_g 为 225℃，热变形温度为 204℃，PES 的热性能高于 PSU。此外，它的阻燃性能也很优异，不仅难燃，而且在强制燃烧时的发烟量也很低。

3. 聚亚苯基砜树脂

聚亚苯基砜树脂（polyphenylene sulfone resins，PPSU）由美国联碳公司研发，并于 1976 年商品化，索尔维公司取得销售权后以 Radel® PPSU 商品名进行销售。德国巴斯夫公司也生产 PPSU，商品名为 Ultrason® P。聚亚苯基砜是由联苯二酚与 4,4′-二氯二苯砜通过亲核反应制成。PPSU 是具有浅琥珀色的透明固体，无味，相对密度 1.29，吸水率 0.37%，洛氏硬度为 M110，制品为无定形聚合物。PPSU 本征力学性能在聚砜类树脂中较为突出，与 PEU 和 PES 相比，其分子主链中的联苯结构赋予了其优异的缺口冲击性能，超过 660kJ/m²，有的牌号高达 694kJ/m²，使 PPSU 能应对更苛刻的使用环境。PPSU 可在 180℃下连续使用，在−150℃的低温下制品不破裂，热变形温度为 207℃，略高于 PES，且其化学稳定性比 PSU 优异，可经受大多数的化学介质（如酸、碱、油、脂肪烃和醇等）的侵蚀，用苯和甲苯清洗不会出现应力开裂，但对酮类和酯类敏感，某些高极性溶剂（如二甲基亚砜、卤代烃等）会使其溶胀或溶解。

4. 杂萘联苯聚醚砜

杂萘联苯聚醚砜（PPES）是一种结构全新的、含氮杂环结构的聚芳醚砜产品，其分子主链含有二氮杂萘酮联苯结构。二氮杂萘酮联苯结构具有全芳香扭曲非共平面的结构，将其引入到聚合物主链后，使聚合物的分子主链也具有扭曲非共平面的空间结构，聚合物的分子链相互扭曲缠绕，分子链间具有较大的自由体积，使 PPES 为无定形聚合物，溶解性好。PPES 具有优异的耐热性能，随着二氮杂萘酮联苯结构的取代基变化，其玻璃化转变温度在 305～322℃之间，可在 280℃以上长期使用，是目前报道聚芳醚砜产品耐热性能最高的品种，在 N-甲基吡咯烷酮、N, N-二甲基乙酰胺、氯仿等溶剂中可溶解，在耐高温分离膜、涂料等领域具有应用优势。其他力学性能和耐化学溶剂性能与 PPSU 类似，但使用温度远高于其他热塑性工程塑料。

2.2.3　聚芳醚砜的全球市场现状及需求分析

2018 年，聚芳醚砜的全球市场消耗量达 5.66 万 t。美国是主要的聚芳醚砜生产国，占全球生产能力的 43%，随后是欧洲（占 17%）、韩国（占 17%）和日本（占 9%）。全球消耗聚芳醚砜的水平与上述比例不同，美国占 37%，欧洲占 28%，中国占 14%，日本占 11%。总体来讲，美国和韩国是净出口国，而其他国家是净进口国。2018～2023 年全球聚芳醚砜的消耗水平预期将以每年 5%～6% 的增长水平持续增长，至 2023 年，预期将消耗聚芳醚砜近 7.4 万 t。图 2-6（a）和（b）分别是 2018 年全球消耗聚芳醚砜水平分布及其主要应用领域统计的饼状图。由图 2-6（b）可知全球消耗聚芳醚砜主要应用领域有医疗、交通运输、家居/食品、电子电器以及工业等。现分别对其做具体分析。

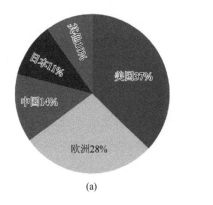
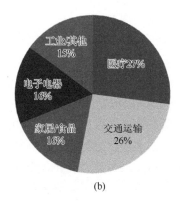

图 2-6　（a）2018 年全球消耗聚芳醚砜情况分布饼状图；（b）2018 年全球聚芳醚砜市场应用领域分布饼状图（数据来源：IHS Markit）

1. 医疗行业

聚芳醚砜由于其优异的耐水解性、无毒以及透明性，被广泛应用于医疗行业。所应用的医疗行业中具体包括手术工具托盘、液体容器、心脏瓣膜、心脏起搏器、呼吸器、实验室仪器等。在这些市场领域中，PSU 是应用最多的聚芳醚砜类树脂，当需要更高耐热性或耐化学腐蚀性能时，PPES、PES 和 PPSU 则会取而代之。PSU、PPES 可制备成中空纤维超滤膜、微滤膜用于肾透析等医疗应用中。

2. 交通运输行业

聚芳醚砜大量应用于交通运输领域，包括头灯反射镜、光纤连接器、油泵壳体和叶轮、轴承罩。聚芳醚砜在自动化工业应用的主要方向是头灯反射镜及遮光板和外壳。通常使用的卤素灯，能产生 200℃的高温，因此需要材料具有耐高温的性能以及高的尺寸稳定性以确保壳体的尺寸和形状在持续操作时不会变形。聚芳醚砜因具有本征阻燃性、尺寸稳定性、耐撞击性、耐高温性，还可用于电动汽车的电池组件。

近年来，聚芳醚砜应用于航空航天领域也受到广泛关注。在不久的将来，聚芳醚砜可能会替代金属用于飞机座椅。目前美国 PlastiComp 公司和德国巴斯夫公司一起研发的聚芳醚砜基长纤维热塑性复合材料可替代金属用于飞机内部。大连保利新材料有限公司开发的 PPES 树脂基连续纤维热塑性复合材料表现出更优异的耐高温力学性能，在 250℃下力学强度保持率高于 65%，以及优异的阻燃特性（氧指数大于 35），在航空航天领域能代替金属，相关研究正在进行。

2018 年日本住友化学株式会社出口大约 2200t 聚芳醚砜至美国、欧洲和亚洲。在出口的聚芳醚砜商品中，用于航空工业的聚芳醚砜就占到 2/3。经过羟基封端改性处理的 PES 已被波音公司和宇航公司用于碳纤维/环氧树脂复合材料增韧改性，已应用于飞机主承力和次承力结构件中。PPES 增韧环氧树脂复合材料表现出优异的耐湿热性能，按照航空标准检测增韧体系的湿 T_g 与干 T_g 相比几乎没有变化，而 PES 增韧环氧体系却下降了近 40℃，同时，PPES 增韧环氧体系的力学强度并没有由于增韧而显著下降，这种优异的性能在航空航天领域有很大的应用前景。

3. 家居/食品行业

咖啡机、吹风机、茶壶、空气增湿器和其他小型电器用品是聚芳醚砜的另一个主要消费市场。聚芳醚砜可用于制备可重复使用的托盘、盖子、锅盖、儿童奶瓶、微波天线、可重复使用的微波炊具。此外，由于聚芳醚砜比玻璃更薄更轻，因此还可用于透明显示器。聚芳醚砜还可替代聚碳酸酯用于制造儿童奶瓶。因为聚碳酸酯可能存在双酚 A，会引起人体内分泌紊乱，而用聚芳醚砜取代就可很好地解决该问题。

4. 电子电器行业

电子电器市场也是聚芳醚砜的主要输出领域。电子电器行业需要材料能够在蒸汽环境及红外回流焊接环境下耐受高温。聚芳醚砜在电子电器行业主要的应用包括：承载盘，印刷覆铜板，集成电路，线圈轴，外壳，电连接器，套管，接线盒，电视和音响组件，碱性蓄电池壳，密封件，模塑电路板，终端盒，接线端子，小灯泡底座，印刷集成电路，变压器线缆涂料，薄膜。

聚芳醚砜的电子电器市场主要在亚洲，特别是日本和中国，包括继电器、转换器、连接器，这些在计算机和手机行业中需求量极大。

5. 工业及其他行业

聚芳醚砜也用于制备耐高温烟筒壳、歧管、增湿器外壳、太阳能面板中的水管。新型聚芳醚砜着色更浅，发黄问题减弱，可用于制作消防头盔的面罩。杂萘联苯聚芳醚砜分子链具有全芳香扭曲非共平面特性，制备的分离膜可在 95℃ 的高工作温度下实现高通量特性，而其截留率与低温下相比保持不变，制备的一系列分离膜可用于气体分离、水分离和海水淡化以及高温废水处理等。

世界消耗聚芳醚砜类聚合物的领域如表 2-8 所示。

表 2-8　2018 年世界消耗聚芳醚砜产品情况（单位：kt）

国家或地区	医疗	交通运输	家居/食品	电子电器	工业/其他	合计
美国	4.8	6.9	2.9	2.8	3.2	20.6
欧洲	4.9	3.9	1.9	2.2	2.6	15.5
中国	2.7	1.7	2.3	0.9	0.6	8.2
日本	2.7	0.9	0.6	1.3	1.0	6.5
其他	0.3	1.1	1.6	1.7	1.2	5.9
合计	15.4	14.5	9.3	8.9	8.6	56.7

数据来源：IHS Markit。

聚芳醚砜优异的耐热性能使其在汽车和电子电器领域应用需求量越来越多；近年来利用聚芳醚砜类树脂的耐热性、耐卤素性和对生物胶体的安全性等优点，其可用于海水淡化、半导体与医疗品用超纯水的制造和饮料水的净化等领域。聚芳醚砜类中空纤维膜[目前主要以双酚 A 型聚砜（PSU）为主]已成为肾病患者血液透析治疗用具中的主要材料,但目前 PES 肾透析膜存在与血液相容性差、对中大分子毒素清除效率不足等问题。PPES 含有扭曲非共平面的环酰胺结构,在保持高截留率的同时,具有优异的通透率,是一种综合性能优异的血液透析膜材料,市场前景广阔。据 IHS Markit 公司预测,2019~2025 年的年平均增长率为 6.6%,聚芳醚砜的全球市场规模将在 2019~2025 年以 3.8%的年平均增长率增长。到2025 年底,市场预计将达到 700 亿美元的估值。

2.2.4　聚芳醚砜树脂的世界生产商分布分析

聚砜的开发工作是于 20 世纪 60 年代,由美国联合碳化物公司(UCC)的奥福尔特·法纳姆(Orr Ford Farnham)资深研究员完成的。该公司于 1965 年实现工业化,年生产能力为 4500t,以商品名 Udel®PSO 在市场上销售。

1983 年美国阿莫科聚合物(Amoco Polymers)公司获得了美国联合碳化物公司的聚砜经营权,从而支配了美国、西欧和日本的聚砜市场。1998 年后期英国石油阿莫科工程塑料聚合物(BP Ameco Engineering Polymers)公司获得了 Amoco Polymers 公司的聚砜经营权。2001 年后期聚砜的经营权又被索尔维尖端聚合物(Solvey Advanced Polymers)公司获得。该公司现在的生产能力为 27100t/a。

1992 年 ICI 公司退出砜聚合物的生产和销售后,巴斯夫公司从 20 世纪 90 年代初成为西欧唯一的一家生产和销售聚砜、聚醚砜的公司。巴斯夫公司的聚砜商品名为 Ultrason®S,该公司的砜聚合物的生产能力为 6000t。

目前,世界上聚芳醚砜树脂的生产商主要有索尔维、巴斯夫、住友化学。其中,索尔维生产聚芳醚砜树脂的种类和牌号较多,相关产品包括 Udel PSU、Veradel PESU 和 Radel PPSU,至 2018 年中期其产能超过 3 万 t,市场份额达到全球市场的 57.5%。其次是德国巴斯夫公司,产品包括 Ultrason E.(PES)、Ultrason P.(PSU)、Ultrason S.(PPSU),总量也达到了 1.2 万 t。中国制造企业江门市优巨新材料有限公司有年产 6000t 聚芳醚砜 PARYLS 系列产品生产线,成为全球第三大供应商。大连保利新材料有限公司是基于大连理工大学发明的含二氮杂萘酮联苯结构的杂萘联苯聚芳醚砜系列产品,其玻璃化转变温度为 305~375℃,使用温度最高可达 350℃,是目前国际上报道的使用温度最好的聚芳醚砜品种,其优异的耐热性能和耐辐照性能使其具有更大的应用空间,未来在耐蒸汽消毒、紫外消毒的厨房系列和医疗卫生领域,以及核工业领域都有更大应用市场。到2018 年,中国生产企业的生产能力达 8200t。但目前中国聚芳醚砜类材料仍以进口产品为主,2018 年进口量约为 9800t/月,全年进口量达 117929t(注:数据来源于深圳市赛瑞产业研究有限公司)。关于聚芳醚砜的全球生产商、产品类型、年产量以及商品名,总结于表 2-9。

表 2-9　全球聚芳醚砜生产商汇总表

公司及产地	类型	至 2018 年中期年产量/kt	商标/商品名	备注
美国				
索尔维特种聚合物有限公司（玛丽埃塔）	PSU PESU/PPSU	>30	Udel® Radel® Veradel®	Udel®PSU，Radel®PPSU，Veradel®PESU，Eviva®PSU 和 Veriva®PPSU 生物材料，Acudel®PPSU 等
欧洲				
巴斯夫公司（路德维希港，德国）	PSU/PESU/PPSU	12	Ultrason®E Ultrason®P Ultrason®S	2002 年生产量从 3000t 增长到 5000t。2004 年生产量达 6000t。2007 年生产能力翻倍
日本				
（1）住友化学株式会社（市原，千叶市）	PES	3	Sumikaexcel® PES	2018 年成立该工厂
（2）住友化学株式会社（新居滨，爱媛县）	PES	3.2	Sumikaexcel® PES	2006 年生产能力从 2000t 增长至 2500t。2007 年增长至 3000t。2015 年生产能力达到 3200t
中国				
（1）江门市优巨新材料有限公司（广东，江门）	PSU，PESU，PPSU	6		
（2）山东津兰特种塑料有限公司（吉林，长春）	PSU，PESU，PPSU	1.2		
（3）大连保利新材料有限公司（辽宁，大连）	PPES/PPESK	0.5		2011 年建立，500t/a 生产线通过了 863 专家验收
（4）其他公司		1.0		
韩国				
巴斯夫（丽水）	PSU/PES/PPSU	12	Ultrason®	2014 年建立厂房。2018 年生产能力从 6000t 增长至 12000t
印度				
索尔维特种化学品（印度）公司（潘诺里，古吉拉特邦）		1.5		

数据来源：IHS Markit。

　　聚芳醚砜类材料市场的销售价格比较平稳，2018 年 PSU 的售价在 14～18 美元/kg，根据不同的质量等级略有不同。PES、PPES 的价格略微高于 PSU。

2.2.5　聚芳醚砜国内外专利分析

1. 国内外专利的计量学分析

1）PSU 专利计量学分析

表 2-10 中列出了 PSU 领域内专利申请总量排前八位的国外申请单位名称，单纯地从单位专利申请量来看，亚太地区聚砜产业主要集中在日本、韩国和沙特阿拉伯。表 2-11 中列出了 PSU 领域内专利申请量排前八位的国内申请单位名称，进一步分析表 2-10 和表 2-11 的数据可知，国内聚砜的发展主要集中在高校和科研院所，企业申请专利总数也不少，但是主要集中在产业链中下游产业；高校和科研院所在该领域的技术成果产业化较少。虽然国内申请的专利数量很多，但不成体系，并且真正实现产业化的专利很少。所以我们应该在加大对高校和科研院所的基础研究投入的同时，也要鼓励高校等基础研究单位与企业间的合作，实现整条产业链的自主知识产权，促成相关技术实现产业化，助力聚砜的发展。

表 2-10　2016～2020 年 PSU 行业国外专利申请排名

排名	国别	专利权人名称	申请量/件
1	日本	住友化学株式会社	6
2	日本	NOK 株式会社	3
3	美国	费森尤斯医药用品有限公司	2
4	日本	株式会社钟化	1
5	美国	索尔维特种聚合物有限公司	1
6	沙特阿拉伯	沙特基础工业公司	1
7	韩国	艾思蒂生物传感有限公司	1
8	韩国	韩国化学研究院	1

表 2-11　2016～2020 年国内 PSU 行业专利申请排名

排名	专利权人名称	申请量/件
1	中南大学	3
2	浙江工业大学	3
3	兰州理工大学	3
4	五邑大学	3
5	万华化学集团股份有限公司	3
6	兰州大学	2

		续表
排名	专利权人名称	申请量/件
7	中国科学院长春应用化学研究所	2
8	中国石油化工股份有限公司	2

由图 2-7 可知，中国是 PSU 领域内专利申请的主体；2016～2020 年来国内专利申请数量远远领先于国外申请；且中国申请量合计已占据近总量的 73.33%。结合图 2-8 专利申请量的时间分布不难看出，我国 PSU 产业技术成果产出量稳步上升，发展迅速。

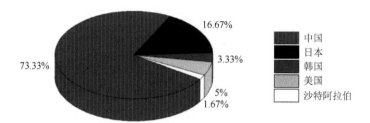

图 2-7　2016～2020 年国内外 PSU 行业专利申请的国家分布

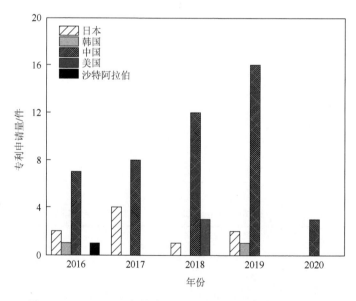

图 2-8　2016～2020 年国内外 PSU 行业专利申请的时间分布

2）PES 专利的计量学分析

表 2-12 中列出了 PES 领域内专利申请总量排前三位的国外申请单位名称，

单纯地从单位申请专利数量来看，日本住友化学株式会社处于行业垄断地位，亚太地区聚醚砜产业主要集中在日本、韩国和沙特阿拉伯。表 2-13 列出了 2016～2020 年国内 PES 行业专利申请量的前六位，进一步分析表 2-13 中的数据可知，国内聚砜的发展主要集中在高校和科研院所，企业申请专利总数虽过半数，但是主要集中在产业链中下游产业；高校和科研院所在该领域的技术成果产业化较少。

表 2-12　2016～2020 年 PES 行业国外专利申请排名

排名	国别	专利权人名称	申请量/件
1	日本	住友化学株式会社	15
2	韩国	乐天化工集团	1
3	沙特阿拉伯	沙特基础工业公司（SABIC）	1

表 2-13　2016～2020 年 PES 行业国内专利申请排名

排名	专利权人名称	申请量/件
1	福建师范大学	2
2	昆明理工大学	2
3	宁波材料技术与工程研究所	2
4	上海帕斯砜材料科技有限公司	2
5	兰州大学	1
6	四川斯派恩新材料有限公司	1

由图 2-9 可知，中国的专利申请总量高于其他国家；在聚醚砜领域主要还是中国和日本竞争比较激烈。结合图 2-10 专利产出数量的时间分布可以看出，我国聚醚砜产业发展迅猛，但主要还是集中在中下游产业。

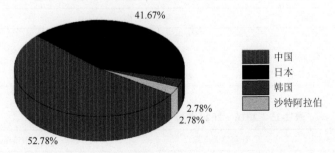

图 2-9　2016～2020 年国内外 PES 行业专利申请的国家分布

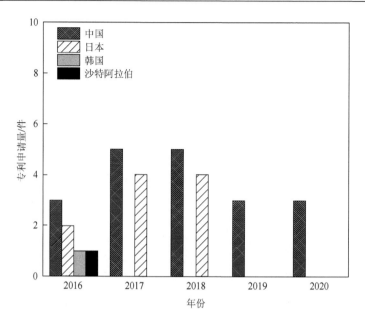

图 2-10　2016～2020 年国内外 PES 行业专利申请的时间分布

3）PPSU 专利的计量学分析

表 2-14 中列出了 PPSU 领域内专利申请总量排前三位的国外申请单位名称，单纯地从单位申请专利数量来看，日本住友化学株式会社处于行业垄断地位，国外聚砜产业主要集中在日本、韩国和沙特阿拉伯。进一步分析表 2-15 中数据可知，国内聚砜的发展主要集中在高校和科研院所，企业申请专利总数不足 40%，由图 2-11 可知，中国的专利申请总量超过近五年来总量的 50%，其次是日本。结合图 2-12 专利产出数量的时间分布不难看出，我国 PPSU 产业发展迅速，但集中在产业链中的下游。

表 2-14　2016～2020 年 PPSU 行业国外专利申请排名

排名	国别	专利权人名称	申请量/件
1	日本	住友化学株式会社	12
2	韩国	三养集团	4
3	沙特阿拉伯	沙特基础工业公司	1

表 2-15　2016～2020 年国内 PPSU 行业专利申请排名

排名	专利权人名称	申请量/件
1	南京工业大学	5
2	青岛科技大学	3

排名	专利权人名称	申请量/件
3	贵州省材料技术创新基地	2
4	四川斯派恩新材料有限公司	2
5	华南理工大学	1
6	天津碧水源膜材料有限公司	1

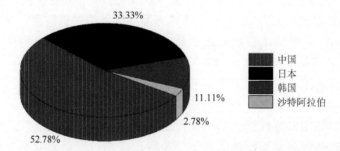

图 2-11　2016～2020 年国内外 PPSU 行业专利申请的地区分布

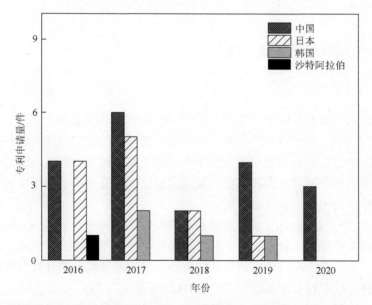

图 2-12　2016～2020 年国内外 PPSU 行业专利申请的时间分布

2. 国内外聚芳醚砜类领域专利的技术概况

通过统计学分析可以发现，国内外对聚芳醚砜类树脂的研发侧重点不同，国外对于聚芳醚砜类树脂的研发主要在企业中完成，如索尔维、SABIC、韩国三星、日本 JSR 等。其中以索尔维和 SABIC 为代表的材料生产企业主要侧重于新型聚芳醚砜树脂产品的开发，例如，模塑制品、薄膜、片材和纤维，以及聚芳醚砜类树脂的加工成型方面，如发泡方法、共混合金、3D 打印等；而以三星和 LG 为代表的材料产业链的下游企业更加关注通过调控材料的组成来使得产品发挥出最佳的性能，如液晶显示器触控、面板透明导电膜的制造。

从国内聚芳醚砜类树脂专利申请量来看，尽管我国专利申请量逐年上升，但主要集中在产业链的中下游部分，如聚芳醚砜共混技术、复合材料、化学改性等，其中在水处理领域和能源领域的应用研究方面与国外相关机构存在竞争关系。

大连理工大学报道了目前耐热性最高的新型含杂萘联苯结构系列聚芳醚砜（PPES），其玻璃化转变温度在 305℃ 以上，报道了其深加工产品，如用连续纤维增强含杂萘联苯共聚芳醚砜树脂基复合材料；通过干法纺丝制备了含杂萘联苯聚芳醚（包括聚芳醚砜）系列聚合物高性能纤维，其系列纤维具有高强、高模、耐高温和抗辐射等性能；利用聚芳醚砜酮制备出高性能气体分离膜；制备了一种长支链杂萘联苯聚醚砜阴离子交换膜，在相对较低的吸水率前提下获得较高的离子传导率。吉林大学也报道了新型聚芳醚砜及其在燃料电池质子交换膜领域的应用。

2.2.6　聚芳醚砜国内外研究进展

1. 国外研究进展

索尔维正在开发应用于 3D 打印中的特种纤维增强聚合物，开发出的 Radel PPSU 3D 打印长丝除了提供透明度、伸长率和韧性外，还支持打印层的融合[68]。Legacy Medical Solutions 公司用索尔维 Radel® PPSU 树脂优化了应用于外科手术器械的大规格消毒托盘，因其出色的强度质量比，在反复的消毒循环和高温高压蒸汽灭菌器中仍耐受强碱性清洁剂。

巴斯夫[69]开发出全球首款以聚醚砜（PESU）为基础的粒子泡沫。该泡沫具有耐高温、固有阻燃性、极度轻质并拥有高硬度和高强度等特性。因此，适合用于制造汽车、飞机及火车内部形状复杂的部件。巴斯夫开发出的具有独特温度特征的无定形热塑性塑料 Ultrason®E，其玻璃化转变温度为 225℃，且在该温度下保持尺寸稳定。同时，它出色的力学性能和介电性能对于温度的依赖性极低，具有阻燃特性。采用 Ultrason®E 制成的泡沫已获批准用于飞机。巴斯夫生产出的 Ultrason®P（聚苯砜）应用于制作可折叠锅垫 Krempel® 的高载重的塑料条，确保了该锅垫始终不变形、具有阻燃性并可放入洗碗机中轻松清洁。采用巴斯夫

Ultrason®高性能聚苯砜材料制作的超薄膜可以薄至 5μm，同时维持高性能和强度。该薄膜可被用作汽车、电子电器行业的保护膜及电绝缘层。

Mbambisa[70]利用交联法成功合成了一种基于聚砜和聚乙烯醇的新型水凝胶。水凝胶的 UV-vis 和 FTIR 光谱数据证实，它表现出与起始材料显著不同的特征。水凝胶形成了一个高度互联的网络，具有小孔隙，而纯聚砜有大得多的孔隙。微孔使得水凝胶在超滤技术，特别是在过滤方面的应用具有很大的应用前景。

Lokman[71]以双氯苯基砜、双酚 A、4,4′-二羟基二苯醚和 4,4′-二羟基联苯为原料，制备了 3 个系列氯封端或者羟基封端的聚醚砜材料（图 2-13），对两种封端的聚醚砜材料的热性能分析发现，氯封端的聚醚砜比羟基封端的聚醚砜具有更高的热稳定性。

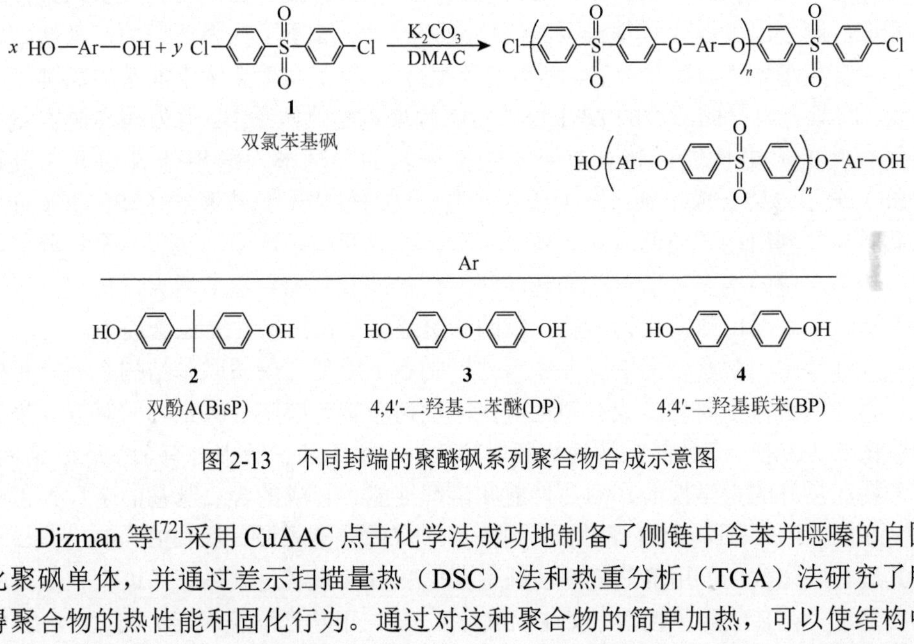

图 2-13　不同封端的聚醚砜系列聚合物合成示意图

Dizman 等[72]采用 CuAAC 点击化学法成功地制备了侧链中含苯并噁嗪的自固化聚砜单体，并通过差示扫描量热（DSC）法和热重分析（TGA）法研究了所得聚合物的热性能和固化行为。通过对这种聚合物的简单加热，可以使结构中形成含有聚砜和苯并噁嗪基团的热固性网络。苯并噁嗪部分有助于提高聚砜网络的热性能。这项工作可能有助于获得新的聚合物网络，可用于膜科学的超滤膜或涂层材料。

Ciftci 等[73]采用两步"接枝"方法合成聚砜接枝共聚物。所得的两亲性接枝共聚物具有广阔的应用前景，特别是生物惰性膜等生物医学应用领域。

2. 国内研究进展

吉林大学姜振华课题组[73-79]制备了侧链含八季铵官能团的聚芳醚砜阴离子交换膜，当季铵官能团更加密集地聚集在聚合物的侧链上时，阴离子交换膜更容易达到较高的离子交换容量（IEC），亲水的传导官能团通过长烷基链连接到主链上，离主链较远，使得疏水的主链结构能够保持很好的尺寸稳定性，而且离子簇的集中使膜内形成亲水相和疏水相的微相分离结构，构筑起离子传输孔道，有利于传导率的提高。向聚芳醚砜分子结构引入刚性联苯基团来改善聚合物的摩擦磨损性能，制备耐磨性聚芳醚砜材料，合成具有高联苯含量的聚醚联苯醚砜联苯砜（PEDESDS）和聚醚醚砜联苯砜（PEESDS）。将具有低极性的氟元素和纳米孔洞结构的 POSS 同时引入到聚醚砜链段中，制备主链含 POSS 含氟聚芳醚砜杂化材料。POSS 的引入可使得聚芳醚砜材料的抗热分解能力增强，氟元素及 POSS 的引入明显降低了材料的介电常数并提高了材料表面的疏水性。制备出嵌段型的含全氟壬烯氧基结构的聚芳醚砜材料，并通过水滴模板法的制孔方式制备一系列具有有序孔结构的多孔聚合物薄膜，降低了材料的介电常数。在聚合物上引入柔性亲水侧链，制备出侧链含烷基链型的磺化聚芳醚砜，赋予了滤膜更好的亲水性。设计合成含羧基聚芳醚砜聚合物，利用发色团分子 DR1 与聚合物上羧基的氢键相互作用，将具有电存储活性的 DR1 分子引入到聚芳醚砜体系中，开发聚芳醚类高性能聚合物的光电性能。将含有亲水羧基侧基的酚酞啉双酚单体成功引入聚砜（PSF）分子骨架合成得到一系列羧基含量不同的羧化聚砜共聚物（PSF-COOH）。以此膜材料利用相转化的方法制备了一系列羧化聚砜超滤膜，随着共聚物分子骨架中羧基含量的增多，所对应的超滤膜的亲水性及孔隙率逐渐增大，皮层厚度逐渐变薄且上表面由致密变为多孔，膜的渗透通量及抗污染性能显著提高。

大连理工大学蹇锡高院士课题组[80-84]制备了新型含杂萘联苯结构系列聚芳醚砜。用课题组自主研发合成的高性能热塑性树脂聚芳醚腈（PPENS）对双马来酰亚胺树脂（BMI）高性能热塑性树脂增韧改性，由于其主链中含有杂萘联苯结构，赋予树脂良好的力学性能、耐热性能和溶解性能。合成的含二苯基的杂环聚芳醚砜（PPES-dPs），具有耐高温性能，可应用于气体分离领域。以 PPES-dPs 为原料，对其进行磺化改性。用溶液浇铸法制备 SPPES-dPs 膜满足气体分离过程中蒸汽的温度要求，在某些质子性溶剂如 DMSO、N,N-二甲基乙酰胺（DMAC）、NMP 中的溶解性能较好，相比 PPES-dPs 具有更好的亲水性。对含二氮杂萘酮联苯结构聚芳醚砜酮（PPBESK）进行表面改性，在 PPBESK 表面涂覆聚多巴胺层作为聚合物和类骨磷灰石之间的黏接层，通过仿生矿化法在聚多巴胺表面沉积类骨磷灰石层。在 PPBESK 的表面成功制备了聚多巴胺和类骨磷灰石的复合涂层，经过类骨磷灰石改性的 PPBESK 表面具有优异的生物相容性。采用羧基含量可控的杂萘联苯结构聚芳醚砜（PPES-P）对 601 环氧树脂体系进行反应性增韧改性，PPES-P 树脂与 601 环氧树脂相容性较好，PPES-P 反应性增韧改性不仅提高了 601 环氧树脂体系的冲击与弯曲性能，还保持了树脂体系较高的 T_g。羧基作为交联点能够参与环氧树脂固化反应，强化了增韧组分与基体树脂的界面结合能力。PPES-P 作为大分子增韧剂和固化剂有利于保持环氧树脂优良的耐热性能。制备的含侧苯基结构的杂萘联苯聚芳醚砜具有耐高温、机械性能好的特点，分子结构内含有扭曲非共平面结构改善了溶解性，且这种结构的存在使聚合物的自由体积较大，可以增大聚合物的气体渗透性，又因其芳杂环结构，气体的选择透过性也较好。过磺化的方式引入磺酸基团，改善了其亲水性。

大连理工大学贺高红课题组[85]制备表面硫酸化改性的 SnO_2（$SSnO_2$）纳米颗粒并引入 SPPESK 基质制备有机-无机复合质子交换膜。纳米颗粒在含量不大于7.5%时具有良好的有机相容性，$SSnO_2$ 纳米颗粒的加入在提高膜吸水率的同时有效限制了膜的溶胀。$SPPESK-7.5SSnO_2$ 复合膜显示了最高的膜性能和电池性能。80℃下，其电导率分别比 SPPESK 原膜和 Nafion115 膜提高48%和30%，甲醇渗透率较 SPPESK 原膜和 Nafion115 膜分别降低了46%和71%，DMFC 最大功率密度分别比 SPPESK 原膜和 Nafion115 膜高125%和34%。

长春工业大学王哲课题组[86-88]采用有机-无机杂化、酸碱相互作用、引入氮杂环、化学交联改性等方式对磺化的聚芳醚砜酮改性，提高材料作为质子交换膜时的质子传导率。例如，通过将氨基和羧基引入同一磺化聚芳醚酮砜分子链上，通过二者之间的共价交联形成连续的质子传输通道，提高膜的保水能力。而氨基的引入可以作为质子的受体与给体，缩短质子传递的距离，提高质子传导率。且氨基和磺酸基团之间的离子键也有利于质子的传递。接着通过溶胶-凝胶的方法，用交联剂 KH550 将二氧化硅固定在磺化聚芳醚酮砜聚合物主链上，避免了相分离现象，提高了分散性。交联结构和无机粒子的引入提高了膜在中高温条件下的质子传导率和机械性能，降低了甲醇渗透率。以磺化聚芳醚酮砜为聚合物基体，以三唑接枝改性的硅烷偶联剂为交联剂，交联的同时引入三唑基团，三唑基团作为质子给体与受体，带来除磺酸基团外的质子传输点，降低质子传输活化能，促进质子以跳跃机理进行传输，改善低相对湿度下的质子传输性能。用 β-氨乙基咪唑接枝到磺化聚芳醚酮砜聚合物分子侧链，修饰磺化聚芳醚酮砜基体材料 SPAEK-COOH-m，改善磺化聚芳醚酮砜基体材料的质子传导率。通过向体系内引入不同含量的磺化聚乙烯醇（SPVA）构建半互穿交联网络来减小复合膜（SPAEKS-IM/SPVA-x）的甲醇渗透率，从而完成对磺化聚芳醚酮砜基体材料的相对选择性的进一步优化。

四川大学杨杰课题组[89-91]将碳纳米管（CNT）沉积在玻璃纤维布（GFC）的表面上，并用 CNT 沉积的 GFC 制备了具有不同 CNT 含量的复合玻璃纤维增强的聚芳硫醚砜（PASS）复合材料。CNT 的引入成功地增强了复合材料的机械强度。利用多巴胺（DO）改性制备 $PASS/TiO_2$ 有机物杂化膜，在膜中成功地引入了 TiO_2，改善膜的亲水性以解决膜污染问题。将 PASS 膜氧化成 O-PASS 膜后，又将其进行了多巴胺改性，制备成 DO-PASS 膜。改性多巴胺提升了膜的亲水性，多巴胺改性后的 DO-PASS 膜对水包油型乳液起到了分离的效果,且能够抵抗有机溶剂二氯甲烷的侵蚀并应用于其乳液分离中。

2.3　聚芳醚酮

2.3.1　聚芳醚酮的主要品种及其特性

聚芳醚酮类高分子是指大分子主链的重复单元中亚基苯环通过醚键和酮基连接而成的聚合物,具有良好的耐热性能和抗蠕变性能。有两种合成方法:即亲核取代法和亲电取代法。亲电取代法是通过苯醚与芳香酰氯或芳香羧酸在相应的催化剂条件下反应来制备聚芳醚酮类高分子。亲核取代法是通过芳香双氟单体或双氯单体在不同溶剂中来合成聚芳醚酮类高分子。已经商品化的聚芳醚酮主要品种如表 2-16 所示。

表 2-16　聚芳醚酮主要品种及其结构与性能

聚合物名称	分子结构	热性能
聚醚醚酮（PEEK）		$T_g = 143℃$，$T_m = 334℃$
聚醚酮酮（PEKK）		$T_g = 155\sim176℃$，$T_m = 334\sim396℃$（结晶度不同）
杂萘联苯聚芳醚酮（PPEK）		$T_g = 263\sim288℃$
杂萘联苯聚芳醚砜酮（PPESK）		$T_g = 263\sim322℃$
酚酞型聚芳醚酮（PEEKc）		$T_g = 231℃$

国际上商品化的典型品种基本都是结晶型，主要是聚醚醚酮（PEEK）和聚醚酮酮（PEKK）。其中 PEEK 占绝对的市场优势。PEEK 是 1977 年由英国 ICI 公司成功合成，1978 年投放市场，1982 年以 Victrex 牌号销售至今，目前主要由 Victrex 公司销售。PEEK 玻璃化转变温度（T_g）143℃，熔点（T_m）334℃，可在 240℃下长期使用，具有优异的机械性能、自润滑性能和耐腐蚀性能等。PEKK 的耐热性能略高于 PEEK，是最近几年发展起来的聚芳醚酮品种，是美国 FDA 批准的第一种 3D 打印医疗植入材料。然而，PEEK 和 PEKK 这两种产品常温只溶于浓硫酸中，就使得其合成条件较苛刻，成本升高；同时，也由于其溶解性的原因，其在漆、分离膜等领域受到一定的限制。杂萘联苯聚芳醚酮系列树脂表现出耐高温可溶解的性能特点，其玻璃化转变温度为 263～288℃，其共聚物杂萘联苯聚芳醚砜酮的玻璃化转变温度为 263～322℃，可在 250℃以上长期使用，且在多种有机溶剂中溶解性优异，其专利技术报道，该类树脂聚合反应在 200℃以下，全过程在常压下进行，所得聚合产物经水洗三遍以上即可达到工业要求，因此，合成成本低。杂萘联苯聚芳醚酮系列树脂耐高温可溶解的特点使其既可以采用热成型加工，还可制漆、膜等，性价比高，应用领域广。目前由大连保利新材料有限公司进行产业化。

2.3.2　聚芳醚酮的全球市场现状及需求分析

2011 年、2015 年、2018 年的聚芳醚酮的世界消费量如表 2-17 所示。从中可见，全球对聚芳醚酮类纯树脂的消费量从 2011 年的 3867t 涨到 2018 年的 6500t，增长了 68%，到 2018 年聚芳醚酮纯树脂的消费量市场价值约 6.09 亿美元。其中，交通运输业增长幅度最大，基本上翻了一倍。从总体消费量看，交通运输的消费量达到 44%，其次是电子电器行业达到 24%，工业 20%，医疗 6%，其他行业占 6%，具体情况见图 2-14。

表 2-17　2011 年、2015 年、2018 年的聚芳醚酮纯树脂的世界消费量（单位：t）

	美国	欧洲	日本	中国	其他	总计
			2011 年			
交通运输	384	780	108	35	139	1446
电子电器	187	285	169	25	397	1063
工业	225	390	44	20	155	834
医疗	100	90	10	5	35	240
其他	41	160	8	5	70	284
总计	937	1705	339	90	796	3867

续表

	美国	欧洲	日本	中国	其他	总计
2015 年						
交通运输	400	1100	170	210	100	1980
电子电器	197	300	210	165	677	1549
工业	240	520	61	75	85	981
医疗	110	92	17	15	45	279
其他	43	200	9	15	88	355
总计	990	2212	467	480	995	5144
2018 年						
交通运输	620	1590	192	213	220	2835
电子电器	250	280	195	185	665	1575
工业	395	580	76	110	160	1321
医疗	208	105	22	31	10	376
其他	67	245	15	31	35	393
总计	1540	2800	500	570	1090	6500

注：资料来源 IHS Markit。

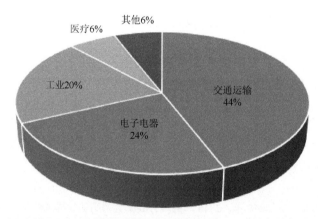

图 2-14 主要市场 2018 年聚芳醚酮的全球消费量占比（资料来源：IHS Markit）

从世界各国对聚芳醚酮树脂的消费量看（图 2-15），全球聚芳醚酮树脂消费主要由发达国家的市场主导，特别是欧洲和美国，2018 年市场占比分别为 43%和 24%。欧洲较高的占比主要归因于欧洲拥有广阔的汽车市场，约占全球所有乘用车产量的 30%，新注册乘用车数量的 20%。此外，该区域电子电器和医疗器械的不断发展也推动了聚芳醚酮树脂的应用推广。亚太地区是聚芳醚酮树脂应用的第三大地区，2018 年市场占比接近 30%，超过了美国，主要是电子电器和交通运输等领域发展大幅推动了聚芳醚酮树脂的应用消费量,其中,中国消费量占9%,日本占7%。此外,因其劳动力廉价,相关制造业从发达市场向新兴市场的全球转移是推动亚太地区市场的其他主要因素。

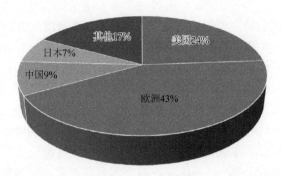

图 2-15　主要国家 2018 年聚芳醚酮的全球消费量占比(资料来源:IHS Markit)

预计到 2023 年,全球聚芳醚酮树脂的年平均增长率将达到 4%～5%,总计约 8100t。以下是与聚芳醚酮相关的每个市场/行业的概要。

2.3.3　聚芳醚酮用途

1. 交通运输行业

聚芳醚酮在该领域的应用主要包括航空航天工业和汽车工业(也包括公共交通和航天器/空间探测器)。航空航天、轨道交通行业在竭力实现轻量化,提高燃料效率(通过减少总体重量)和耐用性,以及减少排放和降低总体制造成本,例如,通过更有效的装配过程或延长维修间隔而降低操作成本。发达国家和发展中国家都制定了排放环境法规(CO_2总排放量),且这些法规可能会随着时间推移逐步升级。民用/商用和军用飞机工业,如战斗机、运输机、旋翼飞机、无人驾驶车辆和运载火箭/导弹,以节省大量成本和重量、加快装配时间为目标。由于客运量增加,航空货运增加,美国、欧洲和中国的飞机产量将会增加。聚芳醚酮类树脂在航空航天工业的销售中约 75%用于民用/商用飞机,其余 25%用于军事和航天。

波音公司已经将基于 PEEK 和 PEKK 的板材和各种部件用于飞机部件,如支架和垫片、储物箱、窗板、风管(泡沫管道系统中使用的结构端盖和锚)、隔断厨房、座椅靠背、卫生间和模具。PEKK 除了具有良好的机械性能外,还具有优异的阻燃性,燃烧时只产生少量的热量和烟雾,超过美国联邦航空管理局(FAA)的阻燃要求。由 PEKK 板材和涂有聚氟乙烯(PVE)涂层的 PEKK 板材制成的部件对各种常见污渍(包括番茄酱、芥末酱、咖啡、红酒、墨水和蜡笔)也表现出极佳的抵抗力,易于清洗。

PEEK 和 PEKK 的非片材应用包括电缆导管和固定电缆的卡夹。

热塑性聚芳醚酮碳纤维预浸料在航空航天应用中代替铝。与金属相比，热塑性聚芳醚酮复合材料具有更轻的重量、更好的抗疲劳性能和防腐蚀性。虽然热塑性聚芳醚酮复合材料比铝更贵，但重量的节省和更低的制造成本抵消了价格的差异。聚芳醚酮的其他航空航天应用包括军用和民用/商用飞机的注射成型外部部件，包括起落架、轮罩、机翼整流罩和雷达天线组件的塑料外壳。

与航空航天工业不同，汽车零部件制造商更看重耐高温和耐磨性。在汽车工业中，聚芳醚酮用于发动机和传动部件中，例如，聚芳醚酮已取代青铜离合器环，也用于齿轮、轴承、垫圈和密封件、转子泵、防抱死制动系统（ABS）制动器、热声毯、悬架部件、电动窗部件等。下一代混合动力汽车和电动汽车（在电子发动机中）对汽车零部件的需求也在增加。严格的排放环境法规（CO_2 总排放量）等，尤其是在美国和欧洲，已经促使在整个汽车行业采用聚芳醚酮树脂。在高端汽车市场，聚芳醚酮的碳纤维复合材料已经取代钢材成为一级方程式赛车发动机部件的首选材料，应用部位包括涡轮进气口和叶轮、油泵外壳和风扇，以及无润滑油的轴承系统。在公共交通系统中，聚醚醚酮已用于布线元件。

2. 电子电器行业

电子电器行业已经成为聚芳醚酮中发展最快的应用领域之一。大部分消费电子和半导体制造都转移在亚洲。智能手机对聚芳醚酮的消费一直在增长，因为聚芳醚酮等具有低迁移、低粉尘、耐化学品的特性，满足电子工业对高温低粉尘要求的导电化合物的标准。聚芳醚酮薄膜应用于智能手机、耳塞、耳机、笔记本电脑和平板电脑的扬声器膜。电子应用还包括用于锂离子电池的垫圈、用于集成电路硅片制造的载体、用于 LCD 的玻璃板以及用于半导体制造厂的管道材料、连接器、线圈筒管和开关等。

3. 工业及能源行业

在油气行业（陆上、海上、海底），聚芳醚酮基复合材料能够承受日益恶劣的环境（包括高压、高温和腐蚀性元素），典型应用包括阀门、备用环、连接器、密封件、电线和电缆的绝缘、立管和供应管线的管道和油管、衬套、轴承和齿轮。聚芳醚酮基复合材料在北美非常规钻井（页岩）中发挥了重要作用。

泵的零部件是聚芳醚酮基复合材料另一个重要的工业应用。聚芳醚酮树脂在较高温度腐蚀性介质下具有良好的耐受性能，非常适用于与化学或碳氢化合物产品接触的泵组件，如泵阀、压力盖、壳体和叶轮。

聚芳醚酮还用于封装敏感的磁性流量计，从而保护仪器免受溶剂和腐蚀性液体的影响，适用于化工、碳氢化合物、石油钻井、纸浆和纸张的应用。聚芳醚酮涂料抵抗严酷的过程和极端的化学及温度环境，聚芳醚酮还可以作为电机的电线外护套等。

4. 医疗行业

聚芳醚酮在医疗/牙科领域的应用使聚芳醚酮的主要生产商利润丰厚，发展迅速。与钛等金属植入材料相比，聚芳醚酮具有 X 射线的透明性和与人骨相近的生物力学性能。Victrex 与 Invibio 联合开发了 PEEK-optima IM [spine]和 JUVORATM [dental]创新产品，索尔维通过 Zeniva PEEK 与 Solviva 生物材料合作，积极推动 PEEK 在植入生物材料领域的发展，主要包括 PEEK 在骨科、颅面、心血管和牙科植入物等方面的应用，如椎间融合器、髋关节和股骨置换、骨螺钉和别针、植入心脏泵的部件、牙柱和牙帽等。

此外，聚芳醚酮的耐热、耐化学药品和耐辐射的能力适合进行高温消毒，可用于反复消毒的医疗器械，如手术刀、血管成形术和其他外科设备、灭菌设备、透析机器组件，以及色谱仪毛细管。聚芳醚酮在医疗领域的应用还将在今后大幅度发展。

5. 其他行业

聚芳醚酮可用于食品和饮料加工、纸浆和纸张加工行业中需要耐热性和耐磨性的部件。例如，聚醚醚酮力学性能和耐热性能使其能耐受铣削、乳化、烘烤、冷冻、油炸等，可用于烤箱、冷冻机、油炸机、搅拌机、灌装机、过滤膜、食品容器的密封件。

2.3.4　聚芳醚酮的世界生产商分布分析

聚芳醚酮产业高度集中，壁垒非常高。2018 年全球主要有 6 家厂商生产聚芳醚酮纯树脂，表 2-18 介绍了聚芳醚酮树脂的世界生产商和中国生产商。

表 2-18　全球聚芳醚酮生产商的具体生产能力及产品特点

企业	商品名	截至 2018 年 9 月的年生产能力/kt	备注
英国威格斯（Victrex, Thornton Cleveleys）	VICTREX™ PEEK	7.15	粒料和粉料：粒料采用注塑、挤出、单丝和包线等加工方式；粉料用于压塑成型，而超细粉料用于涂装、预浸料和模压成型。
	VICOTE™涂料		以粉料或水性分散液，采用静电喷涂或传统散布喷涂技术。
	APTIV™薄膜		6.35～750μm 各种规格。
	VICTREX PIPES™		全球唯一生产 PEEK 管道设施公司，在航空航天领域替代金属材料管道系统，可以做到塑形，做衬里、外壳及连接头。

企业	商品名	截至 2018 年 9 月的年生产能力/kt	备注
美国索尔维特种聚合物有限公司（佐治亚州，奥古斯塔；亚利桑那州，坦佩）	KetaSpire®PEEK 和 PAEK	1.5	包括玻璃纤维和碳纤维增强型牌号（低/高熔体流动）、耐磨损型 SL 牌号、自然色粉末及 KetaSpire®PEEK 薄膜。
	AvaSpire	0.5	以前属于 Cytec 公司，主要是热塑性连续纤维 PEKK 基复合材料，以及其 PEKK 树脂等。
法国阿科玛（奥恩省，库泰尔恩）	Kepstan@PEKK	0.2	2009 年从牛津性能材料公司购得，是 PEKK 为基材进行 3D 打印的公司，其产品主要有医学植入物以及高强度且轻质的航天飞行器部件，2016 年生产能力翻倍。2017 年赫氏公司已签署协议收购该公司的航空及国防（A&D）业务。
索尔维特种化学品（印度）公司（古吉拉特邦）	PEEK KetaSpire、PAEK AvaSpire	1.06	该厂原属于加尔达化工。2005 年收购，2008 年重启。2013 年从 500t 增加到 800t，2015 年进一步增加到 1060t。
古大赢创高性能聚合物有限公司（吉林，长春）	VESTAKEEP	0.5	自 2004 年底以来，Evonik（前 Degussa，德国）拥有 80%的股份。
吉林中研高分子材料股份有限公司，（吉林，长春）	FD-PEEK	1.0	实现年生产能力 1000t（按每年 300 天生产计算），2011 年开始生产。
长春吉大特塑工程研究有限公司（JUSEP）		0.5	拥有专用树脂、型材和注射制品等五大系列 80 多个牌号的产品
大连保利新材料有限公司（辽宁，大连）	杂萘联苯聚芳醚酮系列树脂	0.5	国际唯一生产杂萘联苯聚芳醚酮系列产品，拥有挤出、注塑 36 个牌号专用树脂
金发科技股份有限公司（广东，广州）	visPEEK	0.3	2012 年生产，但目前该公司还没有实际的产能报告
山东凯盛新材料股份有限公司（潍坊，山东）	KStone	0.15	主要生产 PEKK
合计		13.36	

注：产能数据来源于 IHS Markit。

截至 2018 年 9 月 1 日，威格斯占全球聚芳醚酮树脂产能的近 60%，主要产品是 VICTREX™ PEEK 聚合物及其深加工产品。威格斯一直在通过收购和协议研究其潜在的深加工产品，例如，2018 年与欧洲汽车制造商签订协议提供 PEEK 齿轮、semifinished Zyex PEEK 纤维产品；与 Tri-Mack 塑料公司形成 TxV 航空复合材料合资企业，开发承载支架等航空航天复合材料产品；少数股权收购石油和天然气项目等。2017 年，威格斯在英国总部建设了新聚合物创新中心，用于新聚芳醚酮聚合物的中试规模生产，开发新型复合材料、3D 打印材料等。威格斯一直在提高

PEEK 的生产能力。2015 年初,威格斯在英国的工厂投产了一个 2900t 产能的 PEEK 装置,截至 2018 年 PEEK 的产能达到 7150t。

2015 年底,索尔维公司以 64 亿美元收购 Cytec 公司,目的是增加索尔维公司在汽车和航空航天轻质复合材料领域的市场份额。索尔维特种聚合物有限公司在美国和印度均有生产聚芳醚酮的工厂。2016 年中期,该公司在美国佐治亚州奥古斯塔市新建了 PEEK 生产线,并对位于印度古吉拉邦西南部的帕诺里生产厂进行扩建。截至 2018 年,索尔维特种聚合物有限公司的聚芳醚酮年产能达到 3000t。该公司目前正在开发一种基于其 NovaSpire®(PEKK)聚合物的增材制造粉末,用于医疗和航空航天工业,该产品在 2020 年上市。索尔维公司在佐治亚州奥古斯塔将建设生产 PEKK 的装置,但没有公布 PEKK 的生产规模。

长春吉大高新材料有限责任公司于 2005 年成立合资企业(80%由 Evonik 高性能聚合物公司持有,20%由吉林大学持有),2007 年,该公司更名为 JIDA Evonik。JIDA Evonik 在长春的一家工厂生产 VESTAKEEP。据报道,JIDA Evonik 的聚芳醚酮树脂生产能力已从 2005 年的 500t/a 增大到目前的 1250t/a,产能仅次于威格斯和索尔维集团。

2009 年,阿科玛收购美国公司牛津高性能材料(Oxford Performance Materials),进入 PEKK 市场。阿科玛公司正在开发用于激光烧结工艺(SLS-3D 打印技术)的 Kepstan PEKK 粉末,目前正在法国库泰尔恩进行生产(年产 200t)。在 2017 年,阿科玛宣布在亚拉巴马州莫比尔的制造中心建造一个 PEKK 全球规模的工厂,于 2019 年投产。这项投资将满足碳纤维增强 PEKK 复合材料及其增材制造市场的需求。虽然该工厂的产能尚未公布,但业内人士预计,该工厂规模将是法国 PEKK 工厂的两倍(估计可能为 400~500t/a),并有可能分两阶段扩大至 1000t/a。2016 年下半年,塞拉尼斯推出了两种等级的 PEEKCelapex™(高流动性)。据报道,Celapex™ 能够在保持 PEEK 物理性能和机械性能的同时,实现薄壁复杂零件和长流量元件的成型。

我国在聚芳醚酮领域也从“七五”开始进行研究,形成了一些具有国产特色的特殊品种,但由于技术壁垒高,投资风险大,我国能够生产 PEEK 的企业较少,且相对于威格斯、索尔维等国外 PEEK 企业,国内企业的生产能力普遍较低。金发科技股份有限公司于 2009 年开始对 PEEK 进行研究,并于 2012 年建成了一条 300t 的生产线,但对外几乎没有销售。吉林中研高性能塑料有限公司于 2011 年开始使用吉林大学的技术进行生产,设计能力为 1000t/a,是目前中国主要 PEEK 的生产商,还有部分出口。长春吉大特塑工程研究有限公司和浙江鹏孚新材料有限公司也有一定量 PEEK 销售,但其规模较小,估计每年销售不超过 200t。大连保利新材料有限公司是一家专门生产杂萘联苯聚芳醚酮系列树脂的高新技术企业。树脂合成生产线产能为 500t/a。

在北美、欧洲和日本，2018 年大多数威格斯聚合物和化合物的价格估计在 100 美元/kg（威格斯生产的所有级别的平均售价），如表 2-19 所示。

表 2-19　威格斯 PEEK®的平均售价

年份	售价/(英镑/kg)ᵃ	售价/(美元/kg)ᵃ	汇率（美元/英镑）
2005	50	91	1.82
2006	55	101	1.84
2007	65	130	2.00
2008	65	121	1.86
2009	61	96	1.57
2010	75	116	1.55
2011	75	120	1.60
2012	76	120	1.58
2013	76	119	1.56
2014	71	117	1.65
2015	63	96	1.53
2016	64	87	1.36
2017	73	94	1.29
2018	74	100	1.35

a. 截至每年度 9 月 30 日。

资料来源：威格斯年度报告和演示文稿；IHS Markit。

2.3.5　我国聚芳醚酮的市场需求情况及问题分析

据市场研究机构 Markets and Markets 的调研结果，2021 年全球聚芳醚酮的市场规模达到 6.643 亿美元，2016～2021 年的年平均增长率为 6.3%。据赛瑞研究，2017 年的全球聚芳醚酮市场的主要份额由欧洲（43%）和北美（38%）共同占据，亚太地区的消费占比约 14%，其中，中国市场需求也在不断增加。中国 PEEK 的产量和质量均与国外存在较大差距。

近年来，随着我国在交通运输、电子信息、石油化工、精密机械以及国防军工等领域的快速发展，聚芳醚酮类材料的市场销量增长很快。在"十三五"期间，聚芳醚酮的国内市场需求量以超过每年 4% 的增长率快速增长。受限于国内产能和国产产品品质，2018 年的国产聚醚醚酮树脂销量仅为 200t 左右，仅占国内市场需求的 10%。预计未来几年，我国聚芳醚酮材料重点发展领域包括新能源汽车、飞机制造、电子通信、空间技术以及个性化医疗等。按照近年来的市场增长率，保守估计到 2035 年我国聚芳醚酮类产品的需求量将达到 5000t/a 左右，其中，医用级和电子级等高端树脂、超薄膜、纤维制品和高性能改性材料将快速增长。同时，市场格局也会由目前的 PEEK 树脂单一品种主导而转向其他聚芳醚酮品种多元发展的局面。特别是随着连续纤维增强热塑性复合材料成型技术及 3D 打印技术等加工新技术的发展和日益成熟，对专用高性能聚芳醚酮材料提出了更高要求，尤其是耐热性需要进一步提高。

虽然 PEEK 和 PEKK 的生产商期望其能代替金属和无机陶瓷等在航空航天、车辆和医疗领域不断扩展应用，但 PEEK 和 PEKK 存在如下问题：

（1）室温下只溶于浓硫酸，致使合成难（350℃以上），后处理难（丙酮萃取8 次），成本高，价格贵（注塑级产品 49 美元/磅，折合人民币约 90 万元/t），限制了其在诸多领域的推广应用。

（2）耐热性低，虽然 PEEK 可在 240℃下长期使用，但其 $T_g = 143$℃，当使用温度在其 T_g 附近或者超过 140℃后，其力学性能大幅度下降，耐溶剂等性能也下降，限制了其在更高耐温领域的应用。

（3）由于其结晶的特点，在成型加工过程中，会因结晶不均匀造成部件的力学性能不均匀，使部件翘曲。

针对结晶型聚芳醚酮不溶解造成合成难的问题，中国科学院长春应用化学研究所研制出可溶解的酚酞型聚芳醚酮 PEEKc，$T_g = 231$℃，开创了可溶性聚芳醚酮的历史，但其耐热性能有所降低。

大连理工大学发明了一种含二氮杂萘酮联苯结构聚芳醚酮（PPEK）及其共聚物（PPESK），是无定形聚合物，其耐热性能优异，尤其高温力学性能优异（图 2-16），PPESK（S∶K＝1∶1）的热变形温度比 PEEK 高约 100℃[图 2-16（a）]，250℃拉伸强度是 PEEK 的 2.5 倍左右[图 2-16（b）]。已经应用于航空航天、石油化工、

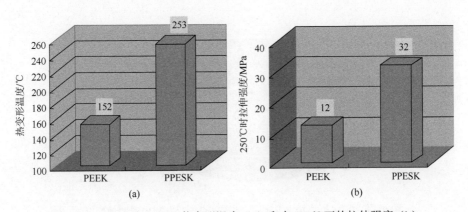

图 2-16　PPESK 与 PEEK 热变形温度（a）和在 250℃下的拉伸强度（b）

核能等领域。PPESK 的合成条件温和，其专利报道合成全过程在常压下进行，最高温度＜200℃，后处理只需水洗 3～5 次即可，合成成本低，性价比高，且加工方式多样，具有广阔的应用前景。

2.3.6 聚芳醚酮国内外专利分析

1. 国内外专利计量学分析

由表 2-20 中的数据可知，国内聚芳醚酮行业的发展突飞猛进，主要集中于经济较为发达、科研投入量较大的城市，且各个大学及研究所在该领域的技术成果产出相对较多。由图 2-17 可知，中国、美国和日本是聚芳醚酮领域内专利申请的主体；且中国在 2016～2020 年的申请数量已经排到世界第二，远远领先除美国外其他国家的专利申请数量。结合图 2-18 专利产出数量的时间分布不难看出，我国聚芳醚酮产业正在稳健上升。

表 2-20　2016～2020 年国内 PEEK 行业专利申请排名

排名	专利权人名称	申请量/件
1	吉林大学	192
2	中国科学院长春应用化学研究所	68
3	大连理工大学	51
4	中国科学院大连化学物理研究所	38
5	中国航空工业集团有限公司	28

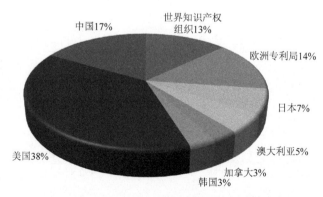

图 2-17　2016～2020 年国内外聚芳醚酮行业专利申请的地区分布

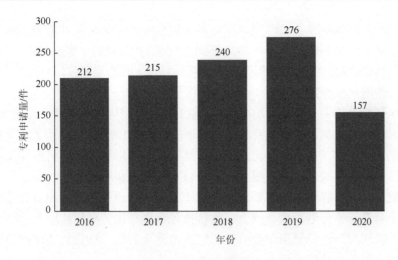

图 2-18　2016～2020 年国内外聚芳醚酮行业专利申请的时间分布

2. 国内外专利的研究方向

在聚芳醚酮领域的专利统计与调研发现，聚芳醚酮的增强改性是国内竞争最为激烈的技术领域，这类聚合物的性价比相对更高，应用更为广泛，市场前景广阔。近年来随着国内科学技术的日新月异，聚芳醚酮的合成与改性技术已成为研究热点。国外研究主要集中在开发聚芳醚酮的新用途，以及提高聚芳醚酮材料的综合性能。下面将研究聚芳醚酮新型功能性材料的典型例子介绍如下。

2017 年泰科纳公司[92]发明了一种合成聚芳醚酮的新方法。在反应体系中加入适量的芳杂化合物作为聚合物形成时的分散剂，使反应容器内产生胶凝的可能性降至最低，而且即使工艺中断对聚芳醚酮生产也基本没有影响。2018 年阿科玛公司[93]将无定形聚醚醚酮对纤维表面进行上浆涂层处理，改善纤维与聚合物基体的相容性，制备出具有较好性能的纤维增强聚合物基复合材料。索尔维特殊聚合物美国有限责任公司在 2018 年[94]将芳香族聚碳酸酯聚合物、聚芳醚酮聚合物和抗冲击改性剂混合，用于制造成型制品，特别是电子装置的零件、便携式或移动电子装置的零件。同年设计了一系列聚合物组合物，并使用玻璃纤维增强，制成复合纤维材料零部件，目标用于制造如移动电子装置的薄零件；2018 年[95]公开了一种聚芳醚酮组合物，该组合物由两种不同熔融温度的聚芳醚酮构成，用于线材或电子装置（的部件）的金属表面涂层；2019 年[96]设计合成了一系列包含大多数"PEDEK"类型重复单元的共聚物（PEDEK/PEEK）用于制造油气开采装备的零件。2017 年泰科纳公司[97]发明了一种新型的具有较好流变性能的聚合物，该聚合物在 ISO 11443：2005 标准下，测试温度为 380℃、剪切速率为 1000s^{-1}时，黏度小于 250Pa·s。2020 年威格斯公司[98]发明制造低残余应力的聚芳醚酮管道的方法。2020 年 Polymics 公司[99]设计了一种由较低分子量的反应性聚芳醚酮酮制备熔融稳定的聚芳醚酮酮的方法。2021 年阿科玛公司[100]发明了聚醚酮酮（PEKK）增材制造打印丝材，使其在沉积过程中缓慢地结晶，降低层间打印材料的收缩率，利于零部件的尺寸稳定性。

国内研究机构主要在聚芳醚酮合成、加工以及应用等领域申请了一系列专利。

中国航空工业集团公司北京航空材料研究院在 2019 年[101]设计了一种结构功能一体化复合材料，由纳米杂化改性的连续纤维增强层和纳米有机多孔增韧膜交错铺叠形成层叠结构，进一步提升了复合材料的导电和韧性性能，满足了航空复合材料的防雷击和静电屏蔽的要求。在 2019 年[102]将异氰酸修饰的氧化石墨烯接枝在含羧基侧基聚芳醚酮聚合物上，将接枝聚合物与聚芳醚酮树脂基体和润滑剂混合并搅拌均匀，然后采用熔融共混工艺制成复合材料。该聚合物接枝改性氧化石墨烯接枝率高，片层无堆叠和聚集，热稳定性好。

中国科学院大连化学物理研究所于 2014 年[103]制备出一种碱性阴离子交换膜燃料电池的电极催化层立体化聚芳醚类聚合物树脂，这种碱性立体化树脂具有高的离子交换容量（1.55～1.98mmol/g），满足碱性阴离子交换膜燃料电池工作使用温度（50～60℃）。2015 年[104]设计合成了一种液流电池用复合多孔膜，该复合多孔膜以聚芳醚酮类树脂和其磺化树脂为基体，两侧分别复合阳、阴离子有机物树脂形成复合多孔膜，得到的复合多孔膜具有较好的离子传导性和钒离子阻隔能力，离子选择性大大提高，此外该复合多孔膜可以有效抑制电解质溶液的迁移，解决容量衰减的问题。2016 年[105]制备了一种复合阴离子交换膜，包括聚四氟乙烯微孔基膜、均匀浸入基膜内部和附着于基膜两侧表面的阴离子交换树脂聚芳醚酮和 TESO 复合阴离子交换膜具有机械强度高、碱液中的稳定性好等优点，同时该膜的制备方法简单，适用性广，便于大规模生产。

大连理工大学于 2021 年[106]设计了一种新型含二氮杂萘酮结构聚芳醚酮两性离子交换膜，由于聚合物分子链中含有全芳环扭曲非共平面的二氮杂萘酮联苯结构，在强酸强氧化性溶液中具有良好的化学稳定性，同时具有高离子选择性和传导性，在全钒液流电池领域具有非常好的应用前景。2020 年[107]公开了一种含呋喃环结构生物基聚芳醚树脂及其制备方法，创造性地使用生物基衍生物制备含呋喃环结构生物基均聚或共聚的聚芳醚酮树脂。将生物基引入特种工程塑料领域，不仅丰富了聚芳醚酮树脂的种类，而且有效地应对了石油危机。2018 年[108]设计了一种多支链聚芳醚酮阴离子交换膜，首先合成了具有良好溶解性和稳定性的氨基取代聚芳醚酮聚合物，再直接以聚合物的氨基作为接枝位点对聚合物进行功能化接枝后获得膜材料并制膜。所制备的膜具有较好的碱稳定性和较高的离子传导率，可应用于碱性燃料电池中。2020 年[109]设计合成了一种不含吸电子基团的醚氧基对位季铵结构阴离子交换膜，膜结构中不含吸电子基团的主链可以有效避免吸电子连接基对醚裂解的诱发促进作用。聚芳醚胺主链的制备不需要使用贵金属催化剂，同时季铵化过程一步完成，是一种经济简单的合成路线。

中国科学院长春应用化学研究所于 2018 年[110]发明了一种聚芳醚酮四元共聚物，共聚物分子链中包括含氮杂原子结构，如苯并咪唑结构和咔唑结构等含氮基团，通过氮原子上的孤对电子和金属基体之间的相互作用力，使得共聚物对金属基材具有较好的附着力，涂料对铜基体的附着力为 0～2 级；涂料的硬度为 2H～3H；柔韧度为 1mm；冲击强度大于 100kg·cm；耐热性是在 300℃±20℃下 30h 不开裂，不脱落；涂料透明，无机械杂质。2016 年[111]发明了一种含有季铵基的聚合物，由侧链含有叔胺基的聚芳醚酮聚合物与季铵化试剂反应后得到，有利于膜材料的碱稳定性和尺寸稳定性的提高，同时还能够改善该类膜材料的韧性和机械性能。2020 年[112]发明了一种纤维增强热塑性复合材料，通过选择特定的热塑性树脂以及偶联剂，使纤维与树脂的界面黏结强度高，且得到的复合材料力学性能好。2017 年[113]将不同的聚芳醚酮共聚物、润滑剂、表面改性的无机填料和无机纤维混合，分别提高了材料整体的抗磨性能、抗菌性能、自润滑性能和尺寸稳定性。2019 年[114]发明提供了一种新型的聚芳醚酮基纳滤膜，以侧链含有羧基的聚芳醚砜或聚芳醚酮作为原料，利用非溶剂诱导的相转化法制备了新型亲水性纳滤膜，该纳滤膜可用于含染料废水的脱色、染料回收与纯化等水处理过程。2019 年[115]提供一种碳纤维用耐温型乳液上浆剂，由聚芳醚酮树脂及有机溶剂组成，可显著提升环氧树脂与纤维的黏接性能，增强界面层的韧性，进而提高复合材料的层间剪切强度。2020 年[116]提供一种激光烧结用无定形聚芳醚酮/砜粉末及其制备方法，通过溶剂乳化法制备出球形度高、粒径均一可控、流动性好的无定形聚芳醚腈酮/砜激光烧结粉末材料。

吉林大学于 2016 年[117]设计了一种含芘聚芳醚酮，这种含芘聚芳醚酮有望成为一种优异的碳纳米管的偶联剂，可以有效地解决碳纳米管在聚芳醚酮体系中的团聚问题。2016 年[118]合成了一种四苯乙烯基团的二氟单体，且制备含四苯乙烯侧基的聚芳醚酮聚合物，使耐热性、化学稳定性优异的聚芳醚酮材料兼具聚集诱导发光的性质，又可以兼具聚芳醚酮材料的耐热性及化学稳定性，以满足一些苛刻环境的应用。2017 年[119]制备了一种耐溶剂型磺化聚芳醚酮超滤膜，以磺化聚芳醚酮为基膜材料，以聚乙烯吡咯烷酮（PVP）为成孔剂，将铸膜液采用非溶剂诱导的相转化方法制备而得，厚度为 190～220μm 的超滤膜，在添加较少的改性剂的情况下超滤膜保持优良通量和耐有机溶剂性能，可广泛用于水处理。2018 年[120]合成具有高耐热性和机械强度的有机-无机杂化全固态聚合物电解质，由主链含聚乙二醇结构的聚芳醚酮-聚乙二醇溴化共聚物基体、无机纳米粒子和锂盐组成，改善了传统聚合物电解质在较高温度下失效的缺点，保证了以此全固态聚合物电解质组装的电化学器件，如锂离子电池、太阳能电池、超级电容器等在高温极端环境下安全、高效地工作。2019 年[121]设计合成一种高强度聚芳醚酮多孔泡沫材料，所得聚醚醚酮泡沫具有致密的孔结构，并具有了较高的机械强度。2017 年[122]设计合成了一种含有全氟壬烯结构的双氟单体，并将其引入聚芳醚酮树脂中，得到的聚芳醚类材料具有优良的热性能以及低表面能、疏水性能。2019 年[123]设计合成了一种侧链具有醇羟基的聚芳醚，并通过铸膜法制备了分离膜，具有较高的纯水通量。2019 年[124]公开了一种交联型聚芳醚酮基介电复合材料，采用了具有良好热学和力学性能且含有活性官能团（烯丙基侧基）的聚芳醚酮作为聚合物的基体材料，采用具有高绝缘性的无机陶瓷粒子作为无机填料，用苯并环丁烯结构材料对填料表面进行有机功能化改性，形成具有可反应性官能团的具有核壳结构的无机陶瓷粒子，并作为交联点，与具有活化官能团的聚芳醚酮聚合物基体发生交联反应，形成三维网络结构，制备得到的聚芳醚酮基介电复合薄膜具备较低的介电损耗、较宽的温度适用范围，同时其击穿场强也有明显提升，从而获得高温下较高的耐高电压性。2021 年[125]制备了一种结晶型可交联聚芳醚酮上浆剂修饰的碳纤维，复合材料界面剪切强度提高，且耐高温、耐腐蚀。2021 年[126]制备了一种具有可调孔径的聚芳醚酮分离膜或磺化聚芳醚酮分离膜，解决传统聚芳醚酮不可溶加工难以成膜的难题，因此其在涂料、功能膜和功能纤维等领域有广泛应用。

长春工业大学近年来发表多篇聚芳醚酮薄膜的专利。在 2013 年制备一种酸碱复合型质子交换膜，在 80℃时的质子传导率最高可达到 0.089S/cm。在 2014 年[127]制备了含氮碱基的侧链型磺化聚芳醚酮砜，侧链型磺化聚芳醚酮砜制备的系列质子交换膜在 100℃时的质子传导率最高可达到 0.183S/cm，溶胀率为 8.9%，应用于高分子化学和质子交换膜燃料电池领域。2017 年[128]制得纳米纤维素/磺化聚芳醚酮复合膜，该膜厚度是 10～300μm，在 20～150℃时显示 10^{-2}S/cm 以上的质子传导率，同时降低了甲醇渗透率，提高了尺寸稳定性及吸水性。同年设计制备了新型磺化聚芳醚酮砜与离子液体复合型质子交换膜在 80℃时的质子传导率为 0.067～0.08S/cm，该无机-有机复合型质子交换膜厚度为 50～80μm。2019 年[129]制备了新型无机-有机复合型质子交换膜，在 80℃时的质子传导率为 0.06～0.12S/cm，具有较高的热稳定性，该酸碱复合型质子交换膜厚度为 60～80μm。2018 年[130]提供了一种含氨基的磺化聚芳醚酮砜/氨基酸官能化无机粒子复合型质子交换膜及其制备方法，该复合型质子交换膜在 90℃时的质子传导率为 0.0381～0.0879S/cm，复合型质子交换膜厚度为 30～60μm。2019 年[131]制备了一种燃料电池用功能性高分子微球/含氨基的磺化聚芳醚酮砜质子交换膜材料，在 40℃时的质子传导率最高可达到 0.039S/cm。且成本低于全氟磺酸膜，易于产业化，可应用于燃料电池领域。2019 年[132]制备了一种新型吡啶接枝的磺化聚芳醚酮砜质子交换膜，厚度为 20～60μm，在 100℃时的质子传导率最高可达到 0.088S/cm。当温度为 25℃时，接枝后的质子交换膜的甲醇渗透率从 $8.17×10^{-7}cm^2/s$ 下降到 $8.92×10^{-8}cm^2/s$。2020 年[133]设计合成了一种水性氨基改性聚芳醚酮上浆剂，有效解决了上浆剂与聚芳醚酮类基体树脂的相容性问题，可进一步提高碳纤维与树脂间的界面黏结。2020 年[134]发明了一种燃料电池用咪唑侧链型阴离子交换膜，在 80℃时的离子传导率最高可达到 0.157S/cm。

2.4　聚 芳 醚 腈

2.4.1　聚芳醚腈的主要品种及其特性

聚芳醚腈[poly(arylene ether nitriles)，PEN]，其主链苯环上含有一个强极性的侧基氰基（—CN）。该氰基增强了分子链间的极性作用力，从而使聚合物的耐热性与机械性能得到提高。主要品种的结构和性能见表 2-21。

表 2-21　聚芳醚腈主要品种及其结构与性能

聚合物名称	分子结构	热性能
聚芳醚腈 （PEN-ID300）		$T_g = 148℃$，$T_m = 340℃$
杂萘联苯聚芳醚腈砜 （PPENS）		$T_g = 295～322℃$
杂萘联苯聚芳醚腈酮 （PPENK）		$T_g = 263～295℃$

续表

聚合物名称	分子结构	热性能
杂萘联苯聚芳醚腈酮酮（PPENKK）		$T_g = 246 \sim 295℃$

2.4.2　聚芳醚腈的国内外研究现状分析

最早商业化的聚芳醚腈产品是日本出光兴产株式会社（Idemitsu Kosan Co., Ltd）于 1986 年首先开发出来的，其产品牌号为 PEN-ID300。该产品由间苯二酚与 2,6-二氟苯甲腈经过亲核取代缩聚合成，玻璃化转变温度为 148℃，熔点为 340℃，比 PEEK 的使用温度略高。PEN-ID300 强极性的氰基侧基使其力学强度可达到 132MPa，远高于 PEEK，但 PEN-ID300 依然由于结晶度高导致其溶解性差，合成成本高，没有规模化生产。

目前国内大连理工大学和电子科技大学开展了聚芳醚腈树脂的工业化、产业化以及功能化研究，并获得了一系列的新型聚芳醚腈树脂及其复合材料、纤维、薄膜等研究成果，这些成果的取得奠定了我国耐高温高分子自主知识产权的基础。电子科技大学的刘孝波主要针对 PEN-ID300 的结构进行共聚改性，2008 年成功实现 50t 规模的聚芳醚腈共聚物生产，2009 年实现聚芳醚腈棒材等复合材料规模化；2010 年成立四川飞亚动力科技股份有限公司，实现聚芳醚腈片材、薄膜规模化；2011 年成功实现 100t 高结晶聚芳醚腈树脂产业化，已有 PEEN（PP/HQ）、PEEN（HQ/RS）两种系列规格的 7 个树脂品种。

大连理工大学将扭曲、非共平面的二氮杂萘酮联苯结构引入到聚芳醚腈的分子主链，破坏结晶，实现了既耐高温又可溶解，综合性能优异，其 T_g 比日本出光兴产的 PEN-ID300 提高 140℃以上，热变形温度比 PEN-ID300 提高 110～115℃；且溶解性显著改善，加工方式多样：不仅能热成型加工，还能通过溶解制漆、涂料、膜等，应用领域更广。此外，其合成工艺简单，生产运行费用低，又因采用廉价的双氯单体为原料，生产成本比日本的 PEN 降低 30%以上。获得了 2011 年国家技术发明二等奖。目前有 100t/a 生产线，正在规划 2000t/a 的规模化生产线。主要品种包括杂萘联苯聚芳醚腈酮、杂萘联苯聚芳醚腈砜、杂萘联苯聚芳醚腈酮酮、杂萘联苯聚芳醚腈砜酮等。其中，杂萘联苯聚芳醚腈酮（腈酮摩尔比为 1∶1）树脂玻璃化转变温度为 279℃，以 PPENK 为基体研制的隔热涂料，所制漆膜在 400℃下放置 1h，漆膜完好；以 PPENK 改性环氧树脂，改性体系的冲击强度和断裂韧性分别比纯环氧树脂提高了 110%和 91%。改性体系的弯曲强度略有上升，玻璃化转变温度在 250℃左右，保持了优异的热性能；以 PPENK 为基体研制的连续纤维增强复合材料在 250℃下力学性能保持率＞60%，在发动机等领域有应用前景。

分析 2005～2018 年国内外关于聚芳醚腈及其相关技术的专利，日本、美国、德国等均有申请，而中国在此领域专利申请数量占近十年来总量的 66%，有绝对优势，尤其 2011 年之后，我国的聚芳醚腈产业专利申请发展迅猛，远超其他国家。日本的专利主要报道了 PEN-ID300 的层压板及其在燃料电池膜等领域的应用技术。中国专利涉及的范围比较广，从聚芳醚腈的结构复合材料到功能材料都有报道。电子科技大学报道了聚芳醚腈的绝缘导热材料、高电介质储能材料、超级电容器和电池——石墨烯/聚芳醚腈复合膜等；大连理工大学将 PPENSK 制成绝缘漆和漆包线等，利用其绝缘性能、机械性能、耐热性能和耐腐蚀性能等在一些特定环境中应用。

聚芳醚腈鉴于其本身所具有的优越性能，主要用于电子工业、航空航天、兵器工业、汽车行业等特殊领域。我国掌握了聚芳醚腈树脂的合成技术，因此，我国 PEN 产品的开发具有无比广阔的前景。

2.5　聚芳醚材料存在的问题和发展愿景

2.5.1　聚芳醚材料存在的问题

高性能聚芳醚材料已经成为国民经济和军工领域的重要支撑材料。我国的高性能聚芳醚材料的研究成果并不落后于国际水平，甚至达到国际领先水平，但从实验室研究走向产业化的时间却与国外相差较大，其产业化和开拓市场都需大量投入，所以我国聚芳醚材料领域与国外差距主要表现在产业化进程缓慢、市场开拓能力差，致使许多技术优势不能发挥。

1. 规模化合成技术水平较低

降低高性能聚芳醚材料价格，是拓展聚芳醚类高性能聚合物材料的使用范围，提升相关行业的技术进步的关键。

（1）聚苯硫醚。我国聚苯硫醚（PPS）的合成采用硫化钠法，又称 Phillips 法。

目前国内单釜间歇式反应制备 PPS 树脂的生产工艺不稳定，造成产品重现性差，树脂分子量分布宽，低聚物量大，产品收率很低，能耗极高，占制造成本比例大，三废严重，治理成本很高。因此，需要在龙头研发单位组织下，联合骨干生产企业共同攻关，在优化催化剂回收工艺和探索新型催化体系应用这两方面同时着力，降低 PPS 的生产成本，扭转目前存在的产品成本与销售价格倒挂的被动局面。

（2）聚芳醚砜、聚芳醚酮和聚芳醚腈。聚芳醚砜和聚芳醚酮合成有两种方法，既亲核取代反应和亲电取代反应，大部分聚芳醚砜和聚芳醚酮采用双酚单体与活性双卤单体在碱性金属催化剂作用下，经高温溶液亲核取代逐步聚合的原理制备。聚合单体大部分是石油化工产品，比较容易获得，但双氟单体的价格高，而双氯单体的价格是双氟单体的四分之一或更低，但其活性较低，因此，如何降低双氟单体价格，或者通过催化剂等方法提高双氯单体的活性，也会降低聚芳醚砜或聚芳醚酮的价格。

对于聚芳醚酮，商品化的 PEEK 和 PEKK 的合成条件苛刻，例如，因 PEEK 溶解性差，室温下只溶于浓硫酸，所以其合成需要在高温溶剂二苯砜以及超过其熔点的 350℃下进行，因二苯砜的升华造成体系不稳定，聚合物的后处理需要在丙酮等低沸点溶剂中萃取至少 8 次去除溶剂和催化剂等杂质，导致其合成成本高。

目前中国已完成工程化技术的聚芳醚品种众多，如聚苯硫醚（PPS）、聚砜（PSU）、聚醚砜（PES）、聚亚苯基砜（PPSU）、聚醚醚酮（PEEK）、聚醚酮酮（PEKK）、聚芳醚酮（PAEK）、杂萘联苯聚醚砜（PPES）、杂联苯聚醚酮（PPEK）、杂联苯聚醚砜酮（PPESK）、杂萘联苯聚醚腈系列、酚酞型聚芳醚砜（PES-C）、酚酞型聚芳醚酮（PEK-C）、酚酞型聚芳醚腈（PEN-C）等，但目前我国聚芳醚类材料的生产企业存在规模化效益不明显、自动化水平低等问题。相应的产品可接近或达到国外同类产品的品质，但在进行规模放大以后，受限于工程化能力和工艺细节控制水平，产品品质及均一稳定性不足，难以与国外同类产品抗衡和竞争。这也是近年来聚芳醚酮材料国产产能超过 2000t/a，而实际销售仅为 200t/a 的主要原因。如何实现高性能的聚芳醚类低成本合成，从合成装置到聚合工艺，到聚合的三废的回收循环利用是聚芳醚酮类材料的发展重要方向。因此，需要在上述技术基础上进行规模化合成技术的研究，系统研究特种高性能工程塑料合成工程化技术，设计、优化合成装置，改进传热方式等，解决高温、高黏树脂合成体系工程化放大过程中传质传热不均等问题；优化聚合工艺流程，使产品分子量及其分布可控，产品质量稳定，实现低成本、可控制备；研究制备过程中溶剂等回收循环使用技术，使工艺达到绿色环保。

大连理工大学发明的杂萘联苯聚芳醚系列树脂的合成条件温和，使其合成成本低，性价比高；吉林大学也针对 PEEK 的合成问题优化催化剂，实现了在 260℃

的合成技术；长春应用化学研究所的酚酞型聚芳醚酮也实现了常压低温的合成技术；山东凯盛新材料股份有限公司也自主研发了低温亲电取代的聚合技术；这些技术从材料的成本方面都对国际的 PEEK 和 PEKK 形成了强烈的竞争。

2. 产品相对单一，客户依存度低

高性能聚芳醚材料在航空航天、核能、舰船、先进武器装备等尖端军工领域的应用，以及在汽车、高速轨道交通、石油化工等民用支撑领域的应用逐渐扩展，其需求量将越来越大。目前我国高性能聚芳醚产品牌号少、新品种开发力度不足、高性能品种不具规模化等问题依然存在，例如，目前国内实现销售的聚芳醚酮材料主要是聚醚醚酮树脂，其他聚芳醚酮品种的开发和销售量很低。就聚醚醚酮而言，国产产品的牌号较少，主要是一些通用牌号树脂及改性材料，而在高端聚醚醚酮产品方面的研发和生产很少。与国产产品形成鲜明对比的是，英国 Victrex 公司的产品规格超过 150 种，涵盖了大部分结晶型聚芳醚酮树脂品种和中下游制品，而且积极与科研单位、中下游制造企业开展联合研发，保证了其在材料创新开发和市场应用方面的长期领先地位，使客户对其具有很高的依存度。而国内在聚芳醚产业方面，受限于企业规模和研发投入，聚芳醚材料创新开发不够，产品品种单一、竞争力不足。

因此，从树脂、模塑制品、薄膜、片材和纤维等，与产业链下游企业密切合作开发新型牌号产品，实现定型化。同时，加强技术售后服务，也是市场拓展的重要因素。

2.5.2 聚芳醚材料发展愿景

1. 战略目标

在已有的技术积累和科研成果基础上，加大投入，集中力量，持续创新，深入开展高性能聚芳醚应用加工的重大工程技术，高性能聚芳醚材料品种实现规模化生产，打破国际高端材料领域技术壁垒和垄断。具体发展目标如下所述。

至 2025 年战略目标：规模合成技术低成本化，产品多样化、定型化。解决聚芳醚酮、高端聚芳醚砜和聚芳醚腈的工程化过程中产品质量控制的关键技术瓶颈问题；实现聚芳醚产品的低成本可控制备；扩大产能，稳定产品品质，实现医用级、电子级等高端聚芳醚砜、聚芳醚酮、聚芳醚腈等树脂的生产；实现涂料级、工程塑料级、纤维级、薄膜级、挤出级、复合材料级的品种生产供应能力，使国产产品销量达到满足国内市场需求总量的 30%。

至 2035 年战略目标：高端应用全面开发。使聚芳醚产品质量和产业规模达到国际领先水平，满足国内市场需求总量的 50%以上；面向航空航天、装备制造、电子电器等高端应用需求，系统开发聚芳醚产品的品种，尤其是薄膜及高性能连续纤维增强聚芳醚热塑性复合材料技术，实现整个产业的良性互动与协调发展。

2. 重点发展任务

到 2025 年，解决核心单体的合成技术；解决高黏度聚芳醚类树脂合成控制技术，溶剂等三废回收技术，实现低成本、规模化，稳定产品品质，建设不同等级的规模化聚芳醚系列树脂生产线；开展医用级、电子级高端树脂的工程化技术；实现涂料级、工程塑料级、纤维级、薄膜级、挤出级、复合材料级的品种生产供应能力，建设薄膜、纤维、树脂基复合材料等高端深加工生产线；产能可满足国内市场需求总量的 30%。

到 2035 年，建立全球领先的、具有完善品种与类型的万吨级聚芳醚系列产品的生产线，产品质量达到或超过国际同类产品，满足国内市场需求总量的 50%以上；产品种类范围覆盖大部分国外同类产品，形成自主创新牌号，抢占国际市场。建立聚芳醚不同牌号系列产品，实现其在汽车、轨道交通、航空航天、医疗卫生等领域的广泛应用。

3. 实施路径

到 2025 年：

（1）突破核心单体的规模化、低成本制备技术。

（2）建成具有世界领先水平的 PPS 万吨级树脂生产线；建成全球领先的第一套聚芳硫醚砜（PASS）千吨级树脂生产线，建成 PASS 耐腐蚀分离膜生产线；完成聚芳硫醚酮（PASK）树脂的中试技术。建成 PPS 高端纤维、薄膜及高性能热塑性复合材料生产线；开展 PPS 制品的回收再利用技术。

（3）建成 2 条 2000t/a 杂萘联苯聚芳醚系列树脂合成生产线；建成 500t/a 杂萘联苯聚芳醚腈砜酮树脂合成生产线；建成 3 条百吨级医用级、电子级、薄膜级杂萘联苯共聚芳醚专用树脂生产线。建成耐温等级分别为 200℃、250℃连续纤维增强复合材料的预浸带生产线各 1 条；建成 1 条 1.2m 幅宽高铁用织物增强复合材料。

（4）建成 2~3 条千吨级高品质聚醚醚酮树脂合成生产线，相应产品品质达到国外同类产品水平；建成 2~3 条百吨级医用级、电子级聚醚醚酮专用树脂生产线。

（5）建成酚酞型聚芳醚酮的千吨级生产线；建成酚酞型聚芳醚酮薄膜、发泡材料和树脂基复合材料生产线各 1 条。

（6）丰富上述树脂产品品种，实现模塑级、薄膜级、纤维级的专用树脂牌号定型化，形成高性能热塑性复合材料的产业化生产；建立高性能聚芳醚产品数据库及产品标准体系，开展聚芳醚树脂的高端技术应用研发。

到 2035 年：

（1）建立全球领先、具有完善品种与类型的万吨级聚芳醚系列产品的生产线，实现杂萘联苯聚芳醚酮酮、酚酞型聚芳醚酮等售价达到 10 万元/t，大规模扩展应用研究；产品规格达到 200 种以上，产品种类范围覆盖大部分国外同类产品，形成 50 种以上创新牌号。

（2）建成杂萘联苯聚芳醚系列树脂 6000t/a 生产线；建成电子级薄膜生产线 1 条；定型化牌号 100 种以上。

（3）实现聚芳醚系列产品在航空航天、轨道交通、汽车制造、医疗卫生等领域广泛应用，我国高性能工程塑料自给率超过 50%。

2.6　聚　芳　酯

2.6.1　聚芳酯的主要品种及其特性

聚芳酯（PAR）又称芳香族聚酯[135, 136]，是分子主链上带有芳环/芳杂环和酯键的热塑性高性能高分子材料，包括非晶型和结晶型。聚芳酯由于主链结构中含有大量的芳环，因而具有优异的耐热性和良好的力学性能，在航空航天、电子电器、汽车及机械行业、医用品和日用品等行业具有广泛的应用[137]。

非晶型的聚芳酯在工业上主要指以双酚 A、对苯二甲酸和间苯二甲酸为原料通过缩聚制得的 U 树脂。近些年，大连理工大学开发了杂萘联苯结构聚芳酯（PPAR），中国科学院长春应用化学研究所开发了含酚酞结构的聚芳酯。

结晶型聚芳酯是一类热致性液晶聚合物，也称热致液晶聚芳酯（TLCP），在熔融温度或玻璃化转变温度以上能出现既有液体的流动性又有晶体的各向异性的高分子物质。目前商品化的 TLCP 主要结构为芳香或者半芳香聚酯结构。TLCP 根据热变形温度（HDT）分为高耐热型（Ⅰ型）、中耐热型（Ⅱ型）和低耐热型（Ⅲ型）。Ⅰ型的化学结构为对羟基苯甲酸（HBA）、联苯二酚（BP）及不同比例的对苯二甲酸（TA）/间苯二甲酸（IA）共聚结构，抗张强度及弹性率是 TLCP 中最高的，HDT 为 260～355℃，以索尔维的 Xydar 和日本住友化学的 Sumika Super 为代表。Ⅱ型的主要成分是 HBA 和 6-羟基-2-萘甲酸（HNA）或对氨基苯甲酸共聚结构，加工性能优异，HDT 为 200～250℃，代表性产品为德国赫斯特-塞拉尼斯公司 Hoechst Celanese 的 Vectra 系列。Ⅲ型主要为 HBA 和聚对苯二甲酸乙二醇酯（PET）合成的共聚物，一般荷重 HDT 为 100～160℃，代表性产品为日本尤尼奇卡的 Rodrun LC 非全芳香族系列。主要品种的结构和性能见表 2-22。

表 2-22　聚芳酯主要品种及其结构与性能

聚合物名称	分子结构	热性能
双酚 A 型聚芳酯		$T_g = 190℃$
杂萘联苯聚芳酯（PPAR）		$T_g = 219 \sim 250℃$
酚酞型聚芳酯		$T_g = 250℃$
Ⅰ 型：Xydar（索尔维公司）		热变形温度 260～355℃
Ⅱ 型：Vectra（Hoechst Celanese）	或	热变形温度 200～250℃
Ⅲ 型：Rodrun LC（尤尼奇卡）		热变形温度 100～160℃

聚芳酯常用的合成方法有：熔融聚合法、溶液聚合法和界面聚合法[138]。

（1）熔融聚合法[139]。以双酚 A 和芳香族羧酸（对苯二甲酸、间苯二甲酸或对苯二甲酸和间苯二甲酸的混合物）为原料，在熔融状态下直接进行缩聚反应。由于制得的聚芳酯分子量较小，而且颜色较深，因此，一般采用双酚 A 的乙酸盐为原料进行反应。熔融聚合时，生产的聚芳酯熔体黏度较高，当达到一定的聚合度时，反应体系的搅拌及副产物乙酸的除去都比较困难，不易制得分子量较高的产物，因而此法目前已很少采用。

（2）溶液聚合法。溶液聚合可根据聚合温度和所选的溶剂分为低温溶液聚合和高温溶液聚合。低温溶液聚合常用的溶剂有四氢呋喃、二氯甲烷、1,2-二氯乙烷等，温度在-10～30℃。高温溶液聚合常用的溶剂有多氯联苯、邻二氯苯或 α-氯萘等，温度常在 150～210℃，所用单体一般为双酚 A 和芳香族二甲酰氯。溶液聚合法反应物料单一，所得产品分子量较高，反应产品容易析出，操作简便。

（3）界面聚合法。该法一般是把二元酚制成二元酚钠盐溶于水中，二元酰氯溶于有机溶剂中，加入相转移催化剂，一般为季铵盐类化学物，反应温度一般在20℃左右。反应结束后，经分水后用甲醇或丙酮等沉淀剂使聚合物析出，再经洗涤、离心分离、干燥制得聚芳酯产品。界面聚合由于反应条件温和、反应速率快、易得到高分子量产物等优点，逐渐受到青睐。但由于芳香族二元酰氯的商品化产品较少，而且这类化合物的性质活泼，因此一般的工业化生产并不采用界面聚合法。

2.6.2　聚芳酯的现状及需求分析

1. 非晶型聚芳酯

1）非晶型聚芳酯的世界生产商及市场需求分析

聚芳酯于 20 世纪 50 年代开始研究，最早的研究报道是 1957 年比利时人 Couix 首先以对苯二甲酸和间苯二甲酸同双酚 A 通过界面聚合制得聚芳酯[140]。随后在 1958 年由苏联的 Kopiiak 等进行研究报道的，但一直未见其工业化生产。直到 1974 年，日本的尤尼吉可（Unitika）株式会社（简称尤尼吉可）首先实现工业化，商品名为 U 聚合物[141]，是当前 U 树脂唯一的生产商。据 IHS Markit 调查，截至 2018 年 9 月，尤尼吉可的 U 树脂产量达 5000t。日本尤尼吉可的 U 树脂与其他高分子材料的价格对比如表 2-23 所示。

表 2-23　日本尤尼吉可 U 树脂聚芳酯 2018 年 9 月的价格

	价格/（日元/kg）	价格/（美元/kg）[a]
纯树脂	1700～1900	15.18～16.96
PET 合金	1300～1500	11.61～13.39
聚酰胺合金（30%玻璃填充）	1200～1400	10.71～12.50
聚碳酸酯合金	1400～1600	12.50～14.29

a 表示基于 1 美元兑换 112 日元的汇率。
资料来源：2018 IHS Markit。

我国对聚芳酯的研究开始于 20 世纪 60 年代，沈阳化工研究院首先开展相关研究，后在沈阳树脂厂扩试，广州化学工业研究所和晨光化工研究院也进行了聚芳酯的研究，晨光化工研究院进行了批量生产。总体上，国外在开发聚芳酯方面的工作做得比较多，而我国研究聚芳酯的相关机构则较少，而且大多数只是停留在中试阶段，还没有生产能力。

2018 年，全世界对聚芳酯的需求接近 3000t（纯树脂 1900t），接近 60% 的消耗量在日本，南美和欧洲的使用量在 350～400t，余下的消费在诸如印度尼西亚、韩国、马来西亚、新加坡、中国等亚洲国家。聚芳酯的全球需求量预计以每年 3%～4% 的速度增长，在 2023 年达到 3500t（纯树脂 2450t），聚芳酯的需求主要在日本市场，增长速度与其他高性能聚合物相比相当逊色。

目前，聚芳酯消耗主要包括汽车制造、电子电器和机械领域。汽车制造占整体消费量的 50%，电子电器大约 30%，机械 15%。

在汽车制造市场，由于 U 树脂具有优异的耐候性和透明性，其热变形温度（HDT = 189℃）比聚碳酸酯的热变形温度（HDT = 150～164℃）高，U 树脂结构与许多材料都有较好的相容性，可与热塑性树脂进行良好的掺杂混合制成各种高性能合金，进而提高并且改进性能。聚芳酯的改进主要是以 U-100 为基体，根据不同的使用要求而制备成热塑性合金。目前此类合金主要分为以下四个品级：P 品级、U 品级、AX 品级和增强品级。

P 品级是 U-100 通过高温熔融共混与聚碳酸酯（PC）生成的合金，具备了聚芳酯的高耐热性和聚碳酸酯突出的冲击强度，连续使用温度可达 160～170℃（PC 使用温度为 110～120℃），弥补聚碳酸酯耐热性不足，并且其耐老化性、耐蠕变性、耐环境开裂性也很好，着色性和流动性也有所提高，而价格却比聚芳酯便宜。因此，代替聚碳酸酯用作灯壳体、转向灯、灯罩，以及外部零件、托架、夹持器等。近年来，因为更多 LED 被应用在汽车制造方面，对热稳定的需求不多，聚碳酸酯已经代替了聚芳酯。因此，聚芳酯在汽车制造使用中在未来不会增加。

U 品级是 U 聚合物与聚对苯二甲酸乙二醇酯（PET）通过熔融共混生成的合金，U 品级合金突出性能是优异的抗紫外线能力，同时还具备较好的防气体、水蒸气渗透性能，该材料适用于吹塑、挤出和注射成型，可用于生产机器外壳、透镜、梳夹子等，并且可以在与 PET 相似的成型工艺条件下进行双轴拉伸吹塑，进而得到耐热性、透明性、耐冲击性、阻气和紫外线以及卫生性都良好的容器，如调味品容器、点眼容器、耐热瓶等。

AX 品级也是一种合金产品，主要有 AX-1500 和 AXN-1500 两个品种，AXN-1500 为非增强型耐热品级，耐药品性和耐油性能良好，阻燃性好，为 UL94V-0 级，主要应用在精密成型。典型的电子电器应用包括音像和商用机器的精密模制部件，如开关和继电器组件、线圈筒管、连接器、LED 反射器和盒式录像机的齿轮。近年来，聚芳酯已被用于智能手机的镜头支架，预计其需求会迅速增长。

综上所述，2018～2023 年聚芳酯的消耗将在每年 4%～5% 的范围内增加。

2）非晶型聚芳酯的发展趋势

聚芳酯经过 40 多年的发展，因其性能优异、发展速度快，已成为机械、电子、汽车、航空、航天和尖端技术不可缺少的选用材料。目前，聚芳酯正拓展新的应用领域，世界已开发了热变形温度在 200℃以上的高耐热性聚芳酯、无色透明聚芳酯和开发高耐热、精密机械用、光学仪器用的聚芳酯新品种。例如，德国魏尔 Lonza 薄膜公司生产和经销，商品牌号：Aryphan，用溶剂流铸法制造。这类产品特别适用于电工和电子技术领域。它们用作电缆、电动机、测量仪表、电镀和电绝缘膜及介电材料等。这些膜不使用胶黏剂就可自动牢固地黏合到电缆包皮上。高透明的聚芳酯膜可用于光电子领域，例如，用作延迟膜，这种膜在制造液晶显示器的显示技术中获得了新的用途。聚芳酯薄膜还可用作 UV 滤除膜、隔膜、高温胶黏带和涂胶标签，照明技术中的灯具和反光镜，航空、航天、汽车制造等领域使用的各种高性能零部件。

聚芳酯玻璃化转变温度或熔点高并且不溶于普通溶剂造成加工困难，通过聚芳酯分子主链结构的设计来调节聚合物的热性能和溶解性的关系，从而达到改善聚合物溶解性和保持良好耐热性的目的。因此，通过设计、合成具有适当分子结构的聚合单体，并选择合适的缩聚方法制得相应的聚芳酯，从而改善聚芳酯的溶解性和加工性，已经成为高分子合成化学家的共识。例如，大连理工大学将扭曲、非共平面的二氮杂萘酮结构引入聚芳酯的分子主链，实现了既耐高温又可溶解的目标。

2. 热致液晶聚芳酯

热致液晶聚芳酯（TLCP）刚性链结构以及分子间的有序排列，使得 TLCP 具有独特的宏观物理性能，如热变形温度高、力学性能优良、尺寸精密度和尺寸稳定性突出、熔融黏度低、抗化学药品性能、自阻燃性（不需添加阻燃剂）、电性能优良、填充容隙大、耐辐照、抗老化性能优良、渗透性低、摩擦系数小等。

1）TLCP 的全球市场现状及需求分析

受经济危机影响，2009 年 TLCP 消费有所下降，但全球市场复苏后，2010 年和 2011 年增长约 9%。2011 年，世界 TLCPs（纯树脂基）消费量约为 2.47 万 t，2015 年增至 2.79 万 t，2018 年进一步增至 3.18 万 t。总体而言，预计未来五年的年平均消费量增幅为 3.9%，2023 年将达到 3.87 万 t 左右。中国和其他亚洲国家是增长最快的国家，同期的年增长率为 5%。2018 年，亚洲消费了近 80%的 TLCP 材料，其中，中国消耗的 TLCP 占世界总量的 50%，是最大的 TLCP 消费国。大多数 TLCP 用于电子电器领域，特别是用于表面贴装技术（SMT）连接器。表 2-24 显示了近年来世界液晶聚合物的消费量。

表 2-24　2011～2018 年世界 TLCP 的消费量（单位：kt，纯树脂）

应用领域	美国	西欧国家	日本	中国	亚洲其他国家	总计
			2011 年			
电子电器	2.5	2.0	3.7	9.4	2.0	19.6
交通运输	0.4	0.3	0.5	0.7	0.2	2.1
工业应用	0.2	0.2	0.4	0.8	0.5	2.1
其他	0.1	0.2	0.2	0.3	0.1	0.9
总计	3.2	2.7	4.8	11.2	2.8	24.7
			2015 年			
电子电器	2.6	2.0	3.6	11.5	2.7	22.4
交通运输	0.5	0.4	0.5	0.8	0.2	2.4
工业应用	0.3	0.3	0.4	0.9	0.3	2.2
其他	0.2	0.2	0.2	0.4	0.1	1.1
总计	3.6	2.9	4.7	13.6	3.3	28.1
			2018 年			
电子电器	2.9	2.2	3.5	13.7	3.3	25.6
交通运输	0.6	0.5	0.5	0.9	0.2	2.7
工业应用	0.3	0.3	0.4	1.0	0.3	2.3
其他	0.2	0.3	0.2	0.5	0.1	1.3
总计	4.0	3.3	4.6	16.1	3.9	31.9

注：资料来源为液晶聚合物，IHS Markit 化学经济学手册。

下面对 TLCP 具体的应用领域进行论述。

a. 电子电器

TLCP 在电子电器领域的应用占全球市场的 80% 以上，即 25600t。大部分的消耗用于制造表面贴装技术的高引脚密度电连接器。各种消费电子产品和相关的液晶显示器（LCD）部件是 FPC/FFC 连接器最重要的应用表面安装的。高度集成的电子元器件使 SMT 要求材料必须经受高温（260℃或更高），SMT 安装用的无铅焊料也需要其材料有更高耐温性；材料具有良好的流量特性、尺寸稳定性是 SMT 技术的另一个关键要求。如果聚合物的热膨胀系数与电路板的热膨胀系数不同，电路板就会发生翘曲。TLCP 是少数能够满足 SMT 要求的塑料之一。

小型化趋势也增加了对薄壁构件的需求。TLCP 具有良好的流动能力和高的热稳定性，因此，TLCP 被用于制造芯片载体、印刷电路板、线圈形式、线轴、插座、电容器外壳、光电器件、电位器和开关等。TLCP 的其他用途包括光盘刨片机的镜头支架、带凸轮激活锁定装置的老化插座和测试插座、电路板生产机架的导轨和电子封装。

TLCP 组件的高强度重量比、阻燃性和高热稳定性使其广泛用于台式和笔记本电脑、数码相机、打印机、喷墨打印机墨盒、复印机、传真机、投影机、视听设备、液体显示、无线耳机、虚拟现实耳机和硬盘驱动器等，尤其智能手机、平板电脑等智能设备对 TLCP 的用量越来越多。电子电器行业的总体趋势是更小、更轻、更复杂和产品开发，将继续推动 TLCP 材料的技术发展。

b. 交通运输

2018 年，交通运输部门（主要是汽车）消耗了 2600t TLCP，主要用于电子部件和引擎盖下的部件应用，包括燃料系统和泵组件以及动力组成和点火部件。近年来由于汽车控制系统增加计算机控制系统和安全系统，相关的传感器、继电器和连接器等电气系统的部件的 TLCP 消耗用量大幅度增加。TLCP 还被用作巡航控制系统执行器电机转子磁铁的封装材料，以及灯插座、线圈骨架、芯片载体等。预计在未来五年，TLCP 在汽车领域的需求量将以每年 6%以上的速度增长。

TLCP 制造的电子电器元件还被广泛应用于航空航天工业，如成像和光电元件、传感器设备和复合材料等。

c. 工业应用

办公行业：TLCP 在各种类型的办公设备中得到了越来越多的应用，包括打印机、复印机、传真机、硬盘驱动器和视听设备。TLCP 低收缩率使其制件的尺寸精确度高，因此被用于激光打印机中复杂设计的精密模压垫片。每台打印机包含 8～16 个这样的部件。

化学过程工业：TLCP 的耐化学性、高温稳定性、阻燃性和尺寸稳定性使其能够应用于各种化工和工业过程中，如化学探测器外壳、工业机械用热封框、绞盘、泵和仪表用衬套、阀衬垫以及化学工艺塔填料。

食品加工行业：TLCP 可用于食品加工业中的烤盘。与金属相比，塑料更轻，产生的噪声更少，更容易清洁。塑料也能更快地升温和降温。

纤维和薄膜：TLCP 纤维具有高强高模、低吸湿（0.5%）、低膨胀系数和介电常数、分解温度 400℃以上的特点，还有振动衰减性、耐切割、耐化学腐蚀性和耐磨性，属热塑性树脂，易再生，因此应用价值较高并步入高速发展的轨道。塞拉尼斯（Celanese）公司在 20 世纪 70 年代开始研发 TLCP 纤维，1985 年实现商业化生产，并将相应的产品命名为 Vectran®[142]。日本可乐丽株式会社[简称可乐丽（Kuraray）]从 1990 年开始生产高强型 Vectran®HT 纤维，并且在

2005 年从塞拉尼斯公司全面收购了 Vectran® 纤维相关业务。Vectran® 纤维在高性能绳缆领域的主要用途包括：船用绳缆（钓鱼线、网绳）、非船用绳缆和吊装带（如输电缆的导线）以及线和抗拉部件（如耳机线）[143]。由于纺丝和热处理极为困难，TLCP 纤维的产量一直极其有限，甚至很长时间以来可乐丽都是唯一能商业化生产 TLCP 纤维的制造商。但是东丽在 2017 年成功研发了 TLCP 纤维——Siveras®，并在 2018 年实现了销售。东丽 2021 财年 Siveras® 的销售额达到 10 亿日元[144]。

目前，我国宁波海格拉新材料科技有限公司与东华大学 TLCP 科研组深度合作，突破了 TLCP 液晶聚芳酯及纤维制备装备和工艺上的技术难点，通过拥有多个自主发明专利的制备工艺技术，成功研发出自主品牌"优科俐" TLCP 聚芳酯纤维产品，并已拥有从 1500D 至 18D 的多个规格产品的稳定批量化规模生产线，其中包括 18D、25D、50D、100D 等低 D 数规格产品。

2011 年，俄亥俄州哥伦布市的 Syscom 先进材料公司宣布开发一种名为"解放者"的导电纤维，这是一种基于可乐丽 Vectran™ 的金属包层 TLCP，用作电磁屏蔽/射频屏蔽（EMI/RFI）屏蔽编织的一部分。纤维的导电性可根据应用要求进行调整。该纤维可在高温下使用，并能承受大量的弯曲回收。

TLCP 薄膜具有吸水率低、尺寸精度高、膨胀系数可调等特点，与聚酰亚胺薄膜相比，有望作为柔性印刷电路的衬底。2000 年，库拉雷商业化开发了 TLCP 薄膜挤出生产工艺；这些薄膜被用作印刷电路板的基片。Primatec Inc.（原名 Japan Goa-Tex）也在日本生产名为 BIAC 的 TLCP 薄膜，主要用于柔性印刷电路板（FPC）。山一电子有限公司是一家以 TLCP 薄膜为基片的 FPC 制造商。宝理塑料株式会社（简称宝理塑料）开发了挤出级 TLCP 树脂，并向可乐丽供应这些树脂，用于纤维和薄膜的制备。住友化学最近开发了 TLCP 铸造膜，可应用于柔性印刷电路板基片、电容膜等。TLCP 可以作为多层膜的阻挡层，与 PET 或聚丙烯等传统包装膜结合使用，提供机械强度、低氧原和透湿性。TLCP 膜可用于制作耐高温标签、胶带以及锂离子电池的绝缘膜。

d. 医疗行业

由于聚合物的自增强特性，TLCP 注塑制件既坚固又坚硬，已被用于医疗和牙科设备，如套管、刀具、订书机、消毒托盘、钳子、剪刀、腹腔镜、牙科工具和外科器械。

2）TLCP 世界生产商分析

表 2-25 列出了全球 TLCP 生产商，包括工厂地点、产能、商标或商号。TLCP 的价格变化很大，特殊牌号和纯树脂的价格在 18～25 美元/kg。TLCP 与其他高性能，如聚苯硫醚和高性能尼龙树脂等，在电气连接器市场上存在竞争关系，成本可能为 10～15 美元/kg。

表 2-25　全球 TLCP 生产商情况

公司及工厂地址	截至 2018 年 9 月年生产能力/kt	商标/商品名称	备注
美国			
塞拉尼斯，谢尔比县，北卡罗来纳州	>12	Zenite，Vectra	2010 年 5 月，塞拉尼斯收购了杜邦公司的 Zenite LCP 生产线，并将生产转移到谢尔比工厂。
美国索尔维特种聚合物有限公司，奥古斯塔，佐治亚州	3.5	Xydar	索尔维于 2001 年从英国石油公司收购了 TLCP 资产。产能约 2900t TLCP 化合物。
美国总计	>15.5		
日本			
日本能源公司，川崎市，神奈川县	0.6	Xydar	建于 2007 年，索尔维 Xydar 生产技术的许可方。该公司最近将产能扩大到 4000t/a。公司计划增加大功率发光二极管封装的特级 TLCP 产量。
宝理塑料株式会社（Daicel 化学工业公司持股 55%，塞拉尼斯持股 45%）富士，静冈	15.0	Laperos	2008 年产能 8200t，2011 年底为 15000t。
住友化学株式会社，播磨，兵库县	3.0	Sumikasuper	2006 年产能 1500t，2009 年达到 3000t
住友化学株式会社，新居滨市，爱媛县	6.6	Sumikasuper	2006 年生产能力扩大到 5500t，2011 年达到 6600t。
东丽株式会社，爱知县，名古屋市	2.0	Siveras	2007 年 2000t。
上野制药株式会社，伊丹，兵库县	2.5	Ueno LCP	上野拓展了对羟基苯甲酸（PHB）；TLCP 的主要原料不仅供自用，也供商业市场使用；它是世界上最大的 PHB 供应商。
尤尼吉可株式会社，爱知县，冈崎市	0.15	Rodrun	
日本总计	29.85		
中国			
金发科技股份有限公司，广州	3	Vicryst	
上海普利特复合材料股份有限公司，上海	2	PRET	
江苏沃特新材料科技有限公司，江苏东台	3	SELCION	
中国总计	8		
总计	>53.4		

注：资料来源为液态结晶聚合物，IHS Markit 化学经济学手册。

根据各公司公开和市场信息统计，全球 TLCP 树脂的产能 5.3 万 t/a 左右，主要集中在日本与美国，其中宝理塑料在经过 2011 年底的扩产后，树脂产能达到15000t/a，为全球最大 TLCP 生产商。

TLCP 核心单体对羟基苯甲酸、双酚等也是各大公司竞争投入的焦点。宝理塑料于 2012 年收购了对羟基苯甲酸单体供应商德国 Leuna 羧化有限公司（LCPG）。

日本的 TLCP 产能占全球产能的 56%，一直领导着全球的 TLCP 生产。其中，宝理塑料拥有最大的产能，占全球产能的 28%，其次是住友化学，占世界产能的18%。如果考虑到塞拉尼斯拥有宝理塑料 45% 的股份，加上自有产能，合计 TLCP产能也占全球产能的 35% 以上。

在中国，上海普利特复合材料股份有限公司于 2013 年 6 月新建了一条年产2000t 的 TLCP 半连续生产线。深圳市沃特先进材料有限公司收购了三星 SELCION LCP，并于 2016 年成功投产，产能 3000t，并计划将其扩大到 5000t。金发科技股份有限公司作为塑料行业的龙头企业，也实现了 TLCP 生产的产业化。

3）TLCP 的产品技术发展趋势

a. 高流动性、低翘曲 TLCP 材料

IT 产品的超薄化和轻型化成为市场发展的主流，不但对材料性能要求高，对材料的流动性和抗翘曲性能也提出了更高的要求。东丽通过填料和玻璃纤维复合改性，推出了流动性更好的 Siveras L304G35H 牌号和抗翘曲性能优异的 Siveras L304M35 牌号。住友化学通过其独特的聚合工艺推出了相应的 Sumika Super SZ6506HF 高流动性产品。

b. 高耐热 TLCP 材料

电子电器元件小型化对 TLCP 耐热性的要求进一步提高。泰科纳推出了 Vectra S 系列产品，其 HDT 高达 340℃，可满足各种无铅焊锡工艺。住友化学开发出 HDT 在 290～340℃，且 HDT 与熔融温度之差小于 40℃的 TLCP 树脂。杜邦也推出了具有良好加工性能的 Zenite 9140HT 系列的 TLCP 产品，其 HDT 高达 356℃。

c. 高频特性 TLCP 材料

天线、高频连接器以及高频电路板等高频制件对材料的高频特性提出了更高的要求。日本推出了在 1GHz 频率测量的介电损耗≤0.003，并适用于高频信号的天线、连接器和基底等电子部件的 TLCP 材料。住友化学利用结构中含有 40mol%以上的 2,6-萘二酸 TLCP 树脂与介电填料复合，针对高频电子部件专门开发出一种新型的"低介电损耗"（loss-tangent）TLCP 材料。

d. LED 用 TLCP 材料

住友化学等颜色较传统 TLCP 树脂颜色浅，且在改性过程中加入二氧化钛和其他荧光增白剂，开发出高反射率和白度可用于 LED 封装的 TLCP 复合材料。索尔维通过分子设计开发出白度较高的 TLCP 树脂，然后与二氧化钛以及光学增亮剂复合制备出可以用于 LED 制件的 TLCP 材料。

e. 电子电器继电器

首选高耐热的 TLCP 材料，其耐热温度可达 340℃以上（如住友化学的 E5006L 和宝理塑料的 S135 等）。

f. 汽车发动机舱内油管

TLCP 替代发动机金属油管，可使汽车整体重量得到大幅降低，且 TLCP 耐热温度最高可达到 355℃（住友化学的 E5006L），是未来车用塑料的重要发展趋势。

除了以上最新的开发进展之外，各大生产商也正在积极地探索 TLCP 与其他树脂的合金化，提高材料的熔接痕强度；另外也在共混过程中加入功能不同的填料，赋予 TLCP 复合材料的多功能化。

2.6.3　聚芳酯国内外专利分析

1. 2016～2020 年国内外聚芳酯领域专利的计量学分析

由图 2-19 可以看出，2016～2020 年中国在聚芳酯专利申请上表现出强劲的势头，从数量上位居世界第一，达到了 93 件。相对而言，日本、美国以及世界其他国家在专利申请上出现了下滑的趋势。

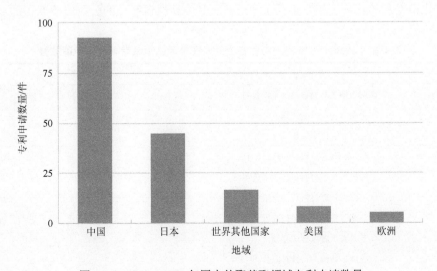

图 2-19　2016～2020 年国内外聚芳酯领域专利申请数量

由图2-20可以看出,世界各国在近几年专利申请上都呈现了不同的下滑趋势,中国自2017年后也同样表现出专利申请数量下滑趋势。但是从各年专利申请数量上来看依旧保持着相对很高的水平。

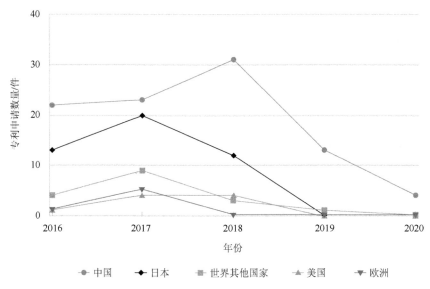

图 2-20 2016～2020 年国内外聚芳酯领域专利申请数量趋势

由表 2-26 可以发现,在 2016～2020 年聚芳酯行业内专利申请排名上,中国公司在申请专利的数量上相对国外企业更多,其中新材料行业的公司申请专利最多。

表 2-26 2016～2020 年国内外各个公司在聚芳酯领域专利每年申请数量

申请人	数量
江阴市博生新材料科技有限公司	13
京瓷办公信息系统株式会社	12
东华大学	10
宁波聚嘉新材料科技有限公司	9
上海舟汉纤维材料科技有限公司	6
宁波海格拉新材料科技有限公司	5
宁波慧谷特种纤维科技有限公司	4
尤尼吉可株式会社	4
宁波日新恒力科技有限公司	3
浙江甬仑聚嘉新材料有限公司	3

申请人	数量
安阳工学院	2
日本酯股份有限公司	2
中仑塑业（福建）有限公司	2
美敦力公司	2
济南大学	2
广东优科艾迪高分子材料有限公司	2
宋宏婷	2
安徽泰诺塑胶有限公司	1
田冈化学工业株式会社	1
长沙新材料产业研究院有限公司	1

2. 2016～2020 年国内外聚芳酯领域专利的技术概况

2016～2020 年，国内外对于聚芳酯领域的专利申请主要集中在纤维和热致液晶方面，还有部分企业重点研究聚芳酯制备分离和提纯的方法。事例如下所述。

江阴市博生新材料科技有限公司的宋才生等[145-147]研制出一系列聚芳酯加工制备的实用新型专利。针对其利用相转移催化界面缩聚的方法，申请了生产用的离心装置、结晶颗粒干燥装置、搅拌加料装置、聚芳酯结晶颗粒收集装置、回收蒸馏釜、洗涤装置、树脂造粒生产线、浓缩罐、离心机等。

京瓷办公信息系统株式会社[148]公布了电子照相感光体用聚芳酯树脂制造方法，采用季铵盐催化，双酚衍生物与芳香族二羧酸衍生物进行界面聚合。用清水洗涤有机相数次，所得聚芳酯树脂在 390nm 处吸光度为 0.100 以下。

东华大学郁崇文等[149,150]研制阻燃聚酯纤维和聚芳酯纤维的混纺纱的生产方法，分别将阻燃聚酯纤维粗纱和聚芳酯纤维粗纱共同进行赛络纺制得混纺纱。所得混纺纱具有断裂强度高、精梳过程纤维损伤小、阻燃性能优良以及尺寸稳定性好等优点。

王依民等[151]公开了一种热致液晶聚芳酯纤维及其制备方法。所述制备方法如下：将热致液晶聚芳酯切片经过单螺杆挤出机在 300～370℃下塑化，排气后依次经计量泵计量、纺丝组件纺丝、牵伸、收丝得到初生聚芳酯纤维；在含有有机酸酐的氮气流下，将初生聚芳酯纤维在 240～330℃下进行 2～20h 固相聚合，得到热致液晶聚芳酯纤维。制备的热致液晶聚芳酯纤维的断裂强度为 4.6～6.5GPa。

宁波聚嘉新材料科技有限公司[152]发明了基于 2-(4-羟基苯基)-5-羧基吡啶并咪唑的聚芳酯，解决了现有制备热致液晶聚芳酯的方法复杂，聚芳酯纤维的拉伸强度较低的问题。制备方法如下：①将对羟基苯甲酸与 2-(4-羟基苯基)-5-羧基吡啶并咪唑，乙酸酐和 4-甲氨基吡啶以及抗氧化剂加入到聚合釜中通过熔融缩聚制备热致液晶聚芳酯的预聚物；②预聚物置于氮气保护条件下在旋转窑内进行固相缩聚反应，得到高分子量聚合物粉末；③高分子量聚合物粉末经过混炼后冷却，牵伸制备初生聚芳酯；④对初生聚芳酯进行热处理。最终得到的聚芳酯纤维的拉抻强度可达 180~210MPa。

上海舟汉纤维材料科技有限公司周文奎等[153, 154]发明了改性聚芳酯纺丝液及纺丝工艺、抗静电聚芳酯纤维及其制备方法、有色聚芳酯纤维及其制备方法、在线聚芳酯纤维拉伸处理装置、聚芳酯切片固相增黏装置等。改性聚芳酯纺丝液，包括 97.5~99.5wt%的聚芳酯树脂和聚甲基苯基硅氧烷。向聚芳酯树脂中加入聚甲基苯基硅氧烷，对聚芳酯树脂熔体进行共混改性，可以有效地降低熔体黏度，提高熔体流动性，且聚甲基苯基硅氢键与聚芳酯分子链中羧基反应，降低易降解基团数量，在一定程度上提高聚芳酯熔体耐温性，加宽可纺温度区间，有效解决了塑料级聚芳酯树脂黏度高、不易纺丝成型的问题。抗静电聚芳酯纤维包括 1~3 份纳米级炭黑和 97~100 份聚芳酯，发明的抗静电聚芳酯纤维的电阻率为 10^9~$10^{13}\Omega\cdot cm$，抗静电性能优异，可广泛应用于禁静电、禁火花、禁灰尘的场所，扩大了聚芳酯纤维的应用领域；有色聚芳酯纤维有效地解决了聚芳酯纤维颜色单一、不易染色的问题，拓展了纤维的应用领域，染料均匀分布在聚合物内部，色牢度高，色泽均匀，外观效果好，批间与批内无色差，适合大批量连续化生产。

2.6.4　聚芳酯材料存在的问题

金发科技股份有限公司于 2008 年开始进行 TLCP 产业化工作的自主开发，已于 2014 年建成年产千吨级 TLCP 产业化合成装置，并又相继开发出 HDT≥300℃TLCP 高耐热/高流动性、低翘曲规格/低发尘规格产品，目前产品已广泛应用于电子连接器领域。深圳沃特新材料股份有限公司于 2014 年收购韩国三星精密化学的 TLCP 技术和装置。

我国 TLCP 的产业化开发落后于日本、美国近 20 年，2010 年之后，金发科技股份有限公司和上海普利特复合材料股份有限公司相继实现了 TLCP 的产业化，但与住友化学、宝理塑料、泰科纳等 TLCP 生产企业相比，差距较大，勉强算得上跟跑水平。因此，对于 TLCP 的开发研究以及产业化技术的突破，仍是目前我国 TLCP 材料发展的重要工作。

与国外 TLCP 发展的先进水平相比，国内尚有较大差距，表现在以下几个方面。

（1）树脂合成、改性和销售难以一体化。国内塑料行业一直以来都存在的一个问题是，树脂合成、改性和销售是完全割裂的，分别在不同公司完成。TLCP的大部分应用必须将树脂改性后投入使用。国内大部分合成企业（化工厂）并不介入树脂改性和销售，而大部分做树脂改性和销售的企业更不会深入上游的树脂合成。金发科技股份有限公司已认识到该问题对 TLCP 产业化的制约性。目前已经成立了珠海万通特种工程塑料有限公司，专门从事特种工程塑料的聚合、改性和销售工作。

（2）应用开发严重滞后。TLCP 材料的优缺点非常明显，具有很好的耐热性、尺寸稳定性、加工流动性，但同时韧性差，熔接痕强度差。一定程度上也制约了TLCP 的应用。目前国内 TLCP 厂家基本跟进国外厂家开发应用领域，如汽车、超薄风扇等，然而此类应用终端基本在国外，国内应用终端公司缺乏对国产材料的信心，导致国内 TLCP 厂家的应用开发非常受限。

2.6.5　聚芳酯材料发展愿景

1. 战略目标

2025 年战略目标：突破高透明耐高温聚芳酯的工程化技术，发展其薄膜和模塑级产品；建成 5000t/a HDT>280℃ 的 TLCP 聚合生产线；建成 1000t/a HDT>300℃ TLCP 的生产线；成功开发出满足高频通信所需的 TLCP 薄膜专用树脂。

2035 年战略目标：实现耐高温透明聚芳酯的规模化生产，建成耐高温透明聚芳酯的技术平台，全面推广其应用领域；建成具有国际领先的 TLCP 聚合生产线，并完善 TLCP 产品系列。

2. 重点任务

到 2025 年：重点研究杂萘联苯型聚芳酯、酚酞型聚芳酯两类无定形树脂的100t/a 的工程化技术，解决薄膜级和模塑级专业树脂的分子量及其分布的控制技术，实现三废回收的绿色合成技术；完成至少 20 种合金牌号；开发 5000t/a HDT>280℃TLCP 聚合生产线工艺包；规模化生产 TLCP 薄膜专用树脂，推广 TLCP 薄膜在高频通信、军工领域的使用；开发高性能化的 TLCP 改性应用技术，拓展应用领域。

到 2035 年：根据市场需求，相应扩大杂萘联苯型聚芳酯、酚酞型聚芳酯的生产规模，建设耐高温透明工程塑料的技术平台，推广在航空航天、汽车等尖端技术领域的应用技术；建立 TLCP 产品系列及应用相关的数据库；大规模地开发出满足市场应用要求的各类型 TLCP 产品。

3. 实施路径

到 2025 年：

（1）完成杂萘联苯型聚芳酯、酚酞型聚芳酯树脂的 100t/a 中试技术；

（2）完成两种无定形聚芳酯绿色合成技术工艺包，完成至少 20 种合金牌号；

（3）用 3 年时间设计 5000t/a TLCP 聚合生产线工艺包，2 年时间建设生产线；

（4）开发更精密连接器的 TLCP 改性技术。

（5）开发出适用于高频通信的 TLCP 薄膜专用树脂。

到 2035 年：

（1）扩大杂萘联苯型聚芳酯、酚酞型聚芳酯的生产规模至 500t/a；

（2）建设耐高温透明工程塑料的技术平台；

（3）1 年时间设计 1000t/a TLCP 薄膜专用树脂聚合生产线工艺包，1 年时间建设生产线线；2 年时间开发 TLCP 薄膜成型技术；

（4）整合 TLCP 在工程、结构表征、应用等领域的数据，建立完整的数据库；

（5）根据市场的需求，整合产业链，开发出满足市场持续更新要求的产品。

2.7　聚 酰 亚 胺

2.7.1　概述

聚酰亚胺（PI）树脂是一类分子链中含有环状酰亚胺基团的高分子聚合物，具有优异的耐高温、耐低温、高强高模、高抗蠕变、高尺寸稳定、低热膨胀系数、高电绝缘、低介电常数与低损耗、耐辐射、耐腐蚀等优点，同时具有真空挥发分低、挥发可凝物少等空间材料的特点，可加工成聚酰亚胺薄膜、耐高温工程塑料、复合材料用基体树脂、耐高温黏结剂、纤维和泡沫等多种形式的材料。聚酰亚胺按照加工方式可分为热固性聚酰亚胺和热塑性聚酰亚胺。这里只论述聚酰亚胺材料的整体情况，并重点论述热塑性聚酰亚胺，热固性聚酰亚胺制造的聚酰亚胺薄膜、聚酰亚胺纤维将在电子信息材料和纤维及其复合材料部分进行论述。

2.7.2　聚酰亚胺的合成

聚酰亚胺品种繁多、形式多样，在合成上具有多种途径，因此可以根据各种应用目的进行选择，这种合成上的易变通性也是其他高分子难以具备的。

（1）聚酰亚胺主要由二元酐和二元胺合成，这两种单体与众多其他杂环聚合物,如聚苯并咪唑、聚苯并噁唑、聚苯并噻唑、聚喹噁啉和聚喹啉等单体比较,原料来源广,合成也较容易。二酐、二胺品种繁多,不同的组合就可以获得不同性能的聚酰亚胺。

(2)聚酰亚胺可以由二酐和二胺在极性溶剂,如 N, N-二甲基甲酰胺(DMF)、N, N-二甲基乙酰胺(DMAC)、N-甲基吡咯烷酮(NMP)或四氢呋喃(THF)甲醇混合溶剂中先进行低温缩聚,获得可溶的聚酰胺酸,成膜或纺丝后加热至 300℃左右脱水成环转变为聚酰亚胺;也可以向聚酰胺酸中加入乙酐和叔胺类催化剂,进行化学脱水环化,得到聚酰亚胺溶液和粉末。二胺和二酐还可以在高沸点溶剂,如酚类溶剂中加热缩聚,一步获得聚酰亚胺。此外,还可以由四元酸的二元酯和二元胺反应获得聚酰亚胺;也可以由聚酰胺酸先转变为聚异酰亚胺,然后再转化为聚酰亚胺。这些方法都为加工带来方便,前者称为 PMR 法,可以获得低黏度、高固量溶液,在加工时有一个具有低熔体黏度的窗口,特别适用于复合材料的制造;后者则增加了溶解性,在转化的过程中不放出低分子化合物。

(3)只要二酐(或四酸)和二胺的纯度合格,不论采用何种缩聚方法,都很容易获得足够高的分子量,加入单元酐或单元胺还可以很容易对分子量进行调控。

(4)以二酐(或四酸)和二胺缩聚,只要达到等摩尔比,在真空中热处理,可以将固态的低分子量预聚物的分子量大幅度提高,从而给加工和成粉带来方便。

(5)很容易在链端或链上引入反应基团形成活性低聚物,从而得到热固性聚酰亚胺。

(6)利用聚酰亚胺中的羧基,进行酯化或成盐,引入光敏基团或长链烷基得到双亲聚合物,可以得到光刻胶或用于 LB(Langmuir-Blodgett)膜的制备。

(7)一般合成聚酰亚胺的过程不产生无机盐,这对于绝缘材料的制备特别有利。

(8)作为单体的二酐和二胺在高真空下容易升华,因此容易利用气相沉积法在工件表面,特别是表面凹凸不平的器件上形成聚酰亚胺薄膜。

2.7.3　国际聚酰亚胺生产及市场需求

1. 三种热塑性聚酰亚胺生产商及产品开发情况

1)Aurum®聚酰亚胺

由三井化学株式会社(简称三井化学)生产,可注射成型和挤出成型。三井化学还开发了热变形温度达到 400℃的超级耐高温 Super Aurum®。Aurum®在 240℃下表现出良好的性能，而 Super Aurum®具有较高的结晶度，并能在高于 250℃保持高的弯曲模量。三井化学欲将 Super Aurum®用于需要耐热性能更高的半导体生产设备、芯片托盘和高清光盘载体中，但由于销售不佳，该产品在 2000 年后期停产。

在应用、材料性能和成型特性方面，Aurum®最常与 PEEK 相比较。Aurum®具有良好的耐化学、耐磨、耐电气、耐辐射、阻燃性能，在 238～288℃温度下保持良好的尺寸稳定性。因此，Aurum®被用于需要高尺寸稳定性、长期热稳定性、耐化学和耐腐蚀性以及优异的力学性能的领域。

Aurum®仅由日本的三井化学生产，产能 200t/a。在 2018 年，该树脂估计大约有 120t（在纯树脂基础上）。Aurum®的 50%销量在日本，剩余部分主要出口到美国。Aurum®被美国 Westlake 塑料公司挤出成热塑性聚酰亚胺薄膜（商标是 Imidex®）。虽然目前在西欧的销量很小，未来有望在汽车领域逐步增长。预计未来日本在 2018～2023 年销量平均每年增长 2%～3%。2017 年，三井化学 Aurum®树脂 10000～15000 日元/kg，相当于 89～134 美元/kg。

2）Torlon®聚酰胺酰亚胺

索尔维特种聚合物有限公司在南卡罗来纳州格林维尔通过三苯二甲酸酐（TMA）和芳香二胺如亚甲基二苯二胺（MDA）或二氨基二醚（ODA）生产 Torlon®聚酰胺酰亚胺（DAI，纯树脂和复合产品）。年产量估计超过 700t，是全球唯一主要的热塑性聚酰胺酰亚胺纯树脂的生产商。

Torlon®PAI 的热变形温度为 275～280℃，其分子链中的酰胺基和亚氨基组合赋予了聚合物柔韧性和延伸率，以及尺寸稳定性、阻燃性、耐辐射和紫外稳定性、耐磨损，缺点是不耐碱性、成本高。Torlon®PAI 主要市场在汽车、航空航天和电子工业中，替代部分压铸、齿轮和轴承等结构的金属部件。然而其成型温度高、成型时间长，成型困难。为了改善 Torlon®PAI 的成型问题，通常与 PPSU、PESU、PESU、PSU、PEEK 等进行共混改性。

3）Ultem 聚醚酰亚胺

聚醚酰亚胺（PEI）树脂是一种无定形的高性能聚合物，由 GeneralElectric（现隶属 SABIC）在 1982 年以 Ultem 商标推出，其玻璃化转变温度为 217℃，可在 200℃下使用，具有较好的熔融加工性能、阻燃性以及较好的稳定尺寸和电学性能等特点，成本低，是热塑性聚酰亚胺主要品种。

与其他聚酰亚胺不同，PEI 可在 350～400℃以下注塑、挤出方式加工，因此其可被加工成薄板等型材，也可以采用溶剂浇铸技术制备薄膜。

2007 年，SABIC 推出了 Extem^{TM} 聚酰亚胺树脂，其耐热性比 Ultem^{TM}（T_g≈300℃）还要高。Extem^{TM} 与 PEEK、PTFE 混合，或与碳纤维增强，高温连续使用特性好，被视为金属、陶瓷和热固性材料的替代品，如半导体芯片托盘，恶劣环境下的连接器，以及高温油气和航空航天环境中的金属替代品，但 Extem^{TM} 加工复杂，成本也会增加。

SABIC 是 PEI 的主要生产商，生产地址在美国印第安纳州弗农山和西班牙卡塔赫纳。弗农山的工厂目前每年大约生产 15000t 的 PEI，卡塔赫纳大约每年 8000t。截至 2018 年，全球 PEI 的总产量约为 2.3 万 t。SABIC 目前正在扩大 PEI 的产能。该公司在新加坡建立第三家生产工厂，于 2021 年上半年投产。据估计，该工厂的生产能力约为 11000t。2015～2018 年，美国和西班牙的 PEI 工厂都得到了升级和扩张。从 2018～2023 年，全球 PEI 的销量将以每年 6%的速度增长。

Ultem^{TM} 树脂有纤维、泡沫、薄膜、织物和纸张形式。其价格在 24～26 美元/kg。

SABIC 公司已经将 Ultem^{TM} 用于飞机工业。PEI 树脂符合美国联邦航空管理局（FAA）对热释放的规定，也符合机身制造商的烟雾和毒性标准。由 Ultem^{TM} 9000 树脂系列制成的长丝用于制造符合飞机行业规定的 3D 打印经济舱座椅原型。使用 3D 打印需要不到 15 个组件可以快速成型座椅的设计。复合材料零件也适用于半结构部件和内部部件，包括扶手、脚踏、托盘桌臂和厨房应用。PEI 泡沫塑料可以替代传统的聚甲基丙烯酰亚胺（PMI）泡沫用于复合材料飞机结构，这将是未来 PEI 的重要市场。

SABIC 还开发了 Ultem^{TM} 作为纤维在运输、工程系统、安全和防护服、高温复合材料以及高温纸的应用。

2. 聚酰亚胺全球生产商情况

目前，全球聚酰亚胺（PI）市场发展平稳。至 2018 年，全球有约 200 家聚酰亚胺生产商，但由于聚酰亚胺技术壁垒高，所以全球聚酰亚胺产能主要集中在美国、日本、德国等国的化工巨头手上，主要的生产厂家有美国杜邦、日本钟渊、日本宇部兴产、德国赢创工业、沙特基础工业公司、韩国科隆工业公司等。表 2-27 为国际上主要聚酰亚胺生产商及其主要产品名称、产能和相关信息。国外聚酰亚胺产业集中在少数国家的少数企业。例如，聚酰亚胺纤维产品，其生产与销售主要集中在德国赢创；聚酰亚胺薄膜技术掌握在杜邦、钟化及宇部兴产手中。沙特基础工业公司和韩国 SKPI 公司的聚酰亚胺产品也在世界市场上占有一席之地，各有优势。另外，聚酰亚胺技术壁垒高，各公司对知识产权保护严密。

表 2-27　国外主要聚酰亚胺生产商及其主要产品名称、产能和相关信息

国别	公司名称	产品	相关信息
美国	美国杜邦 DuPont	KAPTON 工业薄膜；年产能 2640t；Vespel 工程塑料	杜邦还拥有多种以 KAPTON 为基础的产品，如 Interra、Pyralux（层压板）等。
德国	赢创工业 Evonik	P84 纤维（短纤与长丝）	用于各种等级的纤维和制浆、溶液和粉末；使用烧结技术将聚酰亚胺粉末制成半成品和部件。
沙特阿拉伯	沙特基础工业公司 SABIC	EXTEM 树脂	可以是薄膜和挤压型材。
日本	宇部兴产株式会社	UPILEX 薄膜、UPIA 涂料、PETI 系列树脂、Upisel 覆铜层压板（单、双面）、UIP 粉末	PETI 系列获得了美国 NASA 生产销售许可。
	株式会社钟化	Apical 薄膜生产线，年产能 3200t	可用于 PIXEO BP 层压板的生产。
	三井化学株式会社	AURUM 热塑性聚酰亚胺树脂	产品分为本料、纤维增强材料；可用于薄膜、纤维、复合材料基体等。
比利时	索尔维	TORLON PAI	共 15 个系列产品，包括涂料、树脂、粉末。
韩国	PI 尖端材料（SKPI）	LV（耐高温）、GC（黑色覆膜）、GF（层压板）、GFW（白色覆膜）、GL（膨胀系数低）；各系列年产能为 2740t	

注：资料来源为化工市场信息。

汽车、飞机/航空航天（尤其是新型商用飞机）等行业正在推动聚酰亚胺的消费，预计到 2023 年，交通运输业将主导聚酰亚胺市场（表 2-28）。

表 2-28　全球聚酰亚胺市场消费额

类型	消费额/百万美元			2018~2023 年年均增长率/%
	2017 年	2018 年	2023 年	
交通运输	241.4	257.3	356.6	6.7
电子电器	127.2	135.4	186.7	6.6
工业	39.2	41.4	55.0	5.8
医疗	17.1	17.8	21.4	3.8
其他	12.9	13.3	16.4	4.1
总计	437.8	465.2	636.1	6.5

注：数据来源于 IHS Markit。

　　我国的聚酰亚胺产业遍布全国各地，较强的企业集中在台湾、珠三角和东北地区，如表 2-29 所示。株洲时代华鑫新材料技术有限公司于 2017 年底完成一期工程（年产 500t 高性能聚酰亚胺薄膜生产线）建设，生产装置正式面向电子消费品市场批量生产散热石墨聚酰亚胺原膜，产品性能达到国外美国、日本同类产品水平，填补空白，实现了替代进口，成为国内首家具备批量生产高性能 PI 薄膜的厂家。

表 2-29　中国聚酰亚胺主要制造厂商

公司	产品	技术及产能	研发和相关信息
台湾达迈科技股份有限公司	TH、TL、TX；BK（黑色）、OT（无色）、WB（白色）	截至目前共 5 条生产线	专注生产 PI 薄膜
长春高琦聚酰亚胺材料（HiPolyking）有限公司	轶纶纤维（PI 纤维）、PI 特种纸、PI 薄膜	2012 年建成 2 条生产线	最大股东为深圳惠程股份有限公司，技术股东是中国科学院长春应用化学研究所
株洲时代华鑫新材料技术有限公司	电子级 TN 型 PI 薄膜，柔性印制电路板和 IC 封装基板	化学亚胺法、双向拉伸制造技术，产能为 500t/a	2015 年建成国内首条化学亚胺法制膜生产线
江苏奥神新材料股份有限公司	甲纶 Suplon® 聚酰亚胺短纤维、长丝	干法纺丝生产技术，产能为 2000t/a	建有江苏省聚酰亚胺纤维材料工厂技术研究中心，与东华大学、纤维材料改性国家重点实验室等合作
深圳丹邦科技股份有限公司	聚酰亚胺单双面基材	化学亚胺法、双向拉伸制造技术，产能为 300t/a	微电子级 PI 薄膜研发与产业化项目于 2017 年 4 月开始量产
深圳瑞华泰薄膜科技股份有限公司	PI 薄膜	热亚胺法、双向拉伸制造技术，产能为 1500t/a	与中国科学院化学研究所建立了联合实验室
桂林电器科学研究院有限公司	聚酰亚胺薄膜	热亚胺法、双向拉伸制造技术，产能为 1280t/a	拥有桂林双轴定向薄膜成套装备工程技术研究中心
宁波今山电子材料有限公司	黑色 PI 薄膜、防静电 PI 薄膜、高导热 PI 薄膜、发热 PI 薄膜、超高导热石墨膜	热亚胺法、双向拉伸制造技术	与中国科学院、清华大学等高校或科研院所密切合作

　　由于聚酰亚胺生产成本高、技术工艺复杂、产品稳定性较差等问题，我国产业化进程缓慢。我国聚酰亚胺的应用已经拓展到航空、航天、微电子、环保、交通等多个领域。聚酰亚胺产业遍布全国各地，较强的企业集中在台湾、珠三角和东北地区。台湾达迈科技股份有限公司在世界市场也占有一定的份额，营收也是节节攀升。长春高琦聚酰亚胺材料有限公司的轶纶纤维和独创的特种纸都在技术上处于世界领先水平。而其他公司多以科研院所为依托，研发投入与生产投入并举。与国外先进国家相比，国内企业总体实力上还存在一定差距。纵观各企业，装置规模小，多数生产装置仅为百吨级；产品较为单一，以聚酰亚胺薄膜为主，其他种类产量很少；产品精细化程度不够，应用领域也主要是薄膜和模塑料。

　　纵览 2020 年度国内聚酰亚胺行业最新动态，即使在新冠肺炎疫情、中美贸易战的双重打击下，国内聚酰亚胺行业依然迎来了快速发展。随着经济形势逐渐转向"以国内大循环为主体、国内国际双循环相互促进"的新发展格局，国内聚酰亚胺企业将迎来重要发展机遇期，关键核心产品的自主替代也必将提速。

2020 年 3 月 12 日，三爱富（常熟）新材料有限公司"年产 1100t 聚酰亚胺材料扩建项目"已开工建设。该项目总投资 2.16 亿元，拟建项目占地 2408m²，建成后年产 1000t 黄聚酰亚胺产品、100t 透明聚酰亚胺产品，主要用作柔性有机发光二极管（OLED）显示屏的基板材料。

2020 年 4 月 1 日，安徽国风塑业股份有限公司披露定增预案，非公开发行不超过 2.22 亿股，募集资金总额不超过 9 亿元，投向"高性能微电子级聚酰亚胺膜材料项目"及补充流动资金。公司拟建设 6 条聚酰亚胺薄膜生产线，其中 2 条生产线以自筹资金先期投入，预计达产后年产聚酰亚胺薄膜 790t。2020 年 4 月 9 日，吉林省长春市发布了吉林奥来德光电材料股份有限公司"柔性 AMOLED 用 PI 基板材料的研发和产业化项目"环评公示。该项目投资总额为 1.8 亿元，将对现有中试研发进一步扩大规模，扩建后聚酰亚胺基板材料中试规模为 1000t/a。本项目将提供批量化的经检验合格的浆料样品，供下游企业试制验证开展应用试验，中试周期定为三年。

2020 年 5 月 12 日，湖北鼎龙控股股份有限公司光电半导体关键材料建设（一期）项目举行开工仪式，该项目投资 5 亿元，主要是围绕半导体及光电显示材料开展产业化生产、研发，其中包括柔性 OLED 用聚酰亚胺配套原料等。

2020 年 5 月 13 日，合肥中汇睿能能源科技有限公司透明聚酰亚胺膜项目 Pre-A 轮融资签约仪式在合肥圆满完成。此轮融资金额近亿元，由桉树资本领投，久有基金、凤阳经投跟投。此轮融资主要用于透明聚酰亚胺膜生产线建设及技术优化。据报道，去年 10 月 26 日，中汇睿能生产基地举行开工奠基，项目总投资额约 8 亿元，占地面积约 50 亩[①]。

2020 年 5 月 15 日，铜陵义安经济开发区举行"年产 800t 聚酰亚胺薄膜项目"签约仪式，协议引进资金 1.2 亿元。该项目由江苏邦杰绝缘材料有限公司投资建设，占地面积约 20 亩，规划总建筑面积 16000m²，建成后年产聚酰亚胺薄膜 800t、聚酰亚胺薄膜胶带 300 万 m²、聚酰亚胺薄膜涂覆材料 300 万 m²。

2020 年 5 月 30 日，江苏省镇江新区发布江苏巨贤合成材料有限公司"年产 760t 聚酰亚胺制品项目"备案证（重大变更重新备案项目）。资料显示，该项目用地 155 亩，建设聚合装置、制膜装置、溶剂回收装置等，项目固定资产投资 77114.4 万元，建成后将形成年产聚酰亚胺制品 760t 的生产能力。

2020 年 6 月 24 日，深圳瑞华泰薄膜科技股份有限公司提交的科创板 IPO 获

---

① 注：1 亩≈666.666666667m²。

上海证券交易所（简称上交所）受理。公开的招股说明书显示，公司拟募集资金 4 亿元，投资项目计划新增 1600t 高性能聚酰亚胺薄膜产能，项目由嘉兴瑞华泰薄膜技术有限公司实施，主要产品包括热控聚酰亚胺薄膜、电子聚酰亚胺薄膜、电工聚酰亚胺薄膜、特种功能聚酰亚胺薄膜等系列产品。

2020 年 8 月 3 日，浙江省 2020 年第一批 169 个重大产业项目名单公布，其中浙江中科玖源新材料有限公司"年产 4500t 柔性显示、柔性电子等用高性能聚酰亚胺光膜材料项目"入选。该项目已于 2019 年 8 月 30 日开工，总投资 7.7 亿元，项目建成后，将形成柔性显示、柔性电子等用高性能聚酰亚胺光膜材料 4500t 产能。

2020 年 8 月 10 日，台湾达迈科技股份有限公司公布财报显示，公司上半年营收折合人民币约 1.97 亿元，营业毛利折合人民币约 7226 万元，毛利率 36.77%。此外，营业净利折合人民币约 3864 万元，营利率 19.66%。其中，第二季度的营业收入折合人民币约 1.09 亿元，毛利率超过四成并创历年同期新高，主要受益于聚酰亚胺产品组合的优化及出货量增加。去年 12 月，公司投资折合人民币约 4.25 亿元的"铜锣二期建设"项目竣工。

2.7.4　聚酰亚胺研发概况

1908 年，Boger 和 Rebshaw 通过氨基苯甲酸酐的熔融自缩聚反应首次制备了聚酰亚胺，但直到 20 世纪 50 年代，聚酰亚胺才作为一种具有优良综合性能的聚合物材料而逐步得到广泛的应用。1955 年，美国杜邦公司申请了世界上首项有关聚酰亚胺在材料方面应用的专利。随后杜邦公司开发了一系列聚酰亚胺材料，如 1961 年开发出聚均苯四甲酰亚胺薄膜，1964 年开发生产聚均苯四甲酰亚胺模塑材料等，从此开始了聚酰亚胺蓬勃发展的时代。

在 Web of Science-Derwent Innovations Index 数据库中，以"聚酰亚胺"为标题关键词，检索时间范围为 2016～2020 年，共检索到海外专利文献总数 8125 篇，表 2-30 为 2016～2020 年内每年关于聚酰亚胺的专利发文数量表，可以看出发文量总体是稳步提升的。

表 2-30　2016～2020 年国外聚酰亚胺专利发文量

年份	发文量
2016	1500
2017	1611
2018	1819
2019	1859
2020	1336

注：来源为 Derwent Innovations Index。

表 2-31 中列出了聚酰亚胺领域内海外专利申请总量排前十位的专利权人,可以看出日本和韩国在聚酰亚胺技术占有绝对优势,主要集中在日产化学、LG 化学、PI 尖端材料、东丽、宇部兴产这样的化工企业。

表 2-31　2016~2020 年国外聚酰亚胺专利申请数量排名

排名	国别	专利权人名称	申请量/件
1	日本	日产化学株式会社	134
2	韩国	LG 化学	133
3	韩国	PI 尖端材料	99
4	中国	东华大学	95
5	日本	东丽株式会社	79
6	日本	宇部兴产株式会社	70
7	日本	新日铁住金化工有限公司	68
8	日本	住友化学株式会社	66
9	日本	钟渊化学工业株式会社	62
10	日本	富士胶片株式会社	58

注:来源为 Derwent Innovations Index。

我国聚酰亚胺的研究始于 1962 年,1963 年聚酰亚胺漆包线问世,1966 年后,薄膜、塑料、胶黏剂相继研发出来。据统计,目前聚酰亚胺的研发单位约 20 多家。表 2-32 为国内主要聚酰亚胺研发单位及研究领域。

表 2-32　国内聚酰亚胺主要研发单位及研究领域

研发单位	研究领域
中国科学院长春应用化学研究所	聚联苯四甲酰亚胺
中国科学院化学研究所	PMR 聚酰亚胺
东华大学	聚酰亚胺纤维
四川大学	双马来酰亚胺树脂及制品
西北工业大学	聚氨基酰亚胺
上海市合成树脂研究所	聚均苯四甲酰亚胺,聚醚酰亚胺
桂林电器科学研究院	聚酰亚胺薄膜的流延装置

在中国知网-中国专利数据库中,以"聚酰亚胺"为关键词,检索时间范围为 2016 年 1 月 1 日至 2020 年 9 月 22 日,共检索到中国专利文献总数 2956 篇,表 2-33 为 2016~2020 年内每年关于聚酰亚胺的专利发文量,可以看出发文量是逐年递增的,2020 年,关于聚酰亚胺专利的发文量为 777 篇,这也说明国内关于聚酰亚胺的研究越来越受重视。

表 2-33　2016～2020 年国内聚酰亚胺专利发文量

年份	发文量/篇
2016	259
2017	460
2018	591
2019	869
2020	777

注：来源：中国知网。

图 2-21 是国内 2016～2020 年聚酰亚胺专利申请分布，可以看出常见的聚酰亚胺产品中薄膜和纤维的申请量最大，而模塑品、涂料、胶黏剂和微孔材料领域的专利申请量较小。这说明我国对聚酰亚胺的研究主要集中在聚酰亚胺薄膜和纤维领域。值得关注的是，我们可以在表 2-34 中发现，国内申请人主要集中在东华大学、吉林大学、北京化工大学、中国科学院等科研院所，这反映出我国企业研发力量薄弱，并且在科技成果转化与商业利用方面仍然不成熟。

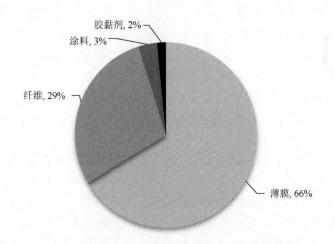

图 2-21　国内 2016～2020 年聚酰亚胺专利申请分布

表 2-34　2016～2020 年国内聚酰亚胺专利申请数量排名

排名	申请人	申请数量/件
1	东华大学	96
2	吉林大学	47
3	北京化工大学	41

排名	申请人	申请数量/件
4	中国科学院长春应用化学研究所	33
5	中国科学院宁波材料技术与工程研究所	30
6	江苏亚宝绝缘材料股份有限公司	29
7	株洲时代新材料科技股份有限公司	27
8	中国科学院化学研究所	24
9	江南大学	22
10	江西师范大学	18

　　国内聚酰亚胺工程塑料目前的发展方向主要集中在单体合成技术、聚合物结构设计、制备成型技术等方面的改进。

1. 新型二胺单体

　　中国专利 CN108947918A 公开了一种含吡嗪结构的二胺单体,制备得到的聚酰亚胺可以增加电子亲和力,改善电子传输性质,使聚酰亚胺分子间及分子内电荷转移相互作用减弱,增强了聚酰亚胺的紫外可见光透过率;同时,向所属含吡嗪结构的二胺单体中引入侧基,可以在不损害聚酰亚胺力学性能和热学性质的同时,有效地减少聚酰亚胺的分子链密堆积,增强聚酰亚胺在有机溶剂中的溶解性,在光电领域有广泛的应用价值[155]。

　　中国专利 CN108976135B 提供了一种具有三氟甲基取代联亚苯结构的柔性二胺单体及其制备方法和应用。该发明提供的柔性二胺单体包括三氟甲基、柔性基团和脂环结构,其中柔性基团为醚键或酯基,脂环结构为联亚苯基。当该发明提供的柔性二胺单体与二酐反应生成聚酰亚胺时,所述柔性二胺单体中的三氟甲基和柔性基团增大了聚酰亚胺分子链的自由体积和柔顺性,使溶剂容易渗入,改善了聚酰亚胺的溶解性;该柔性二胺单体中的脂环结构可以进一步提高聚酰亚胺的溶解性和透明性;另外,该发明提供的柔性二胺单体主链中存在芳环结构,使由该发明制备得到的聚酰亚胺具有较强的分子链间作用力,得到的聚酰亚胺具有较强的力学性能[156]。

　　中国专利 CN109970665A 基于三氮唑结构合成了一系列具有不同电子效应取代基的二胺单体,将其分别与不同电荷陷阱深度的二元酸酐进行缩聚反应得到一系列具有信息存储性能的聚酰亚胺。所得到的聚酰亚胺具有优异的机械性能、良好的热稳定和电化学性能。同时,作为一种可溶剂加工的聚酰亚胺,通过制备典型"三明治"结构的氧化铟锡/聚酰亚胺活性层/铝存储器件，得到存储性能优异、操作稳定好、误读率低、能耗较低的聚酰亚胺存储材料。本发明进一步拓宽了含三氮唑聚酰亚胺的应用范围，为信息存储材料领域提供了具有发展潜力的新材料[157]。

中国专利 CN109053582A 公布了一种含芳香环并咪唑结构的二胺单体，所述含芳香环并咪唑结构的二胺单体含有至少一个氨基的第一芳香环并咪唑结构，含有至少一个氨基的第二芳香环并咪唑结构，以及连接所述第一芳香环并咪唑结构和第二芳香环并咪唑结构的接头基团。此专利申请的二胺单体合成工艺简单，在与二酐单体聚合之后，可以显著提高所得聚酰亚胺的耐热性[158]。

其他新型二胺单体以及聚酰亚胺聚合物的专利包括：中国专利 CN107162922B，公开了一种含烯丙基聚酰亚胺二胺单体，可用于制备交联度可控的聚酰亚胺材料，因而可兼具良好的加工性能以及固化材料所具有的较好的热稳定性以及机械性能[159]。中国专利 CN111574426A，公布了一种含异靛蓝结构的二胺单体，合成的黑色聚酰亚胺，遮光性能优良，在电子工业、宇航、仪表通信等领域拥有广泛的应用价值[160]。

更多新型二胺单体及其聚酰亚胺的专利[161-166]不在此处赘述。

2. 新型二酐单体

中国专利 CN108997286A 提供了一种全氟取代二酐及其制备方法和在制备聚酰亚胺中的应用，本发明提供的全氟取代二酐中氟原子强的电负性可以破坏聚合物分子结构间的共轭作用，使得由本发明所述全氟取代二酐制备得到的聚酰亚胺薄膜颜色较浅、光学透过率更高，而且有利于降低聚合物薄膜的折射率[167]。

中国专利 CN108822092B 提供了一种具有含吡嗪结构的二酐单体，以其为单体制备得到的聚酰亚胺中由于含有的吡嗪结构是一个重要的缺电子单元，其可以提高对电子的约束力，有效地降低分子间及分子内电荷转移相互作用，增强聚酰亚胺的紫外可见光透过率，同时，向含有吡嗪的二酐单体中引入侧基，可以在不损害聚酰亚胺力学性质和热学性质的同时，有效地减少聚酰亚胺的分子链密堆积，提高聚酰亚胺在有机溶剂中的溶解能力[168]。

中国专利 CN109627253A 公开了一种含蝶结构的二酸酐及其合成方法以及基于该二酸酐合成的聚酰亚胺。本发明所提供的二酸酐合成方法简单、成本低、制备过程易控制，基于本发明提供的含蝶结构的二酸酐化合物（Ⅰ）和（Ⅱ）应用于制备聚酰亚胺材料。所得的聚酰亚胺由于蝶结构的存在，有助于降低分子链间作用力，减少链间的紧密堆砌从而改善聚合物的溶解性，同时使得聚合物薄膜的颜色有了大幅改观，从以往的金黄色变为近乎无色，具有较高的耐热性、热稳定性、优秀的机械性能等优点，在柔性 OLED 基板、柔性线路板等相关领域有广泛的应用前景[169]。

中国专利 CN109503616A 公开了一种新型烷基四酸二酐及其合成方法以及基于该二酐合成的聚酰亚胺。本发明采用廉价易得的工业品马来酸酐和 1,2-环己基二甲醛，发生 Wittig 反应、Diels-Alder 反应，再经氢化反应、水解反应，最终由乙酸酐脱水处理得到新型烷基四酸二酐（Ⅰ）。进一步基于本发明提供的新型烷基四酸二酐（Ⅰ）制备聚酰亚胺材料。所得的聚酰亚胺具有较高的耐热性、较高的热稳定性、优秀的机械性能等优点，在柔性 OLED 基板、柔性线路板等相关领域有广泛的应用前景[170]。

3. 聚酰亚胺新的合成方法

中国专利 CN106008973A 提供了一种在离子液体中的 Kapton 聚酰亚胺合成方法。以咪唑类离子液体为反应介质，以苯四甲酸二酐和 4,4-氧联苯二胺为原料，通过加热，或添加非亲核性碱或弱亲核性碱，或加热并添加非亲核性碱或弱亲核性碱的方式，一锅煮一步合成 Kapton 聚酰亚胺。所述的离子液体中 Kapton 聚酰亚胺合成方法的原料价廉易得，操作简单，安全洁净，产品收率与反应速率高，有利于实现成本的降低和规模生产[171]。

中国专利 CN105968355A 公布了一种新的聚酰亚胺合成方法，包括以下步骤：①将二酐溶解或悬浮于弱水溶性溶剂中，逐渐加入二胺；或者将二胺溶解于弱水溶性溶剂中，逐渐加入二酐；然后加热混合发生成盐聚合反应生成聚酰亚胺尼龙盐悬浮物。②将得到的聚酰亚胺尼龙盐悬浮物过滤，然后通过干燥聚酰亚胺尼龙盐分子内脱水得到聚酰亚胺粉末。所述弱水溶性溶剂是沸点为 120~220℃的酮类溶剂，在水中的溶解度≤15g/100g 水。滤液溶剂经过简单蒸馏后可以重复使用，不仅缩短了生产周期、降低了生产成本，而且有利于规模化生产[172]。

4. 聚酰亚胺结构上的创新

中国专利 CN111533907A 公开了一种含苯并咪唑结构的耐热聚酰亚胺模塑粉的制备方法，是由含苯并咪唑结构的二胺单体和芳香二酐单体在非质子溶剂中先合成分子量较高的聚酰胺酸，然后向聚酰胺酸中加入催化剂、脱水剂，再沉降，洗涤干燥得含苯并咪唑结构的耐热聚酰亚胺模塑粉。本发明制备的聚酰亚胺不仅具备优异的热稳定性能，同时还具有良好的溶解性，综合性能优良[173]。

中国专利 CN111499865A 提供一种含磷聚酰亚胺的合成方法，由二醛酮或多醛酮、二胺封端的聚酰胺酸主链和亚磷酸酯通过 Kabachnik-Fields 反应缩合生成 α-氨基磷酸酯，并使聚酰胺酸主链之间串/交联形成更高分子量的聚酰胺酸，亚胺化后得到串/交联结构的含磷聚酰亚胺。具体步骤如下：①将二胺单体溶解在溶剂中，分批加入二酐单体，得到氨基封端的聚酰胺酸主链；②再加入二醛酮或多醛酮和亚磷酸酯类化合物，缩合得到含有 α-氨基磷酸酯和串/交联结构的高分子量聚酰胺酸溶液，亚胺化得到串/交联结构的含磷聚酰亚胺。本发明方法是一种绿色、简单、高效、新颖的制备含磷聚酰亚胺的方法和途径，该含磷聚酰亚胺具有优良的阻燃性，应用前景广阔[174]。

中国专利 CN108690197B 公布了含三苯胺结构及萘酰亚胺荧光基团的聚酰亚胺衍生物及其制备方法和应用，可作为光电材料的应用，包括电致变色材料、荧光传感材料、酸致传感材料、空穴传输材料、三阶非线性材料、防伪材料、伪装材料、汽车后视镜材料；还可用于离子检测、爆炸物检测以及记忆性能原件的制备[175]。

中国专利 CN110845731A 公开了一种制备全海绵孔结构的不溶不熔型聚酰亚胺膜的方法，涉及膜分离领域[176]。

5. 制备成型技术的创新

中国专利 CN107139371A 公布了一种用于热固性聚酰亚胺板材的微波成型方法，具备工艺简单、设备环保、节能省电及易操作的优点，可保证成型后的聚酰亚胺材料各项性能均能在满足使用要求的同时，还能大幅提高热固性聚酰亚胺板材的生产效率和质量稳定性[177]。

中国专利 CN105504810A 公布了一种连续成型制备高强高模聚酰亚胺纤维增强聚酰亚胺薄片的方法，包括以下步骤，将聚酰胺酸溶液流延或涂覆于聚酰亚胺纤维布表面，经反复辊压使其充分浸润纤维缝隙，送至溶剂挥发炉除溶剂形成半干性凝胶膜，再经过红外炉进行部分亚胺化得到下表面连续膜层，然后进行聚酰胺酸二次流延，在纤维布上表面形成连续膜层，采用聚酰亚胺薄膜的通用环化过程进行亚胺化处理，最后裁边，收卷得到高强高模聚酰亚胺纤维增强聚酰亚胺薄片。采用本方法制备得到的材料，兼具纤维高强度、高模量和薄膜的柔韧性、密封性等特点，上下表面均具有光滑连续的膜层，是继薄膜、纤维和树脂模塑粉之后，一种全新的聚酰亚胺产品形式[178]。

2.7.5　我国聚酰亚胺领域存在的问题及发展愿景

目前，国际上聚酰亚胺工程塑料的研发和生产都集中在少数几家大牌公司，它们利用自身的技术积累和雄厚的资金实力，正在不断地改进产品性能，扩大产能以及拓展应用领域。由于聚酰亚胺工程塑料技术门槛高、工艺复杂、开发周期长等特点，需要雄厚的资金实力和强大研发团队的支持；国际大公司正是利用自身的这些优势，进一步对产品进行性能升级和开拓新领域，因此，国际大公司在此领域的优势短期不会受到影响，规模还将不断扩大。

1. 研发方面：国内主要聚焦薄膜和纤维领域，企业研发力量相对薄弱

我国针对聚酰亚胺技术研发起步较晚，还处于模仿国外研发的阶段，所申请的专利不能对国外企业构成有效威胁。

2. 生产方面：国内以百吨级装置为主，产能规模小

国内聚酰亚胺工程塑料开发的厂家规模较小，产量较低，产品应用主要集中在航空航天和军工领域，以百吨级装置为主，主要生产者有：上海合成树脂研究所、西北化工研究院、吉林高琦聚酰亚胺有限公司、长春应用化学研究所、常州市广成新型塑料有限公司、江苏奥神新材料股份有限公司、江苏君华特种工程塑料制品有限公司等30多家单位。每年聚酰亚胺总生产能力超过3000t。产品类别包括：均苯型、偏酐型、联苯二酐型、双酚A二酐型、单醚酐型、酮酐型等聚酰亚胺。有6家企业的聚酰亚胺薄膜出口国外，几乎采用的都是双向拉伸法，装置多为百吨级，其他品类的产量估计不到10t，仅为美国的千分之一，并且价格昂贵。而杜邦、东丽、宇部兴产、钟渊、PI尖端材料等国外企业的产能已经达到2640t、2520t、2020t、3200t、2740t，单独一家国外企业的产能基本上可以达到我国产能之和。另外，从技术上还存在以下问题。

（1）单体合成：芳香胺合成工艺比较成熟，而芳香酸酐合成工艺较为复杂，纯度不够，且产量有限，从而导致成本居高不下，限制聚酰亚胺发展。

（2）聚合工艺中使用的溶剂价格较高，且在体系中残留，难以除去，所需要的高温处理对于能耗以及设备要求较高，限制其发展。

（3）目前我国聚酰亚胺产业以薄膜为主，这与全球聚酰亚胺产业发展趋势契合。作为目前全球最活跃的电子消费品市场和最大的电子产品代加工国，我国电子工业对聚酰亚胺薄膜的需求量与日俱增，聚酰亚胺薄膜的发展潜力巨大。但国内关于聚酰亚胺薄膜制造设备还欠缺。

3. 市场方面：国外寡头垄断现象凸显

目前，杜邦、东丽、钟渊、宇部兴产、PI尖端材料和达迈是全球最主要的聚酰亚胺生产企业，除了台湾达迈，其余都在国外。其中杜邦、东丽、钟渊和宇部兴产4家企业占全球聚酰亚胺市场销售总额的70%左右，中国市场的消费量为2.73万t，近几年的增速保持在6%。

聚酰亚胺薄膜属于高技术壁垒行业，国内高端聚酰亚胺薄膜约85%依赖进口。而该领域的市场规模占比最大，且利润率非常高。目前，电子级以下聚酰亚胺薄膜已实现国产自给自足，电子级及以上聚酰亚胺薄膜市场仍主要由海外公司占据。未来，随着FCCL覆铜板市场保持高增速，以及OLED快速普及对柔性衬底需求

的提升，高端电子级聚酰亚胺薄膜市场将处于快速扩张期。

用于高温除尘的聚酰亚胺纤维的国内市场，高端产品全部被奥地利赢创所垄断。其在我国的年销售量为 200t 左右。

在耐高温的聚酰亚胺工程塑料和涂料市场，国内企业也无法立足，基本被比利时索尔维等国外寡头垄断。

与美国和日本相比，我国目前的聚酰亚胺树脂市场容量较小，国内产品价格和成本较高，产品品质也有一定差距。

由于技术门槛低加上价格优势，我国电绝缘薄膜市场基本上由国内产品所占领，而且国内已经开始向国外出口产品，如西北化工研究院每年向欧洲出口数十吨双马来亚酰胺，上海合成树脂研究所等每年也有少量产品出口。

聚酰亚胺在绝缘材料和结构材料方面的使用正不断扩大，但其成本高于其他工程塑料品是限制其拓展应用的主要原因。因此，聚酰亚胺研究今后发展方向主要是在单体及聚合方法上寻找降低成本的方法。

例如，对特殊新单体的制备和原有单体合成路线的改进开展研究。聚酰亚胺的聚合单体是芳香二酐（四酸）和芳香二胺。新的特殊单体出现，能推动具有新特殊性能聚酰亚胺产品的发展。芳香二胺单体的合成技术较为成熟，商品化的品种较多，但芳香二酐单体的合成较难，合成成本高，品种较少。针对一般单体制备的工艺复杂、流程多、总收率偏低和废气废水污染等问题，需要解决的关键技术是：研发新的有机合成方法，尤其是发展绿色合成化学的方法，或提高原有工艺路线的产率，实现溶剂的回收利用等。改进单体合成工艺路线，能降低聚酰亚胺的成本，提高产品竞争力。

2.8　芳杂环聚合物

2.8.1　芳杂环聚合物的种类及特性

芳杂环聚合物是分子主链由芳环与芳杂环（氮杂、氧杂或硫杂）被连接基团如—O、—S、—COO、—CONH 等或仅仅以单键连接方式结合在一起的高分子材料。芳杂环聚合物分子链之间相互作用力强，或者梯形共轭大 π 键使其具有优异的耐热性能、耐辐照性能、力学性能，能满足极限环境的苛刻要求。除了聚酰亚胺外，其他品种如聚苯并咪唑、聚苯并噁唑、聚苯并噻唑、聚噁二唑、聚喹噁啉、聚苯基均三嗪、聚苯基不对称三嗪、聚吡咯等，由于聚合单体难以合成及合成条件苛刻等均未大规模地工业化。随着研究的不断深入，各种降低合成成本、提高其加工性能的方法被不断地报道。其中，一种方法是在聚合物的骨架中引入芳醚键，增加分子链的柔顺性，聚合物呈无定形，使其模压性能得到改善，但玻璃化转变温度（T_g）降低，在不牺牲耐热性能的前提下改善芳杂环聚合物的加工性能成为高分子材料科学家努力的目标。含二氮杂萘酮结构聚合物（简称杂萘联苯聚合物）就是其中一类重要的高性能芳杂环聚合物，如杂萘联苯聚芳醚、杂萘联苯聚芳酯、杂萘联苯聚芳酰胺、杂萘联苯聚酰亚胺等。

耐高温聚合物的典型种类的化学结构与主要性能如表 2-35 所示。其中，关于杂萘联苯聚芳醚高分子材料的介绍请见 2.8.2～2.8.5 节的相关论述（杂萘联苯聚芳醚砜、杂萘联苯聚芳醚酮、杂萘联苯聚芳醚腈、杂萘联苯聚芳酯等系列高性能高分子材料），这里只论述杂萘联苯聚合物的整体情况。本节主要论述聚苯基均三嗪等聚合物。聚苯并咪唑和聚苯并噁唑见 3.8 节和 3.9 节。聚酰亚胺方面的介绍请见 2.7 节聚酰亚胺和 3.5 节聚酰亚胺纤维的论述。

表 2-35　耐高温聚合物典型种类的化学结构与主要性能

杂环聚合物	分子结构	热变形温度	热性能
杂萘联苯聚合物		>250℃	250℃以上长期使用，400℃以上可短期使用，耐低温性能优异
聚酰亚胺		—	—
聚苯并咪唑（PBI）		>400℃	270℃下可长期使用，400℃可短期使用，耐低温性能优良
聚苯并噁唑（PBO）		>480℃	工作温度达 300～350℃
聚苯基均三嗪		>350	氮气气氛中初始热分解温度高于 530℃，1000℃下残碳率高于 70%
聚苯并噻唑		>400℃	耐热性优于 PBI、PBO
聚噁二唑		>460℃	300℃在空气中可长期使用

续表

杂环聚合物	分子结构	热变形温度	热性能
聚喹噁啉		216~393℃	300℃下可耐温达1000h 以上
聚喹啉		250~400℃	空气中起始热分解温度高于 550℃
聚苯基不对称三嗪			
聚吡咯		>350	350℃时，仍可保持75%左右的力学性能

2.8.2　杂萘联苯聚合物体系

含二氮杂萘酮联苯结构聚合物是指聚合物分子主链含二氮杂萘酮联苯结构的系列高分子材料，简称杂萘联苯聚合物。二氮杂萘酮与酰亚胺环结构类似[图 2-22（a）和（c）]，但其六元二氮杂环的化学稳定性显著优于酰亚胺五元一氮杂环，保留芳香氮杂环耐高温性能，克服了五元酰亚胺环热水解稳定性差的弊端，且苯环与杂萘环成近 120°角，使二氮杂萘酮类双酚（DHPZ）具有扭曲、非共平面和芳稠环的结构特点。DHPZ 的反应活性和谱学研究的结果表明[179]，DHPZ 的—NH 基团具有一定的酸性，其反应活性类似于酚羟基，在碱性催化剂作用下，与活化的双卤单体，如 4,4'-二氯二苯砜、4,4'-二氟二苯酮、1,4-二（4-氯代苯甲酰基）苯发生溶液亲核取代反应，得到高分子量含二氮杂萘酮联苯结构聚芳醚砜、聚芳醚酮、聚醚醚砜酮、聚芳醚砜酮酮、聚芳醚腈砜酮等，该系列聚合物具有优异的耐热性，且可溶于 N,N-二甲基乙酰胺、N-甲基吡咯烷酮等非质子极性溶剂，从根本上解决了传统高性能工程塑料耐高温不溶解或可溶解不耐高温的技术难题。

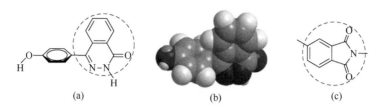

图 2-22　二氮杂萘酮结构单体（a）及其立体模型结构（b）与酰亚胺环（c）对比

　　在大量实验基础上总结出"全芳环非共平面扭曲的分子链结构可赋予聚合物既耐高温又可溶解的优异综合性能"的分子设计指导理论。在此思想指导下，研制成功含二氮杂萘酮联苯结构二酐、二胺、二酸等系列新单体，进而开发成功新型聚芳酰胺、聚酰亚胺、聚酰胺酰亚胺、聚芳酯等系列高性能树脂[180-188]，如图 2-23 所示。含二氮杂萘酮联苯结构聚合物包括杂萘联苯聚芳醚类、杂萘联苯聚芳酯、杂萘联苯聚芳酰胺、杂萘联苯聚酰亚胺、杂萘联苯聚苯并咪唑、杂萘联苯聚苯并噁唑等。上述聚合物均具有耐高温可溶解特点。因为可以溶解，聚合工艺简化，可溶解加工成膜、纤维等。其中，杂萘联苯聚芳醚[杂萘联苯聚醚砜（PPES）、杂萘联苯聚醚酮（PPEK）、杂萘联苯聚醚砜酮（PPESK）、杂萘联苯聚

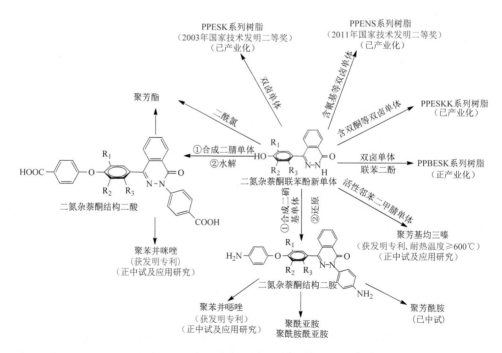

图 2-23　含二氮杂萘酮结构高性能高分子材料体系

醚酮酮（PPEKK）、杂萘联苯聚醚砜酮酮（PPESKK）、杂萘联苯聚醚腈砜（PPENS）、杂萘联苯聚醚腈酮（PPENK）、杂萘联苯聚醚腈砜酮（PPENSK）、杂萘联苯聚醚腈酮酮（PPENKK）]系列树脂已经在大连保利新材料有限公司进行科技成果转化，目前有设计产能为 500t/a 的生产线，其他品种完成了扩试技术或者中试技术，能提供小批量的供货能力。

二氮杂萘酮联苯结构具有全芳香、扭曲非共平面结构，将其引入到聚合分子主链后，使聚合物也具有扭曲非共平面结构，阻碍结晶，利于溶解（图 2-24）。所有的含二氮杂萘酮联苯结构的聚合物都表现出无定形的分子链聚集态结构，只有玻璃化转变温度，没有熔点。

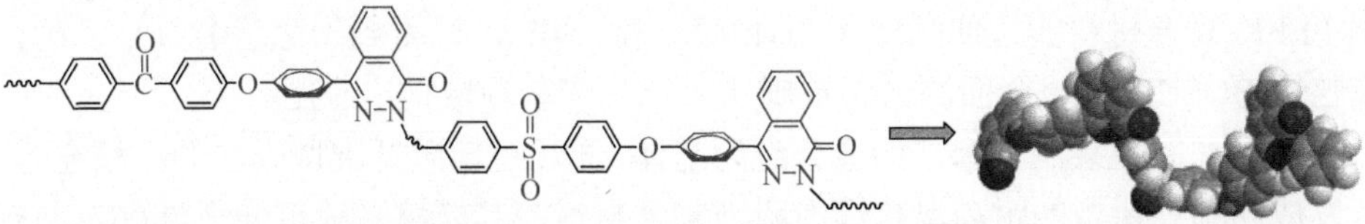

图 2-24 含二氮杂萘酮联苯结构聚芳醚砜酮（PPESK）的分子链段空间立体结构模拟

表 2-36 所示的为含二氮杂萘酮联苯结构聚芳醚砜酮（PPESK）的典型物理性能，与同类产品英国 Victrex 公司的 PEEK 的 450G 牌号的性能对比可见，PPESK 的玻璃化转变温度在 263～305℃可调，砜酮比为 1∶1 的 PPESK 的热变形温度比 PEEK 的高 100℃，在 250℃下的拉伸强度是 PEEK 的 2.7 倍，表现出优异的高温力学性能；可溶解于氯仿、N, N-二甲基乙酰胺（DMAC）、N-甲基吡咯烷酮（NMP）等有机溶剂。

表 2-36 PPESK 典型物理性能与 PEEK 物理性能对比

性能		PPESK	PEEK（450G）
玻璃化转变温度（T_g）/℃		263～305	143（T_m = 334）
5%热失重起始温度（T_d 5%）/℃（in N_2）		>500	>500
热变形温度（1.8MPa）/℃		253（S∶K = 1∶1）	152
拉伸强度/MPa	室温	90～122	93
	250℃	32（S∶K = 1∶1）	12
断裂伸长率/%		11～26	50
弯曲强度/MPa		153～172	170
弯曲模量/GPa		2.9～3.3	3.3
介电常数		3.5	3.5
密度/(g/cm³)		1.31～1.34	1.32
溶解性		NMP，DMAC，氯仿	浓硫酸

　　含二氮杂萘酮联苯结构高性能工程塑料既耐高温又可溶解，具有优异的综合性能，在高性能树脂基复合材料、耐高温功能涂料、耐高温绝缘材料（漆、膜和电缆等）、耐高温功能膜等领域具有广阔的前景。

　　高性能热塑性树脂基复合材料具有质轻、强度高、可设计性强等优点，且与传统热固性树脂制备的纤维增强复合材料相比，具有韧性好、可回收利用等优点，是航空航天、现代轨道交通、汽车等实现高速轻量化不可缺少的先进复合材料之一。

　　以熔融黏度低的含二氮杂萘酮联苯结构共聚芳醚 BK870 为基体，经短切 E 玻璃纤维增强，研制成功一种可注射成型的 30%玻璃纤维增强复合材料 BK870G30。BK870G30 复合材料在 150℃的拉伸强度高达 105MPa，比相应的 30%玻璃纤维增强 PEEK 复合材料的拉伸强度（70MPa）提高 50%，已得到国际著名汽车零配件商德国 BOSCH 公司全面测试考核确认，已在汽车领域推广应用。

　　以含二氮杂萘酮联苯结构聚芳醚为基体，通过短切碳纤维增强和颗粒填充等，开发成功系列新型的耐高温自润滑耐磨复合材料，其摩擦系数可低至 0.06，与聚四氟乙烯（PTFE）相当，但磨损系数为 7×10^{-16}，比 PTFE 的磨损系数降低 1 个数量级，即比 PTFE 的耐磨性能高 10 倍左右，具有耐高温不易蠕变的优点，典型含二氮杂萘酮结构聚芳醚砜酮基耐高温自润滑耐磨复合材料性能见表 2-37。已应用于各种密封件、摩擦件。

表 2-37　耐磨自润滑 PPESK 基复合材料的物理性能

性能	拉伸强度/MPa	弯曲强度/MPa	弯曲模量/GPa	非缺口冲击强度/(kJ/m²)	热变形温度/℃	摩擦系数	磨损系数/(m³/Nm)
86C30	188	300	16	24	280	0.10	8×10^{-16}
86F30C15	99	143	5.96	16	274	0.06	7×10^{-16}

　　连续碳纤维增强含二氮杂萘酮联苯结构聚合物基复合材料的最大优势是具有较高的高温力学性能保持率，例如，选用三种不用耐热性能的树脂基体制备的复合材料[189]，从其复合材料的动态热机械分析（DMA）曲线（图 2-25）可见，连续碳纤维增强杂萘联苯聚醚砜酮基复合材料（CF/PPESK）200℃下弯曲强度保持率为 76%。连续碳纤维增强含联苯结构杂萘联苯聚醚砜基复合材料（CF/PPBES）200℃下弯曲强度保持率为 70%。连续碳纤维增强杂萘联苯聚醚腈酮基复合材料（CF/PPENK）200℃下弯曲强度保持率为 70%。在 250℃仍具有 55%的弯曲强度的保持率。上述保持率均高于 CF/PPS 复合材料在 200℃时弯曲强度的保持率（47%）。

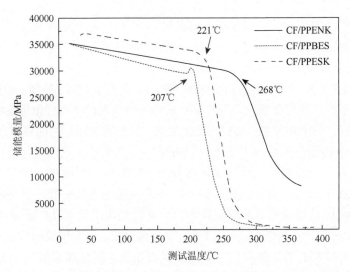

图 2-25　三种杂萘联苯聚芳醚结构复合材料储能模量随温度的变化规律

　　通过溶液共混改性的方法向含联苯结构和二氮杂萘酮结构的聚芳醚砜 PPBES6040 树脂基体中添加主链含氨基的含二氮杂萘酮联苯结构聚芳醚酮 （PPEK-NH$_2$）相容剂[190]。研究结果表明，当 PPEK-NH$_2$ 的添加量为 PPBES6040 基体树脂的 5wt%时，CF/PPBES6040/PPEK-NH$_2$ 复合材料的力学强度最佳，层间剪切强度和弯曲强度分别达到 95.1MPa、1944MPa，分别提高 13.7%和 26.2%，复合材料的 T_g = 235℃，增加了 12℃。一方面，PPEK-NH$_2$ 中的氨基能和碳纤维表面的环氧官能团和羧基发生化学反应形成化学键；另一方面，PPEK-NH$_2$ 与 PPBES 树脂具有相似的化学结构，根据相似相容原则，二者具有良好的相容性，具有较强的物理作用。因此 PPEK-NH$_2$ 分子通过化学键、物理缠绕作用将碳纤维与树脂基体连接起来，提高复合材料的界面强度。以溶液共混的方式向商业碳纤维复合材料中添加相容剂，相容剂的添加量少、增强效率高、方法简单，具有良好的工业应用前景。

　　以 PPESK 为原料研制的 250℃浸渍漆应用于核驱动机构线圈浸漆罐封，各项技术指标均满足使用要求，尤其耐辐照性能（耐受快中子注量为 1×10^{14} neutron/cm^2，γ 射线累计积分剂量≤1×10^7Gy）和耐湿热潮解性能优异，已推广应用于耐高温特种绝缘漆、漆包线、特种电机、干式变压器等领域[191]。

　　以 PPENS 为基料通过挤出工艺研制出油田用耐高温的柔性加热电缆，经辽宁省产品质量监督检验院检测，结果表明，该新型电缆在 260℃保温 4h，压痕深度为 10%，可耐 4800V 电压，抗张强度为 14.7N/mm^2，断裂伸长率达 250%，绝缘性能优异。经辽河油田应用考核，确认比钢铠电缆更安全可靠，性价比高，完全满足油井正常生产情况时产生的高温环境，连续运行稳定，操作简单，使用良好。

　　以高分子量窄分布的 PPENSK 为基体，研制成功超 240 级漆包线[192, 193]，30min

热冲击不裂的最高温度可达 470℃（测试循环 2 天），软化击穿温度高于 280℃，具有优异的耐湿热性能和耐辐照性能，已推广应用于大功率电机、汽车雨刷电机等领域。

传统的 FR-4 环氧树脂型覆铜板的吸湿性大、介电常数高、质脆、耐热性差，不适应高新电子产品使用要求。采用 PPENSK 为基体研制的玻璃纤维覆铜板具有高耐热（≥300℃）、低介电常数（3.5）、无卤阻燃（氧指数≥38）的优异综合性能[194]。

含二氮杂萘酮联苯结构高性能树脂研制的耐高温高效分离膜种类包括气体分离膜、超滤膜、纳滤膜、反渗透膜，涉及板式膜和中空纤维膜，可用于各种气体分离、工业废水处理和海水淡化等领域，使用温度可达 130℃，且可通过适当提高操作温度同时获得高通量和高截留率，分离性能优于目前被广泛使用的 PSF 膜和纤维素膜等[195-197]。PPESK 膜的气体分离性能最好，与商用聚砜膜相比，PPESK 膜对 CO_2、O_2 和 H_2 的渗透系数与商用聚砜膜相近，其分离系数 α（O_2/N_2）达到 7.6，而透气选择系数 PCO_2/PN_2、PO_2/PN_2 和 PH_2/PN_2 分别提高 58%、36%和 26%。

磺化 SPPESK、SPPENK[198]制备的燃料电池质子交换膜的质子传导性和耐热性能好，且不需外部增湿。将 PPESK、PPENK 进行氯甲基化/季铵化制备了阴离子交换膜材料，即季铵化 PPENK（QAPPENK）。QAPPENK 阴离子交换膜作为全钒氧化还原液流电池隔膜，在相同的测试条件下，其总能量效率较 Nafion117 提高五个百分点[199, 200]。

综上所述，耐高温可溶解的含二氮杂萘酮联苯结构系列高性能工程塑料应用领域广，随着新品种的不断开发与优化，合成工艺和加工技术的进一步改善、成熟与应用，有望不久将来实现高性能工程塑料的低成本可控制备；新一代高性能工程塑料性能将更好，成本更低，生产规模更大，应用领域更广。

2.8.3　聚苯基均三嗪

聚苯基均三嗪结构中三个苯基与三嗪环紧密相连，构成的离域大 π 键系统，均三嗪核共振能为 82.4kcal/mol，远比苯环（36kcal/mol）高得多，具有很强的刚性以及很高的键解离能和化学共振能；N 杂原子的存在使其具有良好的介电性能和电子传输性能等，因此，含三芳基均三嗪环结构聚合物具有优异的热稳定性、耐化学品性、耐辐照性、阻燃自熄及突出的光学性能和电学性能，在高温下依然保持优异的综合性能，在航空、航天和微电子等高科技领域具有广泛的应用前景。

三芳基均三嗪环聚合物可分为两类：一类是交联型三芳基均三嗪环聚合物，以含有氰端基和/或氰侧基预聚物或多氰基单体在高活性催化剂和高温/高压下交联反应而得，常见的交联型三芳基均三嗪树脂包括单氰基树脂和邻苯二甲腈树脂两类。然而由于该方法合成条件特别苛刻，且得到的聚合物不溶不熔，虽然这类树脂热稳定性优异，但其成型加工难度大，应用受到较大限制。

另一类是线型三芳基均三嗪环聚合物，以含三芳基均三嗪环的单体进行线性聚合而将三芳基均三嗪环直接引入到聚合物分子主链中。1969 年，Von 等最早报道了线型苯基均三嗪聚合物，但由于溶解性较差，聚合物在反应中析出体系，只能得到低分子量聚合物。这种线型聚合物与交联型聚合物相比，聚合物的合成工艺有一定的改善，但是由于分子链刚性大、芳环和杂环间电荷转移相互作用强等，聚合物的溶解性能依然很差，且聚合物的软化温度高，依然存在加工困难等问题。

邻苯二甲腈（phthalonitrile，PN）树脂是一类以邻苯二甲腈结构为端基或侧基，固化后可形成以芳基均三嗪或酞菁结构为交联点的热固性树脂。由于其具有耐热、阻燃、耐火、吸水率低等优点，可作为复合材料基体树脂、涂料、胶黏剂等使用，在航空航天、军事、船舶等领域均具有广阔的应用前景。

自 20 世纪 70 年代末开始，美国 NASA 海军研究中心的 Keller 等由高氟含量的邻苯二甲腈树脂入手，使用各类双酚与 4-硝基邻苯二甲腈反应合成新型含醚键的双邻苯二甲腈单体，在二胺类固化剂存在的情况下，梯度升温固化，得到了一系列吸水率低、耐热性能和机械性能优异的热固性树脂。这种树脂可塑性很强，在固化过程中很少有小分子物质放出，便于制作无缺陷样件。随后，Keller 等还对二胺固化剂的选用、固化反应机理（图 2-26）、固化工艺做了详细探究，其研究结果已被其他研究者广泛借鉴，极大地推动了邻苯二甲腈树脂的发展。进入 21 世纪以来，邻苯二甲腈树脂的研究进入了蓬勃发展的时代。其研究方向主要朝着结构多样化、加工手段多样化和功能多样化发展[201]。

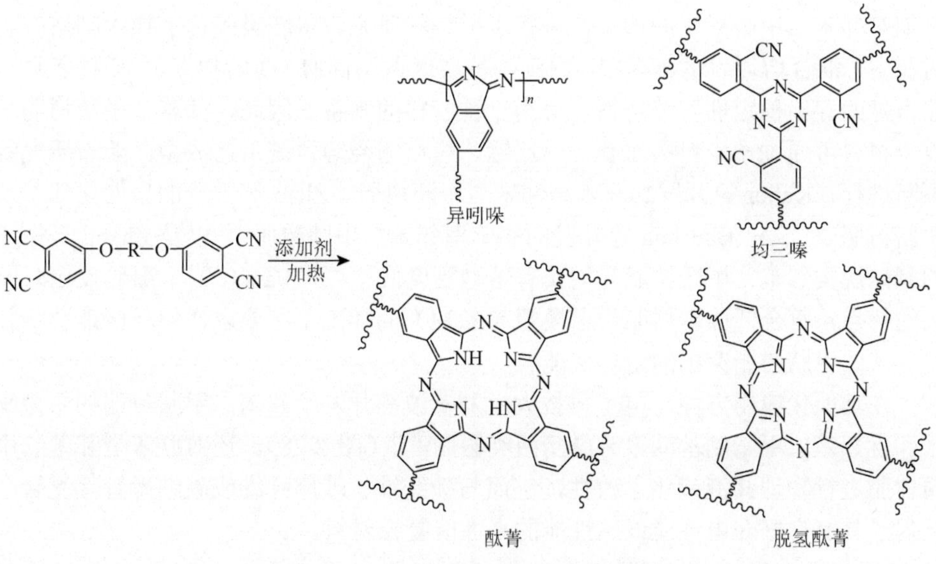

异吲哚

均三嗪

酞菁

脱氢酞菁

图 2-26　邻苯二甲腈树脂可能的反应机理

关于自固化邻苯二甲腈树脂，中国科学院化学研究所也做了大量研究工作，赵彤等详细研究了 4-(邻/间/对氨基苯氧基)邻苯二甲腈树脂的固化过程[202]。结果表明间/对位树脂的反应活性更高，但邻位树脂具有更广阔的加工窗口。吉林大学报道的邻苯二甲腈树脂在 800℃保温 60min，残碳率高达 55%，热稳定性能优异[203]。大连理工大学将扭曲、非共平面二氮杂萘酮联苯结构引入到聚苯基均三嗪聚合分子主链中，合成了杂萘联苯结构邻苯二甲腈树脂（图 2-27），该系列聚合物在室温下可溶解于 NMP 和 DMAC 溶剂，加热后可溶于环丁砜、DMSO 等，其玻璃化转变温度＞400℃，5%热失重起始温度在 500℃以上，900℃下残碳率大于65%，是目前报道的邻苯二甲腈树脂中耐热性能最优的品种[182]。

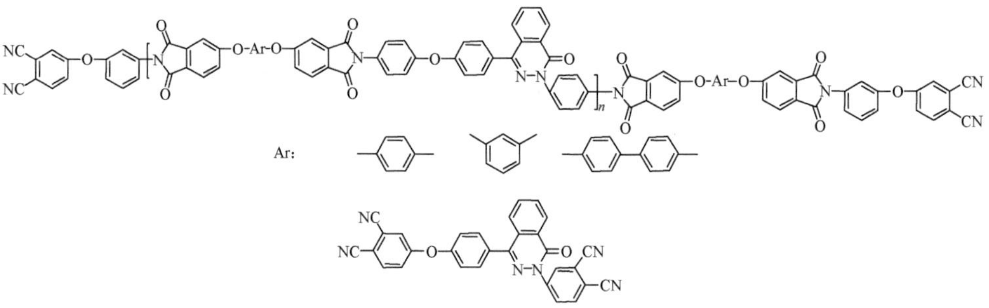

图 2-27　杂萘联苯结构邻苯二甲腈树脂

新型结构邻苯二甲腈树脂的不断开发，极大地丰富了其加工手段。Keller 等早期对邻苯二甲腈树脂的加工性进行了详细的研究。将胺类固化剂加入到熔融态树脂中，混合均匀后迅速冷却，得到一种玻璃态混合物（B-阶树脂）。该树脂具有非常好的存储稳定性和溶解性，可用于预浸料的制备。因此，邻苯二甲腈树脂基复合材料可通过预浸料高压釜、热压罐、拉挤缠绕等传统工艺成型。随着研究的不断进行，Keller 等开发的间苯型邻苯二甲腈树脂、Zhao 等开发的自催化邻苯二甲腈树脂[202]、A. Badshah 等开发的邻苯型邻苯二甲腈树脂[204]以及 Zhang 等报道的氮硅烷类邻苯二甲腈树脂等均具有熔融黏度低（＜0.1Pa·s）[205]、凝胶反应时间长的特点，符合低成本树脂传递模塑（RTM）的加工工艺要求，但相应地会牺牲些邻苯二甲腈树脂突出的耐热性能。

在功能化应用方面，电子科技大学刘孝波等开发了邻苯二甲腈封端的聚芳醚腈和含邻苯二甲腈侧基的聚芳醚腈两类树脂[206]（图 2-28）。还对联苯型邻苯二甲腈树脂进行物理共混或化学改性，进而与碳纤维、玻璃纤维或碳纳米管等复合，获得了具有良好介电性能或磁性能的高性能复合材料。

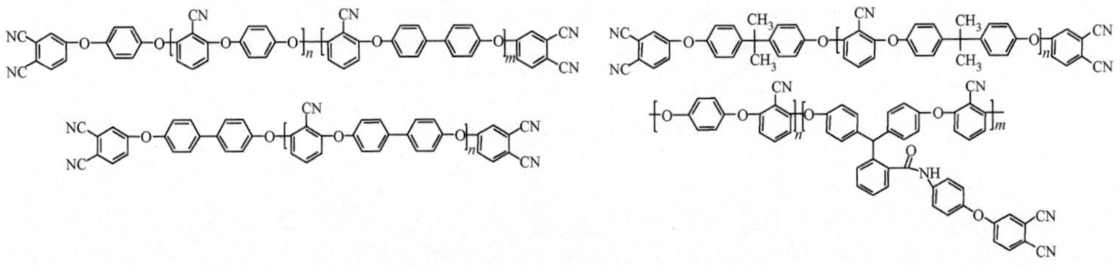

图 2-28　不同结构的邻苯二甲腈树脂

邻苯二甲腈树脂具有优异的高温性能,且在固化过程中无小分子释放在航空、航海、电子、宇航和机械等领域,具有巨大的应用价值。然而,邻苯二甲腈树脂较高固化温度极大地限制了其应用范围。因此,新型固化剂的研究必将成为邻苯二甲腈树脂未来研究的重要方向,也是邻苯二甲腈树脂能否达到环氧、双马来酰亚胺树脂应用水平的决定因素。此外,邻苯二甲腈树脂目前虽然具备了 RTM 加工的可能性,但多数邻苯二甲腈树脂在可纺性、成膜性、热塑性方面还存在一定缺陷,为此,丰富其加工方法也将成为扩展其应用范围的重要途径。

另外,目前研究报道的邻苯二甲腈树脂的长期使用温度为 370~400℃,仍无法满足超恶劣环境的使用要求,因此,研发耐热等级更高的树脂成为重要发展方向。

大连理工大学从分子结构设计出发,在邻苯二甲腈树脂的分子主链中同时引入二氮杂萘酮和三芳基均三嗪环结构,显著提高了树脂的热稳定性和溶解性能,兼顾耐热性能、韧性和加工性能。以该系列树脂为基体,与纳米粒子复合,研制成功耐 600℃透波材料。该复合材料在 600℃时弯曲强度为 153MPa;介电性能测试结果表明,从室温到 600℃,在 7~18GHz 宽频范围内,其复介电常数实部波动范围在 0.2 以内,复介电常数虚部,即介电损耗处于 10^{-2} 级别(图 2-29),显示了突出的高温介电性能稳定性,是未来高速飞行器等天线罩的重要支撑材料。

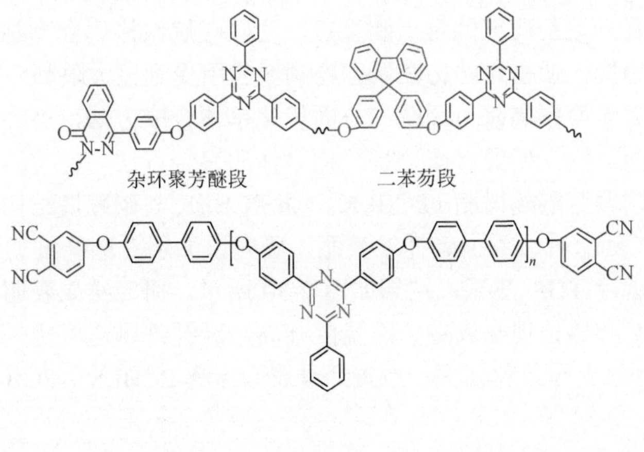

杂环聚芳醚段　　　二苯芴段

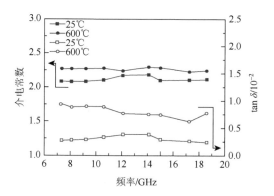

图 2-29　杂萘联苯邻苯二甲腈树脂基透波材料介电性能与温度和频率的关系

2.8.4　含碳硼烷芳杂环聚合物

碳硼烷是由十个硼原子和两个碳原子构成的具有二十面体笼型结构的化合物。碳硼烷分子具有一定的共轭性和芳香性，因此碳硼烷分子本身就具有非常好的热稳定性和化学稳定性。将碳硼烷结构引入到聚合物中，一方面，碳硼烷的三维笼型结构可以撑开聚合物分子链，降低聚合物分子链的规整排列，改善聚合物的溶解性，提升聚合物的加工性能；另一方面，碳硼烷结构的引入可明显提升聚合物的热氧稳定性，这主要与无机元素硼的引入有关。此外，碳硼烷结构的引入可大幅提升树脂的高温残碳率和陶瓷化产率，因此含碳硼烷结构树脂在耐高温结构材料、抗氧化涂层和耐高温陶瓷前驱体领域具有重要的应用价值。

目前，碳硼烷在有机硅、聚芳醚酮、聚酰亚胺、聚苯并噁嗪以及导电高分子等聚合物均已有报道，但除了 20 世纪 60 年代，Olin 公司成功将一种耐高温含碳硼烷结构聚硅氧烷商品化外（商品名为 Dexil），其他含碳硼烷聚合物均未工程化应用，主要原因是其特殊笼型结构易受亲核试剂攻击而被破坏，所以单体制备及聚合方式的选择一直是研究的难点和重点。含碳硼烷结构化合物制备过程复杂，所需原料价格昂贵，使得该结构在聚合物领域应用受到极大限制。

大连理工大学蹇锡高院士团队一方面优化单体合成方法，提高产率降低合成成本；另一方面，深入研究含碳硼烷结构单体的聚合方法。目前该团队报道了系列含碳硼烷结构聚芳醚酮树脂（PCBEK），将 PCBEK 与碳硼烷结构芳基乙炔树脂单体（APCB）复配后涂覆于碳纤维表面，研究该涂层对碳纤维的热防护作用，在空气气氛中进行 TGA 测试，结果如图 2-30 所示。研究结果表明，未涂覆碳纤维样品从 600℃开始出现热失重，随温度升高，碳纤维迅速氧化失重，当温度达到 920℃时碳纤维完全氧化消失。当碳纤维表面涂覆 PCBEK/APCB 树脂后，碳纤维束的热氧稳定性明显提升。其中，PCBEK-APCB-60 表现出最好的热氧稳定性，在 1000℃下残碳率达到 94%[207]。

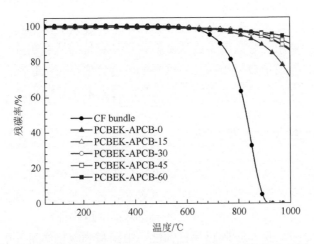

图 2-30　含碳硼烷结构聚芳醚酮树脂涂覆碳纤维束样品及未涂覆碳纤维束样品在空气中 TGA 曲线

　　从 PCBEK-APCB-60 涂覆碳纤维束样品横截面的电镜照片（图 2-31）可见，PCBEK-APCB-60 树脂涂层致密无缺陷，涂层的厚度大约为 50μm。对氧化后的样品 PCBEK-APCB-60 进行了 XRD、FTIR 和 XPS 的表征，结果表明，PCBEK-APCB-60 涂层表面的硼氧化合物以硼酸形式存在。PCBEK-APCB-60 样品良好的热氧稳定性主要源于树脂基涂层表面生成的无机硼氧化合物。当样品处于热氧条件中时，树脂中碳硼烷结构氧化生成无机硼氧化合物。由于硼氧化合物熔点较低，在高温

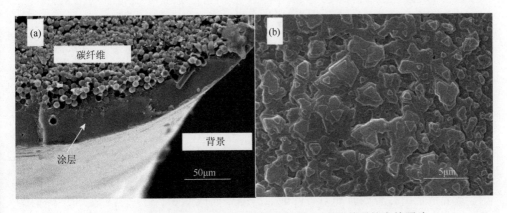

图 2-31　涂覆 PCBEK-APCB-60 碳纤维束 TGA 测试前后的电镜照片

（a）TGA 测试前样品的截面；（b）TGA 测试后样品表面高分辨率下电镜照片

条件下，液体状态的硼氧化合物可以填充树脂涂层表面生成的微小裂缝或孔洞，在涂层表面形成一层无机保护层。无机硼氧化物可以阻隔空气，阻止空气中氧气对基体材料的进一步氧化降解。

随着现代工业技术、航空航天及导弹技术的飞速发展，对相关聚合物性能提出了越来越高的要求。含碳硼烷结构聚合物以其独特的性能在抗原子氧涂层、耐超高温胶黏剂、导电聚合物领域有着重要的应用价值。归结起来，如何简化合成路径，优化合成方法，寻找更廉价的合成方法是未来碳硼烷研究工作的重点。

2.8.5　其他类型芳杂环聚合物

聚喹噁啉是分子链中含有二氮萘环的芳杂环高分子聚合物，由芳香四胺和芳香四酮在甲苯酚中缩聚制备（图 2-32）。其预聚溶液可长期在室温下储存，可制成膜、层压制品，可作胶黏剂和涂料。聚喹噁啉不仅耐热性优良，且耐高温高压水性能突出，在 250℃下 60h 膜仍保持韧性。中国科学院化学研究所在聚喹噁啉的合成方面进行了系统研究，以对苯二甲腈为起始原料。经格氏反应，再用新的氧化体系成功将苄基氧化成苯羰基，合成了 1,4-双（苯乙二酮）苯，产物纯度好，产量高，成本低，对扩展聚喹噁啉的应用具有重要意义。利用聚喹噁啉制成的漆包线装到潜水电机上，具有优异的耐水性能；聚喹噁啉耐热防水应变片、高温高压电容液位计等均在我国研制成功。

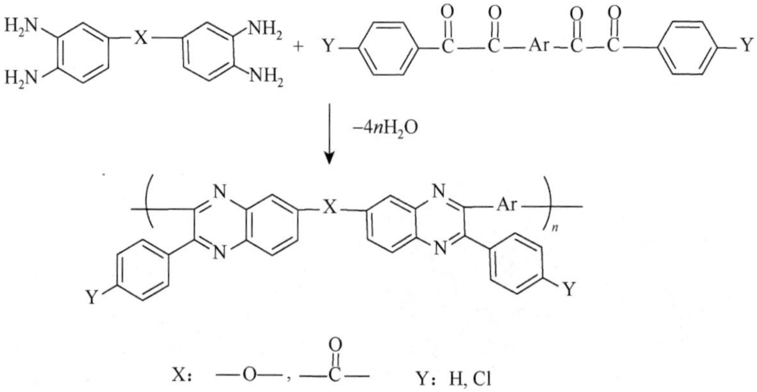

图 2-32　聚喹噁啉的合成路线

聚吡咯是由芳香四胺和芳香四酸二酐缩聚而成（图 2-33），有梯型和半梯型结构，其耐辐照性能高达 10^8Gy，比聚酰亚胺高约 1 个数量级，比 PBI 高两个数量级。其烧蚀速率和质量烧蚀速率低于酚醛、磷腈高聚物、苯撑有机硅高聚物等，是非常有前景的烧蚀材料；聚吡咯均质膜对氢气、氦气有优异的选择分离性能；通过高温处理，其电导率高达 700S/cm。这些工作均需深入研究。

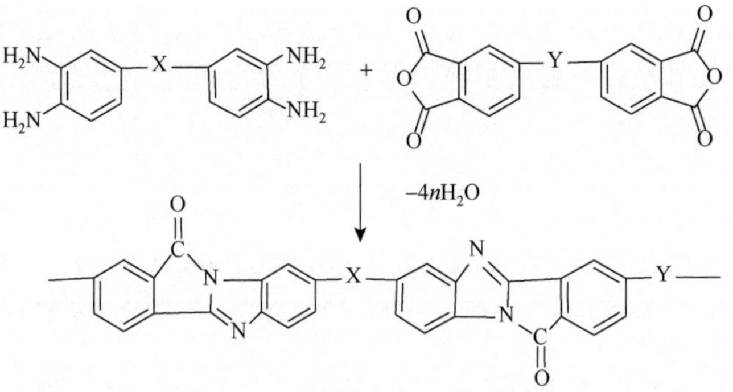

图 2-33　聚吡咯的合成路线

2.8.6　芳杂环聚合物存在的问题

（1）芳杂环聚合物的合成技术与核心单体密切相关。上述芳杂环聚合物的单体是芳香四胺或者芳香四酮，单体合成难，成本高，导致相关芳杂环聚合物的成本高，难以推广应用。例如，聚苯撑吡啶并咪唑（PIPD，即聚 2,5-二羟基-1,4-苯撑吡啶并二咪唑）纤维的防弹性能优于芳纶、PBO 等纤维，但由于制备 PIPD 纤维的关键单体 2,3,5,6-四氨基吡啶（TPA）以价格昂贵稀缺的医药中间体 2,6-二氨基吡啶或其衍生物为原料，制备工艺流程长、产率低，很难实现工业规模的生产并用于高性能纤维材料制备，因而至今尚未有工业化产品问世。所以，为了实现芳杂环聚合物的工程化技术，首先需要研究优化核心单体的合成技术，实现低成本制备是关键。

（2）芳杂环聚合物的高度刚性分子链结构，以及较强的分子链间的作用力，导致聚合物分子链紧密堆砌，使其溶解性能差，导致其在聚合过程中从反应体系沉出而得不到高分子量聚合物，且其熔融温度高，难以热成型加工。虽然具有优异性能，但其难加工以及高成本限制了其规模化生产和工程化应用。所以，如何改善其溶解性能且保持高的耐热性能是拓展芳杂环聚合物工程应用的关键。

（3）提高芳杂环聚合物的耐热性能。例如，随着飞行器等飞行速度越来越高，对相关材料提出越来越高的性能要求，当飞行器的飞行速度达到 3Mach 时，飞行器表面温度达 400℃上；当飞行速度达 4Mach 以上，飞行器表面温度达 600℃上。目前已有的树脂基复合材料的耐热性能均低于 600℃，所以服役温度超过 600℃的复合材料主要是陶瓷基复合材料，复杂的烧制工艺（温度＞1800℃）导致其制备成品率低，且脆性大、耐热冲击性差。因此，开发耐 600℃以上树脂基复合材料对高超声速飞行器的轻量化发展具有重要意义。

（4）开展芳杂环聚合物的应用技术。针对航空航天领域技术需求，尤其在高速飞行器领域，开展芳杂环聚合物基复合材料技术，如防弹复合材料、结构透波复合材料等功能性复合材料，耐辐照芳杂环聚合物的薄膜制造技术，提升我国相关宇航技术水平。

参 考 文 献

[1] 霍宇平. 聚苯硫醚的用途及生产方法的综述. 化学工程与装备, 2009, 10: 142-145.

[2] Macallum A D. A dry synthesis of aromatic sulfides: phenylene sulfide resins. Journal of Organic Chemistry, 1948, 13 (1): 154-159.

[3] 杨杰, 余自力, 罗美明, 等. 准线型高分子量聚苯硫醚的合成研究. 塑料工业, 1996, 1: 50-52.

[4] 谢美菊, 严永刚, 余自力, 等. 工业硫化钠法常压合成线型高分子量聚苯硫醚的研究. 高分子材料科学与工程, 1999, 15 (1): 170-172.

[5] 罗吉星, 杨云松. 线型高分子量聚苯硫醚树脂的合成. 四川大学学报 (自然科学版), 1998, 35 (3): 488-490.

[6] Tsuchida E, Shouji E, Suzuki F, et al. Synthesis of poly (phenyl-ene sulfide) by O₂ oxidative polymerization of methyl phenylsulfide. Macromolecules, 1994, 27 (4): 1057-1060.

[7] Lenz R W, Handlovits C E, Smith H A. Phenylene sulfide poly-mers. Ⅲ. The synthesis of linear polyphenylene sulfide. Journal of Polymer Science Part A: Polymer Chemistry, 1962, 58 (166): 351-367.

[8] 刘洪, 姜希猛, 李玉凤, 等. 聚苯硫醚的合成方法、工艺及应用研究. 新材料产业, 2019, (2): 63-66.

[9] 刘洪, 陈培龙, 周燕, 等. 一种用合成母液制备聚苯硫醚的方法. CN201710142281.8. 2017-03-10.

[10] 刘烨, 卢建军, 葛超, 等. 以可溶性聚锍阳离子为前驱体合成高分子量线型聚苯硫醚的研究. 塑料工业, 2019, 47 (5): 153-157.

[11] 姜春阳, 相鹏伟, 袁卓伟, 等. 聚苯硫醚基复合材料的国内外应用进展. 塑料, 2019, 48 (1): 122-125.

[12] 邱云顺, 沈岳松, 杨波. Mn-Ce-Ni-Oₓ/PPS 滤膜低温脱硝影响因素研究. 煤炭技术, 2015, 34 (2): 316-318.

[13] 高晓薇, 张爱欣, 张旭. 东丽聚苯硫醚生产工艺专利状况分析. 新材料产业, 2017, (8): 44-48.

[14] 范奕, 徐伟. 国内外聚苯硫醚技术研究比较及其改性产品的市场展望. 化学工程与装备, 2016, (9): 255-256 + 270.

[15] 刘朝艳. 2018～2019 年世界塑料工业进展 (Ⅱ). 塑料工业, 2020, 48 (4): 1-14.

[16] 佚名. 东丽研发新 PPS 薄膜. 塑料科技, 2020, 48 (3): 29.

[17] Hiroki E, Yohei T, Isao W. Polyphenylene sulfide resin composition and molded article thereof. JP20160057016. 2017-09-28.

[18] Yosgida T, Isuna H, Saito K. Polyphenylene sulfide resin composition. JP20160065380. 2017-10-05.

[19] Ouchiyama N, Matsumoto H, Saito K, et al. Polyphenylene sulfide resin composition and molded article formed from the same, and method for manufacturing semiconductor package. EP20160755003. 2018-01-03.

[20] Mizuta Y, Katsuta H, Funatsu Y. Manufacturing method of polyphenylene sulfide fiber. JP20160108947. 2017-12-07.

[21] Hasegawa Y, Noguchi H, Yamanoue H, et al. Polyphenylene sulfide resin composition and molding. JP20170036301. 2018-09-13.

[22]　Tokuzumi K，Kondo S，Miyake N. Polyphenylene sulfide resin composition for forcibly pulling injection molding. JP20170036480. 2018-09-13.

[23]　Uruma T，Matsudori I，Kurozu Y. Polyphenylene sulfide fiber. JP20170076839. 2018-11-15.

[24]　Qi X C，Zheng D P，Tang X W，et al. Resin Composition for bonding metal，production formed by bonding metal with resin composition，and manufacturing method thereof. US16470857. 2019-11-07.

[25]　Isago H，Yoshida T，Saitoh K. Polyphenylene sulfide resin composition and manufacturing method of the same. US201716072024. 2019-02-07.

[26]　Zhang X J，Liu T J. Polyphenylene sulfide woven fabric for water electrolyser and manufacturing method thereof. EP17785400.7. 2019-09-11.

[27]　Sugimoto T，Mitsunaga R，Mori T，et al. Polyphenylene sulfide short fiber，fibrous structure，filter felt，and bag filter. US16772697. 2020-10-15.

[28]　Murata S，Yamaguchi S，Hayashi T. Polyphenylene sulfide monofilament and manufacturing method therefor，and package. EP15872805. 2018-07-04.

[29]　Harada M，Tsuchikura H. Wet nonwoven fabric containing meta-aramid and polyphenylene sulfide，and multilayer sheet of same. WO2018JP21510. 2018-12-20.

[30]　Yamanoue H，Noguchi G，Saito G. Polyphenylene sulfide resin composition，production method and molded article. US16348975. 2019-09-05.

[31]　Minamibayashi K，Funatsu Y，Sakiyama Y，et al. Composite electrolyte membrane. US16971148. 2021-04-01.

[32]　Tsuchiya S，Katsuta H，Funatsu Y. Copolymerized polyphenylene sulfide fibers. EP19867250.3. 2021-08-04.

[33]　Suzuki Y，Sato R，Okubo K. Pipe-shaped integrally molded article and production method for pipe-shaped integrally molded article. EP19738362.3. 2020-11-25.

[34]　大内山直也，越政之，成瀬恵寛. 繊維強化樹脂基材. WOJP2020/011802. 2020-10-01.

[35]　Fukunaga A，Shimizu T，Kato K. Polyphenylene sulfide nonwoven fabric. JP20170084425. 2018-11-15.

[36]　Jeol S，Ward C，Leo V. Use of polyamide 6（PA6）as a heat-aging stabilizer in polymer compositions comprising polyphenylene sulfide（PPS）. EP20170154024. 2018-08-01.

[37]　Anim-danso E，Bongiovanni A，Martin P. Polyphenylene sulfide polymer compositions and corresponding articles. WO2018EP63586. 2018-12-13.

[38]　Jeol S，Branham K D，Roller D B. Process for preparing particles of polyphenylene sulfide polymer. WO2018EP62425. 2018-12-13.

[39]　Chen H，Mushenheim P，Carvell L，et al. Polyphenylene sulfide polymers having improved melt-stability. WOEP2019/052856. 2019-08-15.

[40]　Kim J Y，Lee Y J，Kang K H. Dope dyed polyphenylene sulfide composite fiber prepared by sheath-core complex spinning. KR20160111326. 2018-07-04.

[41]　Kim J Y，Lee Y J，Kang K H. Rubber composite containing polyphenylene sulfide conjugated fiber. KR20170085529. 2019-01-15.

[42]　Kim J Y，Lee Y J，Kang K H. Flame retardant chart type microfiber. KR1020170161478. 2019-04-25.

[43]　Kim J Y，Kang K H，Nam I H. Flame retardant chart type very fine fiber with excellent hand feel. KR1020180036586. 2019-06-25.

[44]　Jang K H，Choi J H，Cha D H，et al. Manufacturing method of polyphenylene sulfide fiber and resulting fiber. KR1020180012310. 2019-06-25.

[45]　吕天生，谢晓鸿，刘源丹，等. 一种聚苯硫醚合成反应釜放料阀门. CN201922118708.8. 2020-08-04.

[46] 谢晓鸿，陈尚敬，胡洪铭，等. 一种聚苯硫醚生产中滤液组分分离前处理方法及系统. CN201911214631.2. 2021-10-08.

[47] 余晓平，邓天龙，李珑，等. 一种聚苯硫醚生产过程中含锂混盐综合回收利用方法. CN201610919352.6. 2019-07-12.

[48] 李乾华，吕天生，陈尚敬，等. 聚苯硫醚生产过程中锂盐助剂的回收方法. CN201911384935.3. 2020-04-24.

[49] 吕天生，胡洪铭，陈尚敬，等. 聚苯硫醚生产合成废气的处理方法及系统. CN201911212481.1. 2020-04-10.

[50] 谢晓鸿，陈尚敬，胡洪铭，等. 一种聚苯硫醚生产中滤液组分分离前处理方法及系统. CN201911214631.2. 2021-10-08.

[51] 吕天生，陈尚敬，谢晓鸿，等. 一种聚苯硫醚生产用洗水循环工艺. CN201911300774.5. 2020-04-14.

[52] 胡洪铭，王政，谢晓鸿，等. 聚苯硫醚中低分子量杂质含量测定方法及应用. CN201810190388.4. 2018-08-17.

[53] 胡洪铭，王政，谢晓鸿，等. 聚苯硫醚中 TVOC 含量的测定方法及应用. CN201810189068.7. 2018-08-17.

[54] 刘洪. 一种聚苯硫醚和聚芳硫醚砜冷凝器. CN201720322669.1. 2017-10-17.

[55] 刘洪. 一种聚苯硫醚和聚芳硫醚砜合成反应釜. CN201720322951.X. 2017-12-29.

[56] 刘洪. 一种用于聚苯硫醚和聚芳硫醚砜合成单体的滴加罐. CN201720324636.0. 2017-10-27.

[57] 刘洪，范永志，姜希猛，等. 一种以有机酸盐为催化剂制备支链型聚苯硫醚的方法. CN201810825048.4. 2019-01-04.

[58] 刘洪，余雷，范永志，等. 一种控制水含量合成高分子量聚苯硫醚的方法. CN201910426723.0. 2019-10-01.

[59] 王罗新，罗丹，庹星星，等. 一种熔喷聚苯硫醚无纺布/芳纶纳米纤维复合隔膜的制备. CN201610171658.8. 2016-07-20.

[60] 殷先泽，翁普新，杨诗文，等. 一种聚苯硫醚改性材料的制备方法. CN201610226617.4. 2017-12-29.

[61] 王罗新，刘曼，熊思维，等. 一种聚苯硫醚超细纤维/聚氨酯合成革贝斯及其制备方法. CN201710203305.6. 2017-03-30.

[62] 黄乐平，张腾，王罗新. 一种用于降低焦油量的熔喷聚苯硫醚无纺布过滤材料及其制备方法. CN201810837474.X. 2018-11-13.

[63] 王罗新，朱常青，张静茜，等. 一种含熔喷聚苯硫醚超细纤维的复合片材及其制备方法和应用. CN201910552417.1. 2019-12-03.

[64] 王罗新，赵亮，胡凌泉，等. 一种高玻璃纤维含量的聚苯硫醚复合材料及其制备方法. CN201810306454.X. 2018-08-24.

[65] 王罗新，赵亮，刘曼，等. 一种高碳纤维含量的聚苯硫醚复合材料及其制备方法. CN201810306066.1. 2018-08-07.

[66] 贾迎宾，王桦，王罗新，等. 热致液晶聚合物纤维复合聚苯硫醚泡沫材料及其制备方法. CN202110285864.2. 2021-07-09.

[67] 王桦，王罗新，陈丽萍，等. 一种提高聚苯硫醚无纺布复合滤料层间结合强度的方法. CN201611016854.4. 2017-02-01.

[68] Nickels L. Strengthening the 3D printing composites field. Reinforced Plastics. 2018，62（6）：298-301.

[69] 佚名. 巴斯夫开发出全球首款以聚醚砜为基础的粒子泡沫. 塑料工业，2018，46（12）：50.

[70] Mbambisa G. Synthesis and characterisation of a polysulfone-polyvinyl alcohol hydrogelic material. International Journal of Electrochemical Science，2016，11（11）：9734-9744.

[71] Lokman T. Synthesis and thermal properties of difunctional polysulfone telechelics. Polymer Bulletin，2017，74：3923-3938.

[72] Dizman C, Altinkok C, Tasdelen M A. Synthesis of self-curable polysulfone containing pendant benzoxazine units

via CuAAC click chemistry. Designed Monomers & Polymers，2017，20（1）.293-299.

[73] Ciftci M，Tasdelen M A. Visible light-induced synthesis of polysulfone-based graft copolymers by a grafting from approach. Journal of Polymer Science，2020，58（3），412-416.

[74] 张振鹏. 局部高密度季铵化聚芳醚材料的分子设计与性能研究. 长春：吉林大学，2016.

[75] 孙大野. 聚芳醚砜系列聚合物摩擦学性能研究. 长春：吉林大学，2016.

[76] 姜蕲烨. 主链含 POSS 含氟聚芳醚砜共聚物的制备及性能研究. 长春：吉林大学，2016.

[77] 孙汉栋. 全氟壬烯氧基聚芳醚材料的制备及性能研究. 长春：吉林大学，2018.

[78] 孙何靖. 新型含 D-π-A 发色团聚合物材料设计和制备及其电/光性能研究. 长春：吉林大学，2018.

[79] 刘志晓. 聚芳醚砜类复合超滤膜的制备及性能研究. 长春：吉林大学，2019.

[80] 张强. PPENS 和苯并噁嗪树脂改性双马树脂的研究. 大连：大连理工大学，2016.

[81] 石婉玲. 磺化含二苯基杂环聚芳醚砜膜材料的制备与性能. 大连：大连理工大学，2017.

[82] 高于. 杂环聚芳醚砜酮表面类骨磷灰石的仿生合成. 大连：大连理工大学，2017.

[83] 郭鸿俊，王雪，宗立率，等. 羧基含量可控氮杂环聚芳醚砜反应性增韧 601 环氧树脂. 高分子学报，2018，（9）：1236-1243.

[84] 柳周洋. 磺化侧苯基杂萘联苯聚芳醚砜膜的制备与性能. 大连：大连理工大学，2019.

[85] 甄栋兴，唐帅，陈木森，等. 硫酸化 SnO₂/SPPESK 复合质子交换膜的制备及燃料电池性能. 化工进展，2019，38（1）.529-537.

[86] 韩海兰. 新型交联质子交换膜的制备与性能研究. 长春：长春工业大学，2016.

[87] 李海强. 含唑环的磺化聚芳醚酮砜类质子交换膜的制备与性能研究. 长春：长春工业大学，2017.

[88] 李海强. 直接甲醇燃料电池用质子交换膜的相对选择性优化与调控. 长春：长春工业大学，2020.

[89] 杨家操，张刚，龙盛如，等. 聚芳硫醚砜/玻纤布/碳纳米管多尺度复合材料制备与性能研究. 中国化学会，2017：16.

[90] 熊晨，张刚，王孝军，等. 多巴胺改性制备 PASS/TiO₂ 杂化膜. 中国化学会，2017，32.

[91] 熊晨，曹素娇，王孝军，等. 耐溶剂型聚芳硫醚砜油-水乳液分离膜的制备. 塑料工业，2018，46（8）.140-143.

[92] Nair K P. Dispersant for use in synthesis of polyaryletherketones. US201514867056. 2017-10-31.

[93] Christopher A B，Gregory S O. Fibers sized with polyetherketoneketones. US201715598611. 2018-07-24.

[94] 布舍曼，埃尔-伊布拉. 包含聚芳醚酮和聚碳酸酯聚合物的聚合物组合物以及由其可获得的成型制品. CN201680052463.X. 2018-05-11.

[95] 路易斯，埃尔-伊布拉，哈姆恩斯，等. 聚芳醚酮组合物及涂覆金属表面的方法. CN201780018620.X. 2018-11-09.

[96] 路易斯，托马斯，埃尔-伊布拉，等. 聚芳醚酮共聚物. CN201780083170.2. 2019-08-27.

[97] Mazahir S，Nair K P，Subramonian S，et al. Poly（aryletherketone）composition. EP15834228. 2017-06-28.

[98] Chaplin A，Riley M，Tahsin U. Polymeric material，manufacture and use. WOGB2020/050012. 2020-07-09.

[99] 王益锋，许砥中，D. 维齐. 聚芳醚酮的反应性加工. CN201910789490.0. 2020-03-24.

[100] Spahr T A，Clay B，Liu D S，et al. PEKK extrusion additive manufacturing processes and products. EP18855317. 2021-06-02.

[101] 贺德龙，顾善群，益小苏，等. 杂化改性的高导电及高增韧结构复合材料及其制备方法. CN201611226263.X. 2019-02-01.

[102] 杨程，许婧，邢悦，等. 一种基于改性氧化石墨烯的复合材料制备方法. CN201910513166. 2019-10-25.

[103] 俞红梅，王光阜，刘艳喜，等. 碱性阴离子交换膜燃料电池电极催化层立体化树脂的制备. CN201210555912.6. 2014-06-25.

[104] 李先锋, 张华民, 李云, 等. 一种双功能复合多孔膜及其制备和应用. CN201310303522.4. 2015-01-21.

[105] 孙公权, 马文佳, 王素力, 等. 一种复合阴离子交换膜及其制备方法. CN201410783804.3. 2016-07-13.

[106] 蹇锡高, 张守海, 刘程, 等. 含二氮杂萘酮结构聚芳醚酮两性离子交换膜及其制备方法. CN201711016692.9. 2021-01-19.

[107] 王锦艳, 鲍锋, 蹇锡高, 等. 含呋喃环结构生物基聚芳醚树脂及其制备方法. CN201810109871.5. 2020-09-11.

[108] 焉晓明, 刘嘉霏, 贺高红, 等. 一种多支链聚芳醚酮阴离子交换膜及其制备方法. CN201710635250.6. 2018-01-24.

[109] 贺高红, 姜晓滨, 吴雪梅, 等. 一种不含吸电子基团的醚氧基对位季铵结构阴离子交换膜及其制备方法. CN202010186817.8. 2020-07-17.

[110] 王红华, 王志鹏, 周光远, 等. 一种聚芳醚酮四元共聚物及其制备方法. CN201510182341.X. 2018-03-20.

[111] 郑吉富, 张所波, 李胜海. 一种含有季铵基团的聚合物、阴离子交换膜及其制备方法. CN201610004095.3. 2018-04-10.

[112] 周光远, 王红华, 鲁丹丹, 等. 一种纤维增强热塑性复合材料及其制备方法. CN201610161067.2. 2020-01-03.

[113] 周光远, 王红华, 姜国伟, 等. 一种耐磨聚芳醚酮材料及其制备方法. CN201610796300.4. 2017-02-15.

[114] 张所波, 柳春丽, 郑吉富. 一种纳滤膜、其制备方法与应用. CN201710034544.3. 2019-06-21.

[115] 周光远, 张兴迪, 王红华, 等. 一种碳纤维用耐温型乳液上浆剂及其制备方法. CN201710637200.1. 2019-10-18.

[116] 高新帅, 王红华, 周光远, 等. 一种激光烧结 3D 打印用无定形聚芳醚酮/砜粉末及其制备方法. CN202010465438.2. 2020-07-31.

[117] 张海博, 王永鹏, 姜振华, 等. 含芘聚芳醚酮、制备方法及在单壁碳纳米管/聚醚醚酮复合材料中的应用. CN201510056010.1. 2016-09-21.

[118] 王贵宾, 李枫, 张淑玲, 等. 含有四苯乙烯基团的二氟单体及用于制备聚芳醚酮聚合物. CN201510300176.3. 2016-09-07.

[119] 庞金辉, 荣国龙, 李文科, 等. 一种耐溶剂型磺化聚芳醚酮超滤膜及其制备方法. CN201610048058.2. 2017-08-25.

[120] 王贵宾, 那睿琦, 栾加双, 等. 一种具有高耐热性和机械强度的有机-无机杂化全固态聚合物电解质及其制备方法. CN201610020356.0. 2018-01-05.

[121] 岳喜贵, 左小丹, 张重阳, 等. 一种高强度聚芳醚酮多孔泡沫材料及其制备方法. CN201710466439.7. 2019-04-30.

[122] 岳喜贵, 孙汉栋, 姜振华, 等. 含有全氟壬烯结构的双氟单体、制备方法及其在制备聚芳醚酮聚合物中的应用. CN201611180218.5. 2017-04-26.

[123] 庞金辉, 周迪, 姜振华, 等. 一种侧链具有醇羟基的聚芳醚、制备方法及其在分离膜方面的应用. CN201710057805.3. 2019-07-23.

[124] 张云鹤, 刘捷, 许文瀚, 等. 一种交联型聚芳醚酮基介电复合材料及其制备方法和用途. CN201810211192.9. 2019-08-09.

[125] 王贵宾, 王晟道, 杨砚超, 等. 一种结晶型可交联聚芳醚酮上浆剂修饰的碳纤维及其制备方法. CN201911263738.6. 2021-05-25.

[126] 庞金辉, 曹宁, 姜振华, 等. 一种具有可调孔径的聚芳醚酮分离膜或磺化聚芳醚酮分离膜及其制备方法. CN201911161653.7. 2021-08-03.

[127] 王哲, 程海龙, 徐晶美, 等. 侧链型磺化聚芳醚酮砜、制备方法和应用. CN201310032614.3. 2014-12-11.

[128] 呼微, 刘佰军, 魏英聪, 等. 纳米纤维素/磺化聚芳醚酮复合膜及其制备方法与应用. CN201510023701.1.

2017-01-25.

[129] 王哲, 李金晟, 王双. 燃料电池用无机-有机复合型质子交换膜及其制备方法. CN201610920018.2. 2019-02-01.

[130] 王哲, 臧欢, 韩金龙. 含氨基的磺化聚芳醚酮砜/氨基酸官能化无机粒子复合型质子交换膜. CN201711369985.5. 2018-04-06.

[131] 王哲, 罗雪妍, 徐晶美, 等. 燃料电池用高分子微球/含氨基的磺化聚芳醚酮砜质子交换膜材料、制备方法及其应用. CN201611068534.3. 2019-07-19.

[132] 王哲, 王春梅. 新型吡啶接枝磺化聚芳醚酮砜质子交换膜及其制备方法. CN201910178405.7. 2019-06-25.

[133] 刘浏, 鄢飞, 敖玉辉, 等. 一种水性氨基改性聚芳醚酮上浆剂及其制备方法. CN202010503559.1. 2020-07-31.

[134] 倪宏哲, 杨凯, 徐晶美, 等. 燃料电池用咪唑侧链型阴离子交换膜及其制备方法. CN201911127496.8. 2020-02-07.

[135] 侯少华. 新型芳香族聚酯的结构与性能研究. 北京: 北京化工大学, 2004.

[136] 刘春萍, 姜文凤. 相转移催化技术在高分子合成上的应用. 烟台师范学院学报（自然科学版）, 1996, 12（4）: 301-305.

[137] 汪多仁. 现代高分子材料生产及应用手册. 北京: 中国石化出版社, 2002.

[138] 区英鸿. 塑料手册. 北京: 兵器工业出版社, 1991.

[139] 汪薇. 含硅聚芳酯的合成及表征. 南京: 东南大学, 2004.

[140] 林卓然. 聚芳酯在国外的发展. 广州化工, 1980,（3）: 39, 44-45.

[141] Yoneyama M, Kuruppu K, Kakimoto M, et al. Preparation and properties of polyarylates and copolyarylates from phenylindanedicarbonyl chloride and bisphenols. Journal of Polymer Science Part A: Polymer Chemistry, 1989, 27（3）: 979-988.

[142] Beers D E, Ramirez J E. Vectran high-performance fibre（from thermotropic copolyester）. Journal of the Textile Institute Proceedings Abstracts, 1990, 81（4）: 561-574.

[143] Nakagawa J. Properties and uses of fiber from thermotropic liquid crystal polymers. Kobunshi, 1994, 43（10）: 726-727.

[144] Nakamura K, Sakae R, Tanaka H, et al. New liquid crystal polyester filament yarns. International Fiber Journal, 2019, 33（4）: 28-30.

[145] 宋才生, 任华平. 一种聚芳酯树脂生产用离心机. CN201620592852.9. 2017-01-04.

[146] 宋才生, 任华平, 陈志强. 一种聚芳酯生产用的聚芳酯结晶颗粒干燥装置. CN201822193133.1. 2019-08-20.

[147] 宋才生, 任华平, 陈志强. 一种聚芳酯生产用的洗涤装置. CN201822193168.5. 2019-11-05.

[148] 东润, 小岛健辅. 聚酯树脂的制造方法及感光体的制造方法. CN201810269519.8. 2021-06-22.

[149] 郁崇文, 杨建平, 钱希茜. 一种含芳纶 1313 和聚芳酯纤维的混纺纱的生产方法. CN201910177177.1. 2020-06-12.

[150] 郁崇文, 杨建平, 钱希茜. 一种含阻燃聚酰胺纤维和聚芳酯纤维的混纺纱的生产方法. CN201910177178.6. 2020-08-25.

[151] 王依民. 一种热致液晶聚芳酯纤维及其制备方法. CN201810261002.4. 2020-08-11.

[152] 李楠, 蒲海建, 王丹, 等. 一种基于 2-(4-羟基苯基)-5-羧基吡啶并咪唑的聚芳酯的制备方法. CN201710843330.0. 2019-03-29.

[153] 周文奎, 程龙, 张玉东. 一种有色聚芳酯纤维及其制备方法. CN201810190884.X. 2019-08-30.

[154] 周文奎, 程龙, 张玉东. 一种抗静电聚芳酯纤维及其制备方法. CN201810190833.7. 2019-08-27.

[155] 陈春海, 米智明, 周宏伟, 等. 一种含吡嗪结构的二胺单体及其制备方法和一种含吡嗪结构的聚酰亚胺及其制备方法. CN201811011856.3. 2021-01-15.

[156] 陈春海，王书丽，赵晓刚，等. 一种柔性二胺单体及其制备方法和在制备聚酰亚胺中的应用. CN201810884625.7. 2020-04-28.

[157] 关绍巍，田野，关尔佳，等. 含三氮唑结构的聚酰亚胺的二胺单体及其聚合物与制备方法和应用. CN201910333888.3. 2019-07-05.

[158] 路庆华，廉萌. 含芳香环并咪唑结构的二胺单体、耐热聚酰亚胺及其制备方法. CN201810666288.4. 2020-07-17.

[159] 杨延华，王伟婷，赵楠，等. 一种含烯丙基聚酰亚胺二胺单体及其聚酰亚胺聚合物与制备方法. CN201710372010.1. 2020-04-21.

[160] 叶强，许江婷，曹寮峰，等. 一种含异靛蓝结构的二胺单体及其合成的黑色聚酰亚胺. CN202010462699.9. 2020-08-25.

[161] 陈春海，金嗣卓，王书丽，等. 一种酞嗪酮二胺单体及其制备方法、一种聚酰亚胺及其制备方法以及一种聚酰亚胺薄膜. CN202010200683.0. 2021-01-28.

[162] 周宏伟，阎志华，苏凯欣，等. 一种含七苯三胺-双荧光团结构的二胺单体及制备和应用，聚酰胺、聚酰亚胺及制备和应用. CN202010303303.6. 2021-02-12.

[163] 陈春海，王书丽，李莉，等. 一种含螺环吡喃结构的二胺单体及其制备方法和应用、聚酰亚胺及其制备和应用. CN202010288321.1. 2021-09-10.

[164] 陈春海，孟诗瑶，孙宁伟，等. 含苯氧基-二苯胺-芴结构的二胺单体、制备方法及其在制备聚酰胺及聚酰亚胺中的应用. CN201611013214.8. 2018-07-06.

[165] 吕满庚，张世恒，胡卓荣，等. 一种含咔唑结构二胺单体及由其合成的聚酰亚胺. CN201810453742.8. 2018-10-26.

[166] 陈春海，王书丽，王大明，等. 一种二胺单体及其制备方法和聚酰亚胺及其制备方法. CN201811520199.5. 2020-05-08.

[167] 赵晓刚，刘禹含，王大明，等. 一种全氟取代二酐及其制备方法和在制备聚酰亚胺中的应用. CN201811019508.0. 2020-07-07.

[168] 周宏伟，王小问，陈春海，等. 一种含吡嗪结构的二酐单体及其制备方法和一种含吡嗪结构的聚酰亚胺及其制备方法. CN201811010760.5. 2020-05-08.

[169] 林存生，张善国，邢宗仁，等. 一种含有蝶结构的二酸酐及其合成方法以及基于该二酸酐合成的聚酰亚胺. CN201811390084.9. 2021-04-27.

[170] 林存生，张善国，邢宗仁，等. 一种新型烷基四酸二酐及其合成方法以及基于该二酐合成的聚酰亚胺. CN201811390085.3. 2019-03-22.

[171] 陈铭. 离子液体中的 Kapton 聚酰亚胺合成方法. CN201610381585.5. 2019-03-08.

[172] 陈海波，张鑫，黎源. 一种聚酰亚胺的合成方法. CN201610393959.5. 2018-12-07.

[173] 史铁钧，刘晶. 一种含苯并咪唑结构的耐热聚酰亚胺模塑粉的制备方法. CN202010596423.X. 2020-08-14.

[174] 叶强，曹寮峰，许江婷，等. 一种含磷聚酰亚胺的合成方法. CN202010461565.5. 2020-08-07.

[175] 牛海军，张旭，赵硕，等. 含三苯胺结构及萘酰亚胺荧光基团的聚酰亚胺衍生物及其制备方法和应用. CN201810439484.8. 2020-07-31.

[176] 李培，李远，曹兵. 一种制备全海绵孔结构的不溶不融型聚酰亚胺膜的方法. CN201911057930.X. 2020-02-28.

[177] 李鲲，杨家义，杨博峰，等. 用于热固性聚酰亚胺板材的微波成型方法. CN201710479025.8. 2019-03-26.

[178] 俞建刚. 一种连续成型制备高强高模聚酰亚胺纤维增强聚酰亚胺薄片的方法. CN201610025449.2. 2016-04-20.

[179] 蹇锡高，朱秀玲，陈连周. 二氮杂萘联苯型聚芳醚聚合机理的探讨. 大连理工大学学报,1999,39(5):629-634.

[180] Yu G P，Liu C，Zhou H X，et al. Synthesis and characterization of soluble copoly(arylene ether sulfone phenyl-s-triazine)s containing phthalazinone moieties in the main chain. Polymer，2009，50（19）：4520-4528.

[181] Yu G P，Liu C，Wang J Y，et al. Heat-resistant aromatic S-triazine-containing ring-chain polymers based on bis（ether nitrile）s：Synthesis and properties. Polymer Degradation & Stability，2010，95（12）：2445-2452.

[182] Yu G，Liu C，Wang J，et al. Synthesis，characterization，and crosslinking of soluble cyano-containing poly(arylene ether)s bearing phthalazinone moiety. Polymer，2010，51（1）：100-109.

[183] 刘鹏涛，王锦艳，武春瑞，等. 含氮杂环结构溶致液晶聚芳酰胺的合成和性能. 材料研究学报，2007，21（4）：359-363.

[184] Liang Q Z，Liu P T，Liu C，et al. Synthesis and properties of lyotropic liquid crystalline copolyamides containing phthalazinone moiety and ether linkages. Polymer，2005，46（16）：6258-6265.

[185] Zhu X L，Jian X G. Soluble aromatic poly(ether amide)s containing aryl-，alkyl-，and chloro-substituted phthalazinone segments. Journal of Polymer Science Part A：Polymer Chemistry，2004，42：2026-2030.

[186] Zhu X L，Jian X G，Chen L Z. Synthesis of methyl-substituted phthalazinone-based aromatic poly(amide imide)s. Chinese Chemical Letters，2002，13（9）：824-825.

[187] Gao Y R，Wang J Y，Liu C，et al. Synthesis of new soluble polyarylates containing phthalazinone moiety. Chinese Chemical Letters，2006，17（1）：140-142.

[188] Wang J Y，Liao G X，Liu C，et al. Poly(ether imide)s derived from phthalazinone-containing dianhydrides. Journal of Polymer Science Part A：Polymer Chemistry，2004，42（23）：6089-6097.

[189] 刘新宇. 杂萘联苯聚芳醚复合材料单向板的制备与性能. 大连：大连理工大学，2014.

[190] Li N，Zong L S，Wu Z Q，et al. Effect of poly(phthalazinone ether ketone)with amino groups on the interfacial performance of carbon fibers reinforced PPBES resin. Composites Science and Technology，2017，149（8）：178-184.

[191] 王锦艳，胡方圆，蹇锡高. 新型杂环聚芳醚及其复合材料在核主泵机组的应用. 大电机技术，2017，2：1-6.

[192] 王明晶，刘程，阎庆玲，等. 新型可溶性聚芳醚腈酮的合成及其在绝缘漆领域的应用. 功能材料，2007，38（2）：243-245.

[193] Yan Q L，Wang J Y，Liu Z Y. New coating for magnet wires. Wire Industry，2005，72（853）：177-180.

[194] 王锦艳，刘程，王守立，王勤祎，蹇锡高. 新型覆铜箔玻纤布增强聚芳醚腈酮层压板. 绝缘材料，2012，45（4）：9-13.

[195] Jian X G，Dai Y，Zheng L，et al. Application of poly(phthalazinone ether sulfone ketone)s to gas membrane separation. Journal of Applied Polymer Science，1999，71（14）：2385-2390.

[196] Jian X G，Dai Y，He G H. Preparation of UF and NF poly(phthalazine ether sulfone ketone)membranes for high temperature application. Journal of Membrane Science，1999，161（1-2）：185-191.

[197] 戴英，朱秀玲，蹇锡高. 新型聚醚砜酮超滤膜的制备及性能研究. 大连理工大学学报，1999，39（4）：509-513.

[198] 王国庆，朱秀玲，张守海，等. 一种杂环磺化聚芳醚腈酮质子交换膜材料的合成及表征. 高分子学报，2006，2：209-212.

[199] Zhang B，Wang Q，Guan S，et al. High performance membranes based on new 2-adamantane containing poly(aryl ether ketone)for vanadium redox flow battery applications. Journal of Power Sources，2018，399：18-25.

[200] Chen Y，Zhang S，Liu Q，et al. Sulfonated component-incorporated quaternized poly(phthalazinone ether ketone) membranes with improved ion selectivity，stability and water transport resistance in a vanadium redox flow battery. RSC advances，2019，9（45）：26097-26108.

[201] 宗立率. 主链含三芳基均三嗪结构耐高温树脂的合成与性能. 大连：大连理工大学，2016.

[202] Zhou H，Badashah A，Luo Z. Preparation and property comparison of ortho，meta，and para autocatalytic phthalonitrile compounds with amino group. Polymers Advanced Technologies，2011，22（10）：1459-1465.

[203] 刘韬. 含醚酮结构的双邻苯二甲腈树脂及其复合材料的制备和性能研究. 长春：吉林大学，2015.

[204] Badshah A，Kessler M R，Zhou H，et al. An efficient approach to prepare ether and amide-based self-catalyzed phthalonitrile resins. Polymer Chemistry，2013，4（12）：3617-3622.

[205] Zhang Z，Li Z，Zhou H，et al. Synthesis and thermal polymerization of new polyimides with pendant phthalonitrile units. Journal of Applied Polymer Science，2014，131（20）：40919.

[206] Zou Y，Yang J，Zhan Y，et al. Effect of curing behaviors on the properties of poly(arylene ether nitrile)end-capped with phthalonitrile. Journal of Applied Polymer Science，2012，125（5）：3829-3835.

[207] Cheng S L，Weng Z H，Wang X，et al. Oxidative protection of carbon fibers with carborane-containing polymer. Corrosion Science，2017，127：59-69.

第 3 章　高性能纤维

碳纤维、芳纶纤维和超高分子量聚乙烯并称三大高性能纤维，是非常重要的战略物资，也是推动国家高新技术产业发展和增强国家竞争力的关键的基础材料，在军民两用领域应用非常广泛，高性能纤维已经集军事价值与经济价值于一身，成为各国军事发展和经济竞争的焦点[1]。

新材料产业是国家战略性新型产业的重要组成部分，对我国创新驱动发展起着重要的支撑作用。其中高性能纤维一直是引领新材料技术和产业变革的排头兵[2]。2017 年初，国家发改委、工信部、科技部和财政部联合发布了《新材料产业发展指南》，指南中将新材料分为先进基础材料、关键战略材料和前沿新材料，以碳纤维和芳纶纤维为代表的高性能纤维及其复合材料是关键战略材料的重要组成部分，其发展目标是综合保障能力超过 70%。

轻量化、抗腐蚀复合材料是先进制造业的核心竞争力，对"中国制造 2025"和提高制造业科技水平具有重要的支撑和引领作用，我国高端制造业对高性能纤维的需求量巨大。随着科技水平的提高，制造业对轻量化和耐腐蚀材料的需求也大幅度增加，而高性能纤维是轻量化、耐腐蚀材料的首选，也是极端服役环境下不可被替代的功能材料。随着应用市场和产业规模的不断扩大及新技术、新工艺的不断出现，高性能纤维复合材料在高端制造业上的应用必将扩大，如高铁、高空飞艇、大型客机、新能源汽车等，其轻量化可降低能耗、减少排放、提高安全性和舒适性。另外，海洋、化工、建筑等装备抗腐蚀性的提高，也有利于提高装备的寿命和竞争力，从而提高我国高端制造业的科技水平和竞争力[3]。

3.1　高性能纤维材料的种类

高性能纤维是一种具有优良力学、热学和耐化学腐蚀等性能的高科技纤维材料，通常具有高强度、高模量、耐疲劳、耐高温、耐气候、耐酸碱腐蚀、阻燃等性能特点。高性能纤维具有很强的承载能力，大多数高性能纤维的强度大于 17.6cN/dtex，弹性模量在 440cN/dtex 以上。

高性能纤维的品种很多，包括有机纤维和无机纤维。其中，有机高性能纤维主要包括芳纶纤维、聚酰亚胺（PI）纤维、超高分子量聚乙烯（UHMWPE）纤维、聚苯并噁唑（PBO）纤维、聚苯撑吡啶并二咪唑纤维（M5 或 PIPD）等；无机高性能纤维主要包括玻璃纤维、碳纤维、陶瓷纤维、玄武岩纤维、石英纤维等。

在世界各国一系列研究和科技工程推动下,高性能纤维及其复合材料的前沿技术不断取得突破,产业化发展的步伐也日趋成熟。而作为高性能纤维技术的发源地,并得益于强大的工业体系,以美国、日本为首的一些发达国家在高性能纤维领域已形成先发优势,建造了极高的技术壁垒,使得全球高性能纤维领域内的垄断格局不断扩大,先期形成优势的企业霸主地位难以撼动。以碳纤维为例,全球的聚丙烯腈基碳纤维主要由日本、美国和德国的企业生产,行业内的集中度甚高,市场被上述国家所垄断。以中国、俄罗斯、土耳其、韩国、印度为代表的新兴国家,其碳纤维行业经过近十年的发展,市场占有率也仅达到20%,对传统巨头的垄断并未形成威胁[5]。占据垄断地位的国外发达国家,在高性能纤维领域,凭借其优势,不断提前布局工业应用,宝马公司与西格里集团共同在美国建设碳纤维工厂,其总产能可达9000t/a,意图做到全车结构的轻量化;日本东丽株式会社收购卓尔泰克公司,实现大丝束与小丝束共同发展,为应对未来风力发电、汽车、压力容器等领域对碳纤维极大的需求量做准备。

我国高性能纤维行业,经过近数十年来的高速发展,取得了可喜的成绩,现已成为全球品种覆盖面最广的高性能纤维生产国[5]。我国高性能纤维核心技术不断突破,产品质量显著提高,高强、高模的对位芳纶纤维实现国产化,与杜邦公司的 Kevlar 49、Kevlar 129 等产品性能水平相当;碳纤维也开发出多种系列和牌号,突破了干喷湿法原丝产业化技术,实现了 T300 级、T700 级和 T800 级碳纤维的规模化生产。目前,我国已建立了一批针对高性能纤维生产的高新技术企业以及研发平台,国产高性能纤维产业格局基本已形成。但我国高性能产业总体自主创新能力仍显不足,在技术开发、基础研究、市场应用协同性方面不够,在高质量产品和规模化应用方面与国外仍有很大差距,生产企业规模偏小,分布比较分散。

3.2　碳　纤　维

从20世纪60年代实验室技术的研发到70年代工程化技术的突破及应用领域的开拓,以日本、英国、美国为领头羊的发达国家,始终占据技术研发的最前端,碳纤维产业快速发展,到20世纪80年代,日本东丽基本研发完成了现有绝大多数的产品型号,在应用方面也实现了重大突破,1982年已将 T300 应用在波音 B757、B767 等民用客机上,至此走在碳纤维开发和应用前列的国家已基本建成完善的碳纤维产业体系。20世纪90年代,全球碳纤维生产商开始了大规模并购并抢占市场份额,使得碳纤维生产技术更加集中,产生了几家超大型的垄断企业,如直至如今仍傲立潮头的日本东丽、东邦、三菱。进入21世纪以来,碳纤维的应用领域急剧扩张，随着被称作碳纤维飞机的波音 B787 和空客 A350 交付使用，航空航天级的碳纤维需求迅猛增长。相对于全球碳纤维产业 70 余年的发展，中国碳纤维产业也有着 60 多年的发展历史，几乎同步，但受到国外巨头严密的技术封锁，我国碳纤维产业发展一直缓慢。直到近十年，碳纤维产业急速发展，经过市场的优胜劣汰，最终成就了几家我国本土碳纤维制造企业，初步实现了 T300 级和 T700 级碳纤维产业化生产，其中 T300 的性能已达到国际水平。

碳纤维起初是为国防军工和航空航天领域而设计的高性能纤维，但是随着应用范围的开拓，现在已经广泛应用在风电叶片、能源交通、船舶航海、建筑补强及压力容器等领域。碳纤维作为高性能纤维中最重要的一种，是各工业发达国家极度重视的第四代工业原料。

3.2.1　碳纤维的种类

碳纤维是含碳量高于 90%的无机纤维，通常由有机纤维经热稳定化低温碳化/高温碳化而制成。碳纤维有不同的分类方法，主要是按照制造工艺、原材料及力学性能进行分类。

根据制造工艺的不同，碳纤维可分为有机前驱体碳纤维和气相生长碳纤维两大类。有机前驱体碳纤维是将有机纤维在热处理后发生无机转化而得到的碳纤维，气相生长碳纤维是烃类气体在过渡金属的催化下直接生长出来的碳纤维。目前，实现大规模工业生产的碳纤维均为前者[6]。根据原材料前驱体的不同，碳纤维可以分为聚丙烯腈（PAN）基碳纤维、沥青基碳纤维、黏胶基碳纤维和生物基碳纤维等，其中实现工业化生产和商用的仅有 PAN 基碳纤维、沥青基碳纤维和黏胶基碳纤维。黏胶基碳纤维生产工艺复杂，成本高，主要用于隔热材料和耐烧灼材料，仅应用于军工领域等，产量仅占全球碳纤维总产量的 1%；沥青基碳纤维材料来源丰富，成本较低，但力学性能稍差，使得其在应用方面受到一定的限制，导致其产量也仅占碳纤维总产量的 10%，以调制过的中间相沥青为原料，制得的中间相沥青碳纤维，则具有优异的模量与导热性能，已在空间领域得到应用；以 PAN 作为前驱体的 PAN 基碳纤维，是综合性能最好的碳纤维，产量约占全球产量的 90%。其中，PAN 基碳纤维沿用国外牌号如 T300、T700、T800、T1000、M40J、M50J、M55J、M60J 等。其制备工艺过程包括聚合、纺丝、预氧化、碳化、表面处理、上浆等。

按照纤维形态可分为短切碳纤维、长切碳纤维、连续碳纤维和碳纤维毡。

根据力学性能可以将碳纤维分为 3 个级别：

高强型：拉伸强度≥3.5GPa，拉伸模量 230～250GPa；

高强中模型：拉伸强度≥5.49GPa，拉伸模量 270～310GPa；

高强高模型：拉伸模量在 310GPa 以上。

日本东丽的系列碳纤维力学性能如图 3-1 所示，高强度碳纤维 T1100G 强度接近 7GPa，高模量碳纤维 M60J 碳纤维的模量接近 600GPa，高端碳纤维品种对我国禁运。

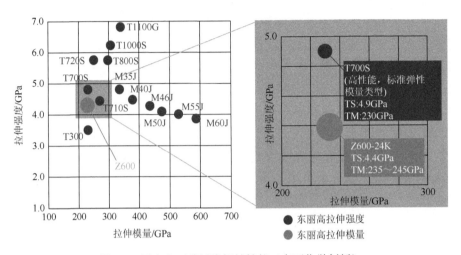

图 3-1　日本东丽碳纤维机械性能（东丽化学创新）

碳纤维及其复合材料因其优异的综合性能已经成为国防与国民经济建设不可或缺的战略性关键材料，是世界各国发展高新技术、国防尖端技术和改造传统产业的物质基础与技术先导，对国防现代化建设和国民经济发展具有非常重要的基础性、关键性和决定性作用。

3.2.2　碳纤维的制备方法

1. PAN 基碳纤维制备方法

1959 年，日本大阪工业试验所近藤昭男博士研究出了 PAN 基碳纤维的制备工艺，但其方法并无法直接制造出高性能级别的碳纤维。1963 年英国科学家 Watt 和 Johson 发现在 PAN 原丝热稳定的过程中施加一定张力，可抑制原丝在热稳定过程中的收缩，纤维在牵引方向排列更加整齐、密集[7]，制成的 PAN 基碳纤维力学性能显著提高，就此奠定了现代高性能 PAN 基碳纤维的工艺和工业化基础。时至今日，PAN 基碳纤维占据着全球碳纤维产量的 90%左右。PAN 制备工艺主要有以下步骤：聚合、纺丝、预氧化、碳化、表面处理等[8]，制备工艺见图 3-2，工艺流程长、工序多，伴随复杂的物理与化学结构转变。其中最重要的，即采用溶液纺丝将 PAN 制备成碳纤维原丝，并使 PAN 大分子链沿纤维轴方向有规律排列的过程。目前全球各大碳纤维生产厂商均采用溶液纺丝法制备 PAN 原丝，包括均相溶液聚合直接纺丝的一步法原丝制备技术，以及非均相聚合制备 PAN 粉体，再溶解纺丝的二步法原丝制备技术。一步法原丝技术制备的碳纤维在性能上更有优势，因此丝束规格在 12K 及以下的碳纤维通常采用该技术，二步法原丝技术则有助于降低碳纤维的生产成本，常见于 24K 及以上丝束的碳纤维产品。上述技术特点源于不同聚合工艺路线制备 PAN 分子量及其分布、批次稳定性、溶剂不溶物等的差异。在采用相同聚合工艺路线时，聚合反应器温度波动等因素也可能导致原丝制备状态的不同。此外，由于 PAN 的裂解温度低于其熔点，尽管添加增塑剂降低熔点后可进行熔融纺丝，但实验条件相对苛刻，在工业上尚无采用熔融纺丝技术大规模制造 PAN 原丝的案例。

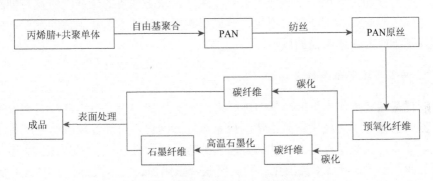

图 3-2　基于一步法聚合纺丝 PAN 基碳纤维制备工艺

　　溶液纺丝通常有干式和湿式两种形式，PAN 原丝主要是采用湿式溶液纺丝，湿式溶液纺丝可分为湿法纺丝和干喷湿纺，此两种方法制成的原丝都可制备高性能碳纤维，例如日本东丽的 T300 和 T800H 碳纤维采用湿法制成所得的原丝为原料，日本东丽的 T700S 和 T1000 碳纤维则基于干喷湿纺原丝路线。在相同的 PAN 纺丝液条件下，采用湿法纺丝原丝技术制备的碳纤维产品拉伸强度比采用干喷湿纺技术的产品低 20%左右。这是因为采用湿法纺丝技术制备的 PAN 原丝表面沿纤维方向存在明显的沟槽状结构和微小缺陷，通过遗传作用传递至 PAN 基碳纤维，而碳纤维的强度遵循格里菲斯断裂理论，表面的缺陷导致碳纤维拉伸强度降低。另外，碳纤维表面的沟槽结构提高了纤维的比表面积、粗糙度，使得其与树脂结合时的界面性能得到改善[9]。湿法纺丝与干喷湿纺原丝路线制备的碳纤维也由于结构与性能的差异而拥有不同的应用工艺，如基于湿法纺丝原丝技术的碳纤维适用于层压工艺的复合材料制造，而复合材料缠绕工艺通常优选基于干喷湿纺原丝技术的碳纤维作为增强体。此外，从工业化生产的角度比较，湿法溶液纺丝可生产的原丝丝束规格跨度大，不仅可生产性能优异的小丝束原丝，又可高效制备低成本的大丝束原丝，提高原丝的单线产能与生产效率，降低生产成本，而干喷湿纺则受设备与工艺的制约难以生产丝束规格较大的原丝。

碳纤维制备过程有明显的结构遗传行为，其复杂的制备过程使缺陷结构不断累积，这是高性能碳纤维难以稳定制备的困难所在。PAN 基碳纤维中含有的 90% 的缺陷都是由 PAN 原丝遗传而来，属于先天性结构缺陷，因此制备高性能碳纤维的前提是制得高质量的 PAN 基原丝。

现阶段我国 PAN 基碳纤维的发展还存在如下问题：

PAN 原丝质量不高，存在离散系数大、毛丝多等缺点。对工艺设备与产品质量的关联性知识技术储备存在不足。

配套上浆剂等辅助材料品种与功能相对单一，与国外先进水平存在较大差距。

多数研究和投资集中于碳纤维大规模生产，缺乏完备的碳纤维研发与创新体系，导致基础研究与创新研究不足，难以引领世界新技术、新工艺的发展，同时还存在基础研究人才断档的风险。

2. 沥青基碳纤维制备方法

沥青基碳纤维作为第二产量的碳纤维，起源于 1963 年，日本群马大学大谷衫郎在氮气的保护下，使用聚氯乙烯制得聚氯乙烯沥青，再经过熔融纺丝制备了沥青基碳纤维，从此沥青成为一种制备碳纤维的新型原材料。在 20 世纪 70 年代已实现工业化生产，以日本吴羽化工和美国联合碳化物公司为代表。与 PAN 基碳纤维相比，沥青基碳纤维拉伸强度较低，但其拉伸模量高于 PAN 基碳纤维，并且有着更加优异的导热性能，因此被广泛应用于超高导热材料、航天飞机和建筑加固等领域。由于沥青基碳纤维的原料来源丰富，应用也不断扩大。沥青基碳纤维是指使用含有丰富稠环芳烃的沥青作为原料，经过原料调配、熔融纺丝、预氧化、碳化等工艺后制备的碳纤维。制备过程虽与 PAN 基碳纤维条件不同，但总体上具有相似的过程，具体沥青基碳纤维的制备流程见图 3-3[10]。

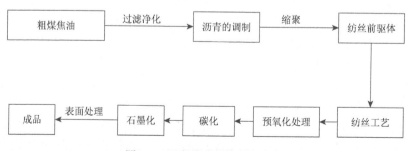

图 3-3　沥青基碳纤维制备工艺

沥青基碳纤维根据性能的不同可分为通用级沥青基碳纤维和高性能沥青基碳纤维，造成二者性能差异的主要原因是二者在原料沥青调制的不同，通用级沥青基碳纤维主要由各向同性沥青制备而得，而高性能沥青基碳纤维由中间相沥青制得[11]。在通用级沥青基碳纤维制备中用到的各向同性沥青经过调制后，沥青中的分子量分布更加均匀，分布更窄，除去了其中不可溶物质和低沸点组分，使得沥青符合纺丝要求。常用的调制方法有热处理法、溶剂抽提法和共聚合法。通用级沥青基碳纤维虽然性能较低，但凭借着其低廉的价格和高导热性能另辟蹊径被广泛应用，例如，利用其摩擦系数大的特点，可应用于汽车刹车片；利用其质轻、高强、价格低廉的优点，可大量作为混凝土增强材料；利用其耐高温性，可以用于耐高温材料、防火材料、输油管道等。

高性能沥青基碳纤维以中间相沥青作为原料制备而来，中间相沥青的调制工艺相对于各向同性沥青的调制更加复杂，工艺更加烦琐，因此成本也较高，但制备得到的中间相沥青基碳纤维性能要明显优于通用级沥青基碳纤维。中间相沥青的调制一般包括缩聚、提纯和改性，经过调制后的中间相沥青结焦值升高、中间相分布均匀、具有反应活性且具有一定的流变性。

沥青基碳纤维常用的纺丝工艺为熔融纺丝，包括生产短纤维的喷射法和离心法，以及生产连续长丝的挤压法。经过纺丝后的沥青纤维需要进行预氧化处理，又称不熔化处理，该过程中将沥青纤维表面的热塑性转化为热固性。若不进行预氧化处理，在接下来碳化的过程中会因沥青黏度大而导致黏结，力学性能下降。氧化后的沥青纤维在惰性气体中进行脱氢、脱甲烷、脱水、缩聚和交联等反应，纤维的力学性能进一步提升，进而得到沥青基碳纤维。若需要更高性能的沥青基碳纤维，则需进行石墨化，在高纯氩气的保护下，2500~3000℃停留 10~60s 即可得到高性能沥青基碳纤维。

沥青基碳纤维在大规模工业生产方面具有众多优势：首先沥青基碳纤维所用的原材料丰富，易获取，对石化资源的充分利用也起到了良好的促进作用；使用沥青制备碳纤维，碳化产率很高，经过预氧化处理，除去了氢、氮、氧等非碳原子；沥青基碳纤维成本极低，与 PAN 碳纤维相比，仅为其成本的 30%，有利于大规模应用，特别适用于对纤维力学性能要求不高的领域，并且生产规模越大，其成本越低。

3. 黏胶基碳纤维制备方法

黏胶基碳纤维仅占全球碳纤维产量的 1%，但美国和俄罗斯仍保留着每年百吨级别的产量，究其原因就是黏胶基碳纤维在航空航天领域的特殊应用[12]。黏胶基碳纤维是由黏胶纤维经过一系列物理化学变化制备而成的。黏胶纤维又称再生纤维素纤维，主要由纤维素组成，每一个纤维素单元内都含有一个伯羟基和两个仲羟基，因此在分子间形成了大量的强氢键，导致其裂解温度低于熔融温度，成为制造碳纤维理想的原材料。黏胶基碳纤维的制备工艺见图 3-4。在黏胶基碳纤维的生产过程中，易出现操作条件难以控制的情况，形成左旋葡萄糖等副产物，导致碳纤维产品碳收率较低，性能不理想。但正如前面所述，美国和俄罗斯仍保持一定的黏胶基碳纤维产量，主要是因为其在航空航天领域的特殊应用，使用黏胶基碳纤维增强的酚醛树脂基复合材料可作为战略武器的隔热材料，由于其残碳量高，焦化强度高并且发烟量小，综合性能非常优异，时至今日仍是无可取代的隔热材料。当战略导弹从高空重返大气层时，与大气的摩擦可使导弹表面温度上升到上万摄氏度，而此时航天级黏胶基碳纤维就成为导弹的"防护服"[13]。

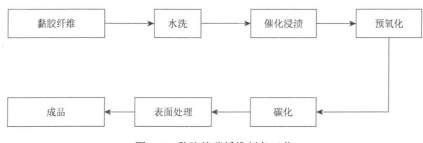

图 3-4   黏胶基碳纤维制备工艺

3.2.3 碳纤维的结构与性能

碳纤维的制备工艺基本上都包含前驱体制备、纺丝、热稳定化及碳化[14]，其结构演变包括聚合物沿纤维轴向的取向、聚合物转变为耐热结构转变、非碳元素脱除与石墨化结构的形成等，因前驱体的不同与制备工艺的差异，不同类型的碳纤维结构有较大区别[15]。这是由于前驱体石墨化难易程度差异、制备工艺不同、缺陷等因素，造成碳纤维结构与石墨的规整点阵结构有显著区别，通常为多晶乱层石墨结构，主要表现为碳纤维结构中由碳原子组成的六角网状石墨网存在扭曲、褶皱与破损缺陷，并非完整的石墨片层结构，而且石墨网层间发生无规则的平移和转动[16]，并沿不同方向排列。当石墨层沿纤维轴向排列与纤维轴形成一个微小的夹角时，拥有类似乱层石墨结构的碳纤维具有最高的轴向拉伸强度和较高的拉伸模量[17]，而当石墨层较大且完整，形成洋葱状结构时，碳纤维则具有相对较低的拉伸强度和最高的拉伸模量，并且还具有非常优异的导热性能。碳纤维属于脆性材料，根据理论模拟预测其拉伸强度最高可达180GPa，但是目前国内外报道的最高拉伸强度也仅有几 GPa。碳纤维的理论强度与实际强度的差别，源于其微结构、形态结构、裂纹和缺陷。对于 PAN 基碳纤维，碳纤维表面和内部的裂纹与孔隙缺陷是影响其拉伸强度的最主要因素，而石墨片层尺寸及其取向是影响其拉伸模量的关键要素。

　　碳纤维凭借优异的力学性能成为高性能纤维之首。碳纤维的密度仅为钢的 1/4，是铝合金材料的 1/2，其密度小，强度高，即比强度是钢的 16 倍，是铝合金材料的 12 倍，可制备成轻质、高强、形状复杂的复合材料，当其应用在飞机和航天器上时减重显著。在现有工业化生产的碳纤维中，以东丽生产的碳纤维为例，T300 级碳纤维的拉伸强度在 4.2GPa 左右，T800 级可达到 5.49GPa，而 T1100 级碳纤维强度已经达到 7.0GPa 左右。在模量方面，碳纤维的拉伸模量是 Kevlar 纤维的 2 倍，并且碳纤维还具有低热膨胀率、高导热性、导电、耐磨等优异的性能，沥青基碳纤维的导热系数可达 900W/(m·K)。

3.2.4　碳纤维的现状及需求分析

　　1. 碳纤维"十三五"期间的发展

　　在碳纤维行业，世界碳纤维的生产主要集中在少数发达国家，全球 2019 年碳纤维理论产能达到 178.0kt（图 3-5），其中日本是全球最大的碳纤维生产国，日本东丽、帝人和三菱三家企业目前拥有全球丙烯腈基碳纤维 70%以上的市场份额，同时十分重视新型碳纤维前驱体和新工艺技术的开发，不仅率先突破了第三代复合材料所需的新型高强高模型碳纤维制备技术，而且已成功研发出使生产效率提高 10 倍的碳纤维制造方法，该工艺无需进行热稳化工序，大幅度简化了生产环节。

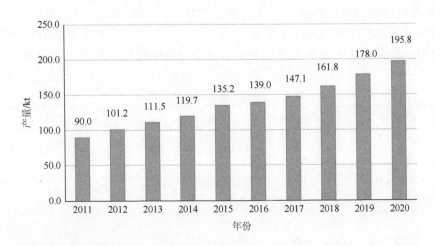

图 3-5　全球碳纤维理论产能增长情况（《中国化工新材料产业发展报告（2018）》）

美国是继日本之后掌握碳纤维生产技术的少数几个发达国家之一，同时又是世界上最大的聚丙烯腈基碳纤维消费国，约占世界总消费量的 1/3。赫氏是美国目前主要高性能制造企业。在新技术方面，美国研发了凝胶纺丝技术，PAN 基碳纤维模量实现大幅提升，超过了目前在军机中广泛采用的赫氏公司 IM7 高强中模型碳纤维，成为世界上掌握第三代复合材料用碳纤维技术的国家。此外，美国积极利用可再生原料生产具有成本竞争力的高性能碳纤维，在 2020 年以前，将生物质基可再生碳纤维的生产成本降至 5 美元/磅以下。

在国家科技和产业化示范项目支持下，历经十余年协同攻关，我国高性能纤维制备与应用技术取得了重大突破，探索出国产化碳纤维原丝制备正确的技术方向，从"无"到"有"，初步建立起国产高性能纤维制备技术研发、工程实践和产业建设的较完整体系，产品质量不断提高，产学研用格局初步形成，碳纤维及其复合材料技术发展明显加快，有效缓解了国防建设重大工程对国产高性能碳纤维的迫切需求，部分型号用碳纤维及其复合材料的国产化自主保障问题基本解决。

国内的碳纤维行业经过近些年的快速发展，已经有多家企业实现碳纤维的规模化生产，包括中复神鹰碳纤维股份有限公司（简称中复神鹰）、威海拓展纤维有限公司（简称威海拓展）、中国石化等几十家企业（表 3-1）。到 2018 年底，我国已经建成运行和基本建成千吨产能生产线 11 条（含配套的原丝生产能力），已经建成五百吨级碳纤维生产线 7 条（含配套的原丝生产能力），原丝工艺技术主要包括 DMSO（二甲基亚砜）工艺、DMAC 工艺和 NaSCN（硫氰酸钠）工艺，碳纤维产能突破 2 万 t。进入销售环节的产品超过 8000t（12K 计，12K 指毫米级的单束碳纤维中的 12000 根微米尺寸的碳纤维）。主流产品仍以 T300 级碳纤维为主，部分生产线兼顾生产 T700 级碳纤维（湿法工艺），同时可生成少量国产 T800、M40J 级碳纤维。部分单位的产品实现了航空航天的型号应用，基本满足了现阶段航空航天若干型号和国民经济部分领域的需求。

表 3-1 世界主要碳纤维生产企业

企业名称	生产能力/(t/a)	装置所在地	工艺技术
东丽（Toray）	27100	日本、韩国、法国、美国	DMSO 湿法纺丝 + 干喷湿纺
东邦（Toho）	13900	日本、德国、美国	$ZnCl_2$ 湿法纺丝
三菱（MRC）	14300	日本、美国	DMAC 湿法纺丝
赫氏（Hexcel）	7200	美国、西班牙、法国	NaSCN 湿法纺丝 + 干喷湿纺

续表

企业名称	生产能力/(t/a)	装置所在地	工艺技术
氰特（Cytec）	7000	美国	DMSO 湿法纺丝
卓尔泰克（Zoltek）	14900	美国、墨西哥、匈牙利	DMF 湿法纺丝
西格里（SGL）	15000	苏格兰、美国	三菱原丝 + FISIPE 原丝
台塑（FPC）	8800	中国台湾省	DMF 湿法纺丝
陶氏阿克萨（DowAsksa）	3600	土耳其	DMAC 湿法纺丝
晓星（Hyosung）	2500	韩国	DMSO 干喷湿纺
俄罗斯（Umatex）	2000	俄罗斯鞑靼斯坦	吉林化纤 DMAC 湿法纺丝
中复神鹰	6000	中国连云港市	DMSO 湿法纺丝 + 干喷湿纺
江苏恒神股份有限公司	4650	中国丹阳市	DMSO 湿法纺丝 + 干喷湿纺
浙江宝旌炭材料有限公司	3500	中国绍兴市、中国吉林市	吉林化纤 DMAC 湿法纺丝
威海拓展	3100	中国威海市	DMSO 湿法纺丝 + 干喷湿纺
中化蓝星	1800	中国兰州市	NaSCN 湿法纺丝
中安信科技有限公司	1800	中国廊坊市	DMSO 湿法纺丝 + 干喷湿纺
上海石化	500	中国上海市	NaSCN 湿法纺丝
其他	9450		
合计	147100		

注：（1）2014 年底，东丽完成了对美国卓尔泰克公司的全盘收购，卓尔泰克已经成为东丽集团旗下子公司。

（2）2017 年，三菱丽阳碳纤维复合材料公司（Mitsubishi Rayon Carbon Fiber and Composite Inc.）更名为三菱化学碳纤维及复合材料公司（Mitsubishi Chemical Carbon Fiber and Composite Inc.）。

（3）美国氰特（CYTEC）被索尔维并购。

（4）西格里收购葡萄牙腈纶企业 FISIPE 并于 2017 年开始制造自己的原丝（波兰 FISIPE 厂），其工艺技术为 DMF（二甲基甲酰胺）湿法纺丝。

（5）其他包括中国其他厂家 4650t、韩国 TKI 1800t（已经停产）和世界其他的 3000t。

2. 需求分析

碳纤维产品向着高强和高模两个方向发展。目前，在这两个方向上，国产碳纤维处于追赶态势，实现了 T300、T700 级碳纤维的千吨级产业化，T800、M40J 级碳纤维的百吨级工程化，产品与东丽性能基本相当。

2020 年全球碳纤维需求量达到 11.2 万 t（图 3-6），而我国需求量预计达到 3.3 万 t，尽管近几年我国的自给率明显提高，但仍超 50%需要进口（图 3-7）。从全球需求分析，风电叶片、航空航天和体育休闲三大行业分别占总需求的 23.5%、22.8%和 15.7%（图 3-8）。随着碳纤维价格下跌，由于其优异性能将被广泛应用于民

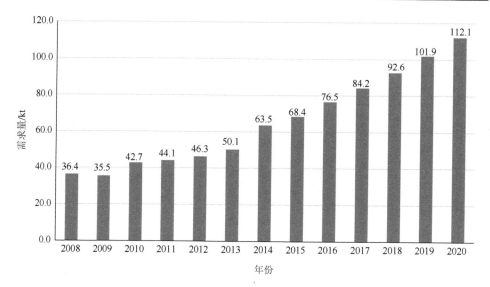

图 3-6　全球碳纤维需求

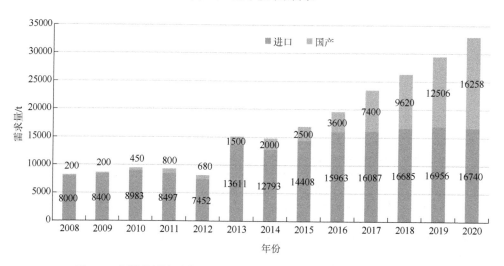

图 3-7　中国碳纤维需求（《中国化工新材料产业发展报告（2018）》）

用各行各业。汽车行业的"轻量化"和风电行业的"大型化"将吸引大量碳纤维复合材料的广泛使用，据英国 Reinforced Plastics 推测，到 2020 年，全球碳纤维总量中，汽车行业将占比 23%，风电叶片行业占比 21%。但对于我国高性能纤维及复合材料产业而言，尚未形成健全的产业体系和健康的产业生态，关键装备、原材料和上下游配套产业薄弱。发达国家的高性能纤维主要应用在航空航天等高技术要求领域，而我国在航空航天领域应用规模较小，很难驱动整个产业链的发展与完善，因此，风电叶片、交通运输、压力容器领域应有所突破，才能带动国产碳纤维行业的良性发展。国内外碳纤维主要应用领域见图 3-9。国外碳纤维应用领域可为国产碳纤维的发展提供启示与参考。

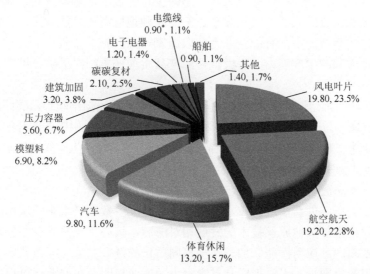

图 3-8　2017 年全球碳纤维需求/应用情况（《中国化工新材料产业发展报告（2018）》）

*单位为 kt

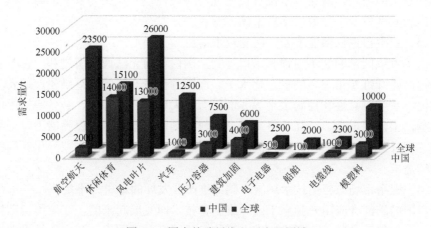

图 3-9　国内外碳纤维主要应用领域

3.2.5　碳纤维存在的问题

最近十余年来我国碳纤维处于历史快速发展阶段，但产业发展的整体水平仍处于初级阶段，特别是工程化产业化技术与发达国家相比还有二十余年的差距。碳纤维产业存在的主要问题和原因有以下几点。

（1）盲目建设、低水平重复，小、散、乱，集成度低；单线产能低，产能释放率低。粗放型增长，缺乏市场竞争力。

以碳纤维为代表的高性能纤维，由于缺少自主技术，借鉴成为产业化建设的主要技术来源。有的企业产能规模小、产品品种规格单一、能耗高，有的企业名义产能高、实际产能小，有的企业为争取国家资源，弄虚作假，虚高宣传。国产碳纤维行业虚高的生产能力、夸大宣传的产品质量严重制约了碳纤维产业的健康发展。

碳纤维产业化建设的项目很多，但实际销售产品品质却不理想。碳纤维产品结构设置不合理，与国际上碳纤维产业依托特色大产业不同，中国的碳纤维产业化建设往往是新建产业和单一产业，产业链及产业结构不合理；生产线选址不当、环境成本高等也成为制约碳纤维产业发展的一个重要因素。

（2）企业缺乏自主创新，工艺单一，基础研究欠缺。

原丝缺乏自主创新技术，技术单一。我国绝大多数碳纤维企业采用的是二甲基亚砜原丝技术，其他原丝技术的发展相对滞后，核心工艺缺乏自主创新性，影响工艺技术和产品应用性能，加剧了技术同质化的低效竞争，导致我国碳纤维企业之间封闭竞争严重，无法形成具有竞争力的产业集团。在产业化过程中，缺乏基础研究和交叉学科研究，导致国内碳纤维以及上浆剂与国外技术和产品相比仍然存在很大的差距。缺乏以基础理论研究与突破性技术攻关为目标的组织模式与合作创新共赢机制，导致后续技术储备薄弱。

（3）装备自主保障能力差，配套技术落后。

由于发达国家的技术封锁和出口管制，国内目前无法通过引进和消化吸收途径来提高碳纤维专用装备的自主化水平，而国内自主开发的碳纤维生产装备工艺适应性、系统可靠性和控制水平等方面仍有较大差距。受工艺、装备等技术成熟度影响，工艺成本高、产品合格率低、辅料助剂等配套材料的保障能力差。纺丝油剂、碳纤维上浆剂等辅助材料的开发滞后于不同领域对碳纤维差异化应用的界面性能需求。

（4）应用市场与应用技术对国产碳纤维产业发展的牵引力不足。

我国的碳纤维应用是独立于碳纤维制备技术而发展起来的，在应用初期纤维几乎完全依赖于进口，碳纤维应用水平与发达国家并不同步。国内碳纤维的主体应用领域仍是来料加工式的体育休闲用品，应用比例高达77%，而在工业领域应用比例仅占20%，与发达国家65%的比例相比差距显著。近一两年工业领域的应用有增长的趋势，如风机叶片，也以代加工为主，国内市场主流应用格局并未突破。受复合材料设计与成型水平、树脂等配套材料自主供给等因素影响，国产碳纤维复合材料在高端制品上的应用和工业领域的拓展受到制约，影响国产碳纤维产能发挥和质量的进一步提高。

3.3 芳纶纤维

3.3.1 芳纶纤维的种类

聚酰胺分子链中如果有超过 85%的酰胺键连接到连续的芳环上时，就被分类为芳族聚酰胺[18]，而不是尼龙。芳纶纤维是一种以芳香族化合物为原料经缩聚和纺丝制备的有机高性能纤维，全称为芳香族聚酰胺纤维[19]，其强度要远高于等规格的钢丝，并且在 250~450℃的温度范围内具有出色的热稳定性、耐化学性和电绝缘性能[20, 21]。

目前，商业化的芳纶纤维按照分子结构划分，可分为间位芳纶纤维和对位芳纶纤维两种[22, 23]。间位芳纶纤维分子链中酰胺基与间位苯基相连，分子链呈锯齿状排列，主要有聚间苯二甲酰间苯二胺[poly(*m*-phenylene isophthalamide)，PMIA]纤维，是由间苯二甲酰氯和间苯二胺聚合而成；另一类为聚 *N*, *N'*-间苯双（间苯二甲酰胺）对苯二甲酰胺纤维，分子链由苯环、酰胺基按一定规律排列。目前市场上主要的商业化间位芳纶纤维品牌有：美国杜邦的 Nomex、日本帝人的 Conex、俄罗斯的 Fenelon 和烟台泰和新材料股份有限公司（简称泰和新材）的 Tametar，其酰胺基与苯环的 1, 3-位连接，因此在我国又被称为芳纶 1313。

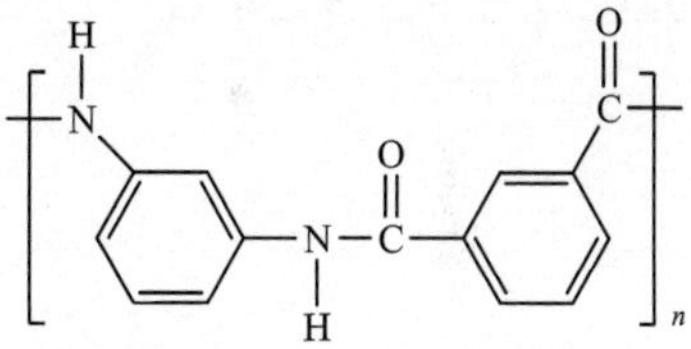

图 3-10 PMIA 纤维结构式

聚间苯二甲酰间苯二胺纤维结构式如图 3-10 所示。

对位芳纶纤维分子链中酰胺基与对位苯基相连，分子链呈直线状排列[24]。作为一种高性能纤维，应用范围非常广泛，是不可替代的基础工业材料。对位芳纶纤维主要种类有以下三种。

（1）聚对苯甲酰胺纤维（PBA），即芳纶 14，国内也称芳纶Ⅰ，最早杜邦研究过芳纶 14，并作为产业化首选，但由于其单体成本太高，在 PPTA 纺丝技术突破后，目前国内外都没有生产和研究芳纶 14。

（2）聚对苯二甲酰对苯二胺纤维（PPTA），即芳纶 1414，国内也称芳纶Ⅱ，是最主要的对位芳纶纤维种类。

（3）如果聚合物主链中包含三种结构单元，则称为芳纶Ⅲ，而且当某种结构单元为杂环结构时，一般称之为杂环芳纶纤维。

典型的对位芳纶纤维结构式见图 3-11，量产的高性能芳纶纤维品种的性能对比如表 3-2 所示。

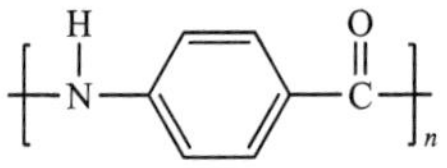

芳纶Ⅰ

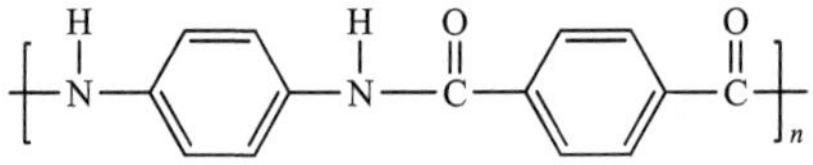

芳纶Ⅱ

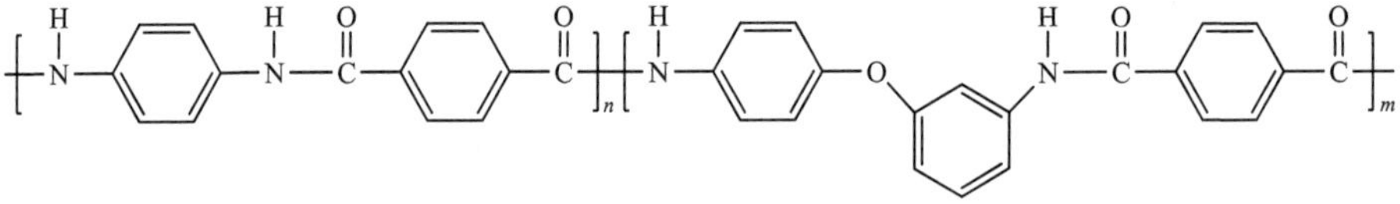

芳纶Ⅲ（Technora）

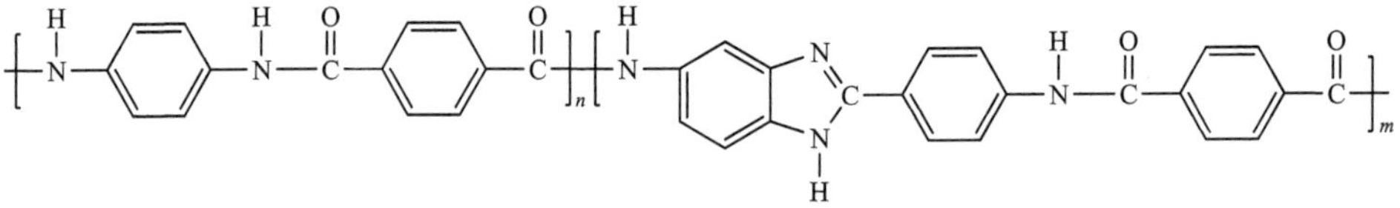

芳纶Ⅲ（Armos）

图 3-11　几种常见的对位芳纶纤维结构式

表 3-2　已量产的高性能对位/杂环芳纶纤维典型品种

材料	密度/(g/cm³)	强度/MPa	模量/GPa	断裂伸长率/%	聚合物结构	纺丝工艺	备注
Kevlar 129	1.45	3.4	96	3.3	二元均聚	干湿法	美国杜邦
Kevlar 49	1.45	3.0	105	2.4	二元均聚	干湿法	美国杜邦
芳纶Ⅲ（SVM）	1.44	3.7～4.2	120～140	≥2.8	二元均聚	湿法	俄罗斯（早期品种）
芳纶Ⅲ（Armos）	1.44	4.5～5.5	140～145	3.0～3.5	三元共聚	湿法	俄罗斯
芳纶Ⅲ（Rusar）	1.44	5.0～6.0	150～180	≥2.6	三元或四元共聚	干湿法	俄罗斯
芳纶Ⅲ（F-368）	1.44	4.5～5.5	≥125	2.5～3.5	三元共聚	湿法	中蓝晨光
芳纶Ⅲ（F-358）	1.44	4.5～5.5	150～180	2.5～3.5	三元共聚	湿法	中蓝晨光

杂环芳纶纤维是在对位芳纶纤维的基础上引入含氮、氧等元素的杂环结构（R）单体聚合而成的。目前，杂环芳纶纤维主要的生产国是俄罗斯和中国，我国也称其为芳纶III[25]，如俄罗斯的 Apmos 纤维，国产 F-12 高强有机纤维就属于杂环芳纶纤维。

高性能芳纶具有强度高、模量高、密度低、耐高温、耐磨蚀、耐酸碱、韧性好、质量轻、阻燃性好等一系列优良特性[26-33]，是典型的轻质、高强材料，作为结构增强材料和功能材料广泛应用于航空、航天和民用领域，如火箭发动机、导弹、飞机、无人机、直升机、防弹衣、防弹头盔、高空飞艇、高空救援绳和高端体育用品等[34-38]。因此过去几十年来，高性能芳纶及其复合材料的技术发展水平一直是国家科技实力的象征之一。

3.3.2 芳纶纤维的性质

间位芳纶纤维分子链中的酰胺基与苯环的 1, 3-位连接，其共价键没有共轭效应，与对位芳纶纤维相比，其内旋转位能较低，大分子链呈现柔性特点[39]。由于聚合物链中芳环与共轭酰胺键之间牢固地键接，间位芳族聚酰胺具有良好的阻燃性、优异的电绝缘性、较高的耐热性和耐化学性。间位芳纶纤维在空气中不能被点燃和燃烧，也不会熔化和滴落。相反，当暴露于火焰中时，间位芳纶纤维表面会碳化，离开火焰具有自熄性，从而保护人员不受伤害。由于其独特的柔性、耐热及固有的阻燃性，间位芳纶纤维及其混合物可用于工业、军事、商业、消防和体育等领域的一系列热防护服中[40]。

间位芳纶 Nomex（聚间苯二甲酰间苯二胺）纤维由杜邦公司于 1961 年开发，并于 1967 年商业化，是由间苯二胺和间苯二甲酰氯在酰胺溶剂中生产的[41]。Nomex 是一种长链聚酰胺，分子链中的酰胺键直接连接到两个芳香环上。由于间位亚苯基在聚合物链中形成的弯曲结构，Nomex 的刚性不如 Kevlar（聚对苯二甲酰对苯二胺）[42]。Nomex 纤维在高于 370℃的温度下不熔融不降解，并且在火焰中形成脆性炭层，其耐磨性和挠曲性与尼龙 66 和聚酯相当，然而 Nomex 纤维更容易出现染色和起球的问题，并且抗紫外线辐射降解性能较差。Nomex 长丝纤维可通过溶液喷丝干纺而成，并且低的刚度和高的伸长率赋予其良好的纺织加工性能。杜邦公司还开发了一种名为 Nomex IIIA 的改性 Nomex 纱线，该纱线由 93%的 Nomex、5%的 Kevlar 和 2%的抗静电纤维组成，主要用于消防员的外套和其他阻燃服装，Kevlar 纤维的加入增强了纱线的尺寸稳定性和抗撕裂性。

对位芳纶纤维具有皮芯结构，纤维芯层的结晶度高于皮层，皮层的取向度高于芯层。芯层的内部由垂直于纤维轴的层状结构组成，层状结构则由近似棒状纤维的晶粒组成，晶粒长度依赖于分子量。对位芳纶纤维分子链中由于苯环结构的存在，分子链难以旋转，具有很好的刚性；分子链排列规整，沿轴向伸展，取向度和结晶度高；分子链上的氢原子与另一分子链上羰基结合形成氢键，使分子链之间形成氢键交联。沿纤维的轴向是强的共价键，而在纤维的横向是较弱的氢键，芳纶纤维的这种结构特点使其轴向强度及刚度高而横向强度低，因此，对位芳纶纤维的力学性能具有各向异性[43-45]。当芳纶纤维受轴向拉伸断裂时，其轴向开裂而产生许多更细的单丝，当纤维横向受压时，受压部位会出现一定数量的纵向分层。对位芳纶纤维在一般的有机溶剂中是不溶的，只在强酸、强碱等类似溶剂中是可溶的。因此，采用浓硫酸作溶剂制备纺丝溶液时，可获得具有各向异性的液晶纺丝原液。

由于芳环上酰胺键相对位置的不同，对位和间位芳族聚酰胺的化学和物理性质也有所不同。对位芳族聚酰胺（如 Kevlar）具有更高的链刚度、拉伸模量和拉伸强度，以及较低的断裂伸长率和有机溶剂溶解性。与尼龙和聚酯纤维相比，对位芳纶纤维的拉伸强度是其 3 倍，拉伸模量是其 10 倍以上，使用温度更是高了100℃。此外，对位芳纶纤维的性能又与生产过程中的纺丝和牵引工艺有关。例如，Kevlar 29 的拉伸模量只有 Kevlar 49 的一半，而断裂伸长率则是其两倍，这使得Kevlar 29 更适用于高抗冲领域，如弹道应用和防护用途。相反，Kevlar 49 具有较高的拉伸模量，更适合用作复合材料中的增强纤维，如航空航天或体育用品。

另外，杂环芳纶纤维由于分子链上杂环结构的存在，其规整性有所降低，从而分子间作用力降低，溶解性提高，分子量也有所提高；与非杂环芳纶纤维相比，杂环芳纶纤维的结晶度明显降低，纺丝时其分子链沿轴向高度取向。杂环芳纶纤维的结晶度降低后，其无定形区的相对含量增加。同时，其分子链上由于含氮、氧等元素的杂环结构的存在，苯环的位阻效应降低，分子链的极性增加。因此，杂环芳纶纤维中的极性基团更易与树脂基体形成氢键或发生化学反应，其与树脂基体的界面黏结性能得到改善，从而能够提高芳纶纤维复合材料的综合性能。

作为对位芳纶纤维的差异化改性品种，芳纶Ⅲ的拉伸强度高出高强型芳纶Ⅱ（如 Kevlar 129、KM2 等）35%~50%，弹性模量高出高模型芳纶Ⅱ（Kevlar 49）25%以上，并且在耐高温、耐冲击、耐磨损、透波等方面均具有优异性能，而且应用于增强复合材料时也更有利于纤维与树脂的复合。另外，芳纶Ⅲ还克服了芳纶Ⅱ、PBO 纤维的耐紫外性能较差等缺点，可以说芳纶Ⅲ是当今世界上已批产的综合应用性能最优异的有机纤维。

3.3.3 芳纶纤维的应用

不同种类的芳纶纤维具有不同的优异性能和应用领域。间位芳纶纤维具有耐高温、耐腐蚀、电绝缘等性能，其主要用于制作隔热手套、耐高温防护服、绝缘纸等。对位芳纶纤维则具有高强度、高模量、密度小等特点，其无论是在航空航天、武器装备等军工领域，还是在体育器材、汽车工业制品、电子产品等民用领域都有广泛的应用，是目前应用最多、产量最大的芳纶纤维品种。杂环芳纶纤维是芳纶纤维中一个特殊的类别，在力学性能和耐高温性能等方面都要优于一般的对位芳纶纤维，但因其生产工艺复杂，成本较高，产量较低，价格昂贵，目前主要应用在军工领域和民用高科技领域，未来杂环芳纶纤维具有广阔的发展前景。

1. 芳纶纤维在胶管中的应用

胶管因其使用环境的恶劣，通常需要满足高强度、耐高温和耐腐蚀等性能要求。同时，胶管高性能轻量化也成为胶管发展的一个重要趋势。芳纶纤维因优异性能使其既能满足胶管使用环境的性能要求，又能满足胶管高性能轻量化的需要，因此，芳纶纤维在胶管中具有广泛的应用前景。

芳纶纤维编织结构作为增强层来替代传统的钢丝，可使产品重量降低，成本减少；同时提高胶管的抗压性能，增强耐疲劳性；还可以有效减少材料腐蚀等，从而使胶管的使用寿命大大延长。目前，芳纶纤维作为增强材料在汽车胶管、化学工业胶管、石油工业胶管、航空输油胶管以及海底电缆胶管等产品中得到了广泛应用。美国 Parker 公司开发了一种输油胶管的子管，其采用单层 Kevlar 芳纶纤维编织结构增强，内层材料为热塑性弹性体，外层材料为聚氨酯。英国 JDR 公司开发的多种海底电缆胶管产品均采用芳纶纤维编织结构作为中间增强材料，弹性材料作为体芯，外皮为聚氨酯。德国 Kutting 公司生产的芳纶纤维胶管产品有一层或两层芳纶纤维编织增强，也有一层芳纶纤维和一层钢丝的双层混合增强，内层材料为聚酯、聚酰胺等热塑性弹性体，外层材料为聚氨酯，主要应用于化学工业管道、输油管道、海底电缆等领域。

2. 芳纶纤维在轮胎中的应用

芳纶纤维具有高温稳定性，与橡胶的黏附效果优于钢丝，是比较理想的帘子线纤维；同时它还具有低密度、耐冲击、抗疲劳、低膨胀、低导热等优异的热性能以及优良的介电性能。

芳纶帘线作为一种性能优异的纤维材料已被广泛应用于子午线轮胎的带束层及胎体层部件。邓禄普轮胎公司生产的超轻量纤维轮胎，比同类钢丝带束层轮胎轻 30%。德国大陆集团采用芳纶帘线生产的载重轮胎，比全钢载重轮胎的质量减轻 20kg 左右，同时可大大降低轮胎的滚动阻力，从而降低油耗，减少污染气体的排放。采用芳纶帘线生产的乘用轮胎与传统的钢丝线乘用轮胎相比，具有滚动阻力低、质量轻、节油等优点。研究表明，芳纶作为轮胎带束层可以明显降低滚动阻力，相比于同规格的钢丝带束胎，芳纶带束滚动阻力可降低 5%～17%，从而降低油耗，凸显环保特性。芳纶胎圈骨架的质量约是普通轮胎钢丝圈质量的 25%。由于具有高强度、低密度的性能特点，芳纶胎圈骨架在竞速型超高性能轮胎和节能超轻型轮胎上得到了广泛应用[46]。

3. 芳纶浆粕在橡胶中的应用

芳纶浆粕是由对位芳纶纤维表面原纤化而形成的一种短纤维，具有比表面积大、表面极性强、纤维超细等特点，其作为橡胶补强材料具有广泛的应用前景[47]。同时，芳纶浆粕超细结构容易相互缠结，其在橡胶中的分散性较差，难以发挥有效的增强效果。杜邦公司研发了一种使芳纶浆粕在橡胶中能够表现出良好分散性的技术，使其可以充分发挥补强作用，可确保轮胎在极高速下仍能保持最佳形状。一些高性能轮胎正在使用芳纶-尼龙混合纤维来控制变形，尼龙具有良好的减震性能，而芳纶可防止轮胎因高速旋转而"鼓起"。

另外，以氯丁橡胶（CR）/芳纶浆粕为外壳的油封材料具有高强度、高硬度和高韧性的特点。CR/芳纶浆粕为外壳的油封材料可以用于表面粗糙及不规则磨损的腔体，并对腔体起到外密封的作用。相对于骨架油封，该外壳油封不会在储存和使用过程中生锈或腐蚀，可用于替代金属骨架和夹布骨架的油封材料。

4. 芳纶纤维在军工及航空航天中的应用

芳纶纤维复合材料由于其优异的抗冲击性，最早在防护装甲方面得到较多应用，如美国防弹厚度为 700mm 的 MI 主战坦克，就是使用了芳纶纤维复合材料与钢的复合装甲，而我国 ZTZ-99 主战坦克就使用芳纶纤维复合材料作为防弹装甲的关键组成部分。此外，芳纶纤维复合材料目前已成功取代相关金属材料，作为防弹制品的主要制作材料，如防弹头盔及防弹衣。对位芳纶纤维因其具有优异的力学性能，常用作复合材料的增强体使用。与玻璃纤维相比，其具有更高的强度和模量，与碳纤维相比，其价格相对更低，因此，芳纶纤维综合了碳纤维和玻璃纤维的优势，同时其低密度的特性使其在航空航天领域具有很大的优势。在航空领域，芳纶纤维复合材料被用于整流罩、尾锥、襟翼等构件的加工制造，相对于玻璃纤维复合材料，质量至少可减轻 30%。在航天领域，由芳纶纤维复合材料制造而成的火箭发动机壳体、相关管道及压力容器，凭借其透波性能良好的特点，在一些天线结构的加工制造中也有较为普遍的应用。

杂环芳纶纤维因含有杂环结构，具有高强度、高模量、抗冲击、耐高温、不易燃烧等特性，因此杂环芳纶制品性能优良，可应用在多个领域。同时，因其工艺复杂、成本较高、产量较低，目前主要应用在航空航天、军工制品等领域。如俄罗斯生产的杂环芳纶纤维已应用在制备的导弹发动机外壳、高压容器、防弹头盔、防弹护甲、卫星零部件、机载舰载雷达罩等领域。

5. 芳纶纤维在体育器材中的应用

芳纶纤维具有的高强度、高模量、低密度、耐疲劳、耐腐蚀等特性，与体育器材的性能要求非常契合，因此芳纶纤维已成功应用于许多体育器材中，如高尔夫球杆、网球拍、滑雪板、赛艇、钓鱼竿、标枪等体育用品。芳纶纤维复合材料用作帆船壳体可以使船身质轻、抗冲击、节省燃料。同时，将芳纶纤维与其他纤维混合使用，可以获得比单一纤维更好的增强效果。在这些应用中，芳纶纤维作为增强体可以使材料具有强度高、质量轻、抗冲击性能优良的优点，更方便使用者进行体育运动。

6. 芳纶纤维在建筑材料中的应用

由于芳纶纤维具有质轻、强度高、耐腐蚀等特点，在建筑材料中有广阔的应用前景[48]。它可以作为增强材料制备复合材料，从而可以提供质量轻、强度高的建筑材料制品，进而替代金属材料。

芳纶纤维复合材料可用于修复混凝土基础设施，目前日本已使用芳纶片材进行隧道结构的修复。芳纶纤维制品中的芳纶织物、片材以及固化的棒材均可用于混凝土结构的增强，其施工工艺通常是先将混凝土表面打磨或喷砂，再用芳纶织物或片材覆盖并涂覆环氧树脂，最后利用滚筒或刮板排除气泡后进行固化。在建筑材料增强修复中，芳纶增强混凝土施工工艺简单，芳纶片材质量轻，不需要额外的重型机械辅助，可在较小的环境中施工，柔性的片材也适用于各种不规则表面的增强。

7. 芳纶纤维在电子产品中的应用

日常生活中，电子产品应用广泛，人们对电子产品的性能要求也越来越高，目前电子产品趋向于小型化、轻量化、高容量和性能稳定，这就对制作材料有了更高的要求。芳纶纤维复合材料具有绝缘性好、质量轻、高强度、耐高温及耐腐蚀等优良的性能[49]，其在电子工业领域有着广阔的应用前景[50]。

芳纶纤维的耐热性好，热膨胀系数低，由芳纶纤维增强的印刷电路板受热时，可减少受热膨胀带来的影响，从而使电子产品的性能更稳定。日本帝人利用其Technora 纤维开发了第一个基于对位芳纶纤维的手机电路板基板。由芳纶纤维增强的耳机线、数据线、电源线，具有更轻、更细、更柔软、更耐用的特性，可有效保障音频、视频及数据传输的安全性。芳纶绝缘材料是芳纶纤维在电子工业领域非常重要的应用，它通常由芳纶短切纤维制成，具有质量轻、强度高、热稳定好、电绝缘性优良的优点，是一种性能优良的绝缘材料，在电子工业领域具有广泛的应用[51]。目前，芳纶绝缘材料可以用作变压器、电机、发电机等电气设备的绝缘材料，如导线线圈的绝缘材料、层与层之间的阻隔绝缘材料、芯管与不同相之间的绝缘材料等。在电动机中，芳纶纤维也能发挥优异的热性能和机械性能，有助于延长持续高速旋转状态下的使用寿命。芳纶纸和芳纶片材绝缘材料在电子产品，如扬声器、智能手机、计算机、激光打印机等的零部件中都有应用。

8. 其他应用

芳纶过滤材料具有质量轻、高模高强、耐高温、耐酸碱性、绝缘性、抗老化性能好、使用寿命长等优点，广泛应用于高温烟气过滤领域[52]。间位芳纶纸还可以非纸质形式用作石棉的替代品[53]，用于电气产品垫片、汽车发动机舱防火、管道隔热、核电厂辐射隔热和计算机隔声等领域。对位芳纶纤维可用于要求高强度且几乎没有伸长率的绳索和电缆中[54]，如橡胶工业传送带和同步带[55]；也可应用于现代风力发动机的大型叶片，有助于最大限度地减少旋转质量，并使能量传递尽可能高效。另外，防护面料仍是对位芳纶纤维应用的主要市场。芳纶纤维被编织成织物，用于制造防护服、防弹背心、防弹头盔、车辆装甲、防辐射和极限运动器材等。对位芳纶浆粕也可替代垫片、填料和非织造毡中的石棉，用于刹车片和离合器衬片[56,57]。在发达国家，已经基本完成对汽车领域中石棉的替代，对位芳纶浆粕的增长现已与汽车行业的增长相提并论。

除以上所列已经工业化生产的对位芳纶纤维（直径在微米量级）外，还需要对其余对位芳纶纳米纤维（直径在 10～60nm）给予高度关注。对位芳纶纳米纤维除具有对位芳纶纤维固有的特点（耐热、阻燃、耐腐蚀）外，还具有许多独特的性能：可分散性好，易成型加工；纳米纤维力学强度更高；可以自发聚集形成微米级薄膜或纤维[58,59]。最近几年对位芳纶纳米纤维已经是本领域的研究热点之一。

当然，芳纶纤维也存在明显的缺点，对紫外线比较敏感[60]。若长期裸露在太阳光照下，力学性能损失很大，纤维颜色也会发生变化（由黄色变为棕色），因此芳纶纤维在太阳光照下使用时应添加能够防紫外线的保护层。

3.3.4 芳纶纤维的现状及需求分析

1. 芳纶纤维"十三五"期间的发展

美国和西欧是芳纶纤维的主要生产国和地区。杜邦和帝人是迄今为止芳族聚酰胺纤维的全球领先生产商。近年来，中国也有几家规模较小的生产商。

杜邦是最大的芳纶纤维生产商，具有 19500t 的间位芳纶纤维和 31500t 的对位芳纶纤维的产能。第二大生产商是帝人，其芳族聚酰胺的产能为 4900t，对位芳纶纤维的产能为 27400t。杜邦在间位芳纶纤维市场中占 41% 的份额，杜邦和帝人分别占据了对位芳纶纤维市场的 40% 和 35%。总体而言，民防和军用市场正在推动芳纶纤维市场需求的不断增长。

截至 2019 年初，全球对位芳纶纤维和间位芳纶纤维的产量分别为 78000t 和 47000t，而 2018 年全球对位芳纶纤维和间位芳纶纤维的消费量分别是 68000t 和 34100t，预计到 2023 年中国年平均消费增长率分别为 13.6% 和 10.9%，远高于其他国家和地区（来源于 IHS Markit）。

在芳纶纤维生产领域，对位芳酰胺纤维发展最快，产能主要集中在美国、日本和俄罗斯，产品主要有美国杜邦公司的 Kevlar 纤维，日本帝人的 Twaron 和 Technora 纤维，以及俄罗斯生产的 Armos 和 Terlon 纤维等。

杜邦公司是芳纶纤维开发的先驱，他们无论在生产规模、新产品研发还是在市场占有率上都是世界一流水平，仅 Kevlar 纤维目前就有十多个牌号，2019 年初 Kevlar 纤维产品的年产量约为 3.2 万 t，产品规格覆盖 220～15000dtex；间位芳纶（Nomex）纤维的产量达到 19.5 万 t（来源于 IHS Markit）。帝人在 2019 年初 Twaron 纤维产能约为 2.8 万 t；间位芳纶纤维的产量为 0.5 万 t（来源于 IHS Markit）。

俄罗斯一直将注意力集中在性能更高的杂环芳纶纤维即芳纶Ⅲ的研发和生产上。俄罗斯合成纤维研究院研究、开发的杂环芳纶 Armos 纤维，其拉伸强度和模量分别为 4.3～5.0GPa 和 120～150GPa，Armos 纤维的力学性能和热性能在对位芳纶纤维中最好。俄罗斯杂环芳纶纤维虽然性能优异，但其产业化水平不高，年产量不足 2000t，在世界芳纶纤维市场上所占份额很少，俄罗斯将其作为战略物资严禁出口，国内市场难觅其踪。目前，俄罗斯纤维产品主要有 SVM、Armos 和 Rusar 系列。俄罗斯是芳纶Ⅲ的开创者，其技术领先，并且形成了约 2000t/a 的生产能力，应用于俄罗斯军工的多个领域。俄罗斯芳纶纤维具有如下发展趋势。

（1）性能不断提高：经过半个世纪的发展，从最初的 SVM 到 Armos 再到 Rusar，产品性能不断提升。

（2）分子结构逐渐向多元化方向发展：从 SVM 的二元结构，到 Armos 的三元结构，再到 Rusar 的四元分子结构，Rusar 代表了俄罗斯杂环芳纶纤维的最新技术，通过四元共缩聚在分子主链上引入含氯结构单元，增加纤维与基体树脂的结合能力。

（3）因应用形式不同形成了系列化规格：形成不同纤度规格，从单丝到各规格粗旦丝、各种系列化织物。

（4）制备工艺技术不断进步：从 SVM 和 Armos 的湿法纺丝发展到 Rusar 的干湿法纺丝技术，纤维制备效率不断提高。

表 3-3 显示了全球主要地区芳纶纤维的产量。

表 3-3 世界主要地区芳纶纤维的产量（单位：kt）

年份	美国		西欧		中国		日本		其他国家[a]		合计	
	meta	para	meta	para	meta	para	meta	para	meta	para	meta	para
1979	6	6	0	0	—	—	<1	0	—	—	6	6
1986	8	13	0	<1	—	—	1	0	—	—	9	14
1987	8	14	0	1	—	—	1	<1	—	—	9	16
1988	9	13	0	2	—	—	1	<1	—	—	10	16
1989	9	14	0	4	—	—	1	<1	—	—	10	18
1990	10	13	0	5	—	—	2	<1	—	—	12	19
1991	10	12	0	5	—	—	2	2	—	—	12	19
1992	11	10	0	5	—	—	2	3	—	—	13	18
1993	12	10	1	6	—	—	2	3	—	—	15	19
1998	11	13	3	6	—	—	2	4	—	—	16	23
2003	11	15	4	12	—	—	2	4	—	—	17	31
2007	12	19	7	20	<1	<1	2	4	<1	<1	21	43
2010	9	19	7	23	5	<0.5	1.6	4.5	<1	3.9	22.6	50.8
2011	9	20	8	26	5.5	2	1.9	4.6	0.2	4.7	24.6	57.3
2014	12	25	9	29	6.3	3	2	4.6	1.8	5.4	31.1	67
2015	12	25	9	28	7.2	3.5	2.3	4.7	2.5	5.65	33	66.9
2017	11	23	9	29	9	6.3	2.3	3.8	2.7	8.4	34.0	70.5
2018	11	23	9	29	10.3	7.8	1.6	2.7	3.3	8.4	35.2	70.9
2023	13	27	10	35	22.2	23.2	2.7	5.3	3.5	11.9	51.4	102.4

注：a 包括俄罗斯和韩国。数据来源：2019 IHS Markit。

我国 2016 年芳纶纤维的总产能为 26800t，其中间位芳纶纤维为 16500t，对位芳纶纤维为 10300t。与 2015 年相比，产能增加了 60%。2019 年底，江苏瑞晟新材料科技有限公司（中化国际公司将持有其 40%的股份）具备 5000t 对位芳纶纤维产能。2020 年，辽宁富瑞新材料有限公司具备 6000t 间位芳纶纤维产能。淄博华天橡胶科技有限公司也在 2020 年投入使用，其对位芳族聚酰胺的产能为 2000t。中旭国泰实业有限责任公司将在 2022 年启动 12000t 的生产装置。在此期间，山东太浩化工有限公司还将投产 24000t 的产能，对位芳纶纤维和间位芳纶纤维的产能分别为 12000t。

经过近些年的发展，我国已经突破对位芳纶、间位芳纶的国内芳纶Ⅱ的生产厂家主要有泰和新材、中蓝晨光化工研究设计院有限公司和苏州兆达特纤科技有限公司等，各家芳纶Ⅱ纤维的产能分别为：泰和新材 1500t/a、中蓝晨光 1000t/a、河北邯郸硅谷 1000t/a、神马集团 1000t/a、仪征化纤股份有限公司 1000t/a。2018年国内对位芳纶纤维的产量约为 7800t/a，间位芳纶纤维的产量约为 10000t/a（来源于 IHS Markit）。

国内芳纶Ⅱ生产企业中，泰和新材已形成常规型（529）、高强型（629）、高伸长型（529R）、高模型（539）、原液染色等系列化品种结构，涵盖 200D～9000D等多种规格；中蓝晨光形成了 F-218、F-248、F-258、F-268 系列产品，涵盖 800D～2250D 等规格产品。产品性能上，目前国内芳纶Ⅱ产品在拉伸强度、弹性模量、断裂伸长率等方面与美国杜邦和日本帝人仍有差距。

国内从事杂环芳纶（即芳纶Ⅲ）研制和生产的单位主要有中国电子科技集团公司第四十六研究所、中蓝晨光和四川辉腾科技股份有限公司，三家单位的产能合计大约是 150t。尽管已攻克了国产化"有无"问题，国内芳纶Ⅲ产业仍处于成本高、应用面窄（高端应用）、生产量少、应用量少的非良性循环阶段，且需通过军民融合成果转化，充分论证后，布局规模化、集成化生产线的建设，降低生产成本，扩大市场应用份额，走向良性发展阶段。

2. 对位芳纶纤维的需求分析

纵观国内外对位芳纶纤维的发展趋势，都在向着产品系列化、生产低成本化、性能更高、更稳定、应用领域更广的方向发展。

我国是制造业大国，并且在诸多行业存在提升品质的急切需求，所以我国对于对位芳纶纤维的需求量大且应用面广。2018 年我国对位芳纶纤维和间位芳纶纤维的消费量分别为 1.08 万和 1.03 万 t（表 3-4）。由于目前对位芳纶纤维主要由国外垄断，我国产量偏低，所以许多行业的需求被严重抑制。未来十年，我国对位芳纶纤维的需求将以 12%年均增长率增长。预计到 2035 年，我国对位芳纶纤维的需求量将超过 30000t。其中通信光缆 10000t，防护领域（含单兵系统和装甲防护）8000t，摩擦及密封 7000t，橡胶领域（胶管、输送带和轮胎）3000t，缆绳 2000t，复合材料（含芳纶纸蜂窝）1000t。2035 年，我国的对位芳纶纤维产能将超过50000t/a，占全球产量的 30%，在满足国内市场需求的同时，将对外大量出口。

表 3-4　世界主要地区芳纶纤维的消费量（单位：kt）

年份	美国		西欧		俄罗斯		中国		日本		其他国家 [a]		合计	
	meta	para	meta	para	meta	para	meta	para	meta	para	meta	para	meta	para
1979	4	5	1	<1	<1	0	—	—	<1	<1	—	—	6	6
1986	5	9	3	3	1	1	—	—	<1	<1	—	—	10	14
1990	5	8	4	6	1	3	—	—	<1	<2	—	—	12	19

续表

年份	美国		西欧		俄罗斯		中国		日本		其他国家 [a]		合计	
	meta	para	meta	para	meta	para	meta	para	meta	para	meta	para	meta	para
1998	7	11	6	9	<1	<1	—	—	<1	<2	—	—	16	24
2003	7	13	7	12	<1	<1	0.4	1	0.9	1.8	0.5	1.5	15.8	29.3
2007	10	15	9	21	<1	1	1	1.4	1.2	2.2	1	2.5	22.2	43.1
2010	9	19	8	20	<1	1	3.5	2.7	1.2	2.1	1.4	3.5	23.1	48.3
2011	11	21	8	21	<1	1	3.2	4.3	1.4	2.4	1.4	3.5	25	53.2
2014	12	23	9	23	<1	2	6.6	6.8	1.3	2.4	1.8	4.3	31.1	61.4
2015	11.3	22	8.5	22.5	<1	2	7.3	7.5	1.2	2.3	1.7	4.3	30.8	60.6
2017	11	22.5	9.2	24.2	0	2	9.6	9.8	1.7	2.4	1.3	3.9	32.8	64.8
2018	11	22.6	9.5	25.7	0	2	10.3	10.8	1.9	2.4	1.4	4.5	34.1	68
2023	13.4	28.5	11.4	32.1	0	2.9	17.3	20.4	2.4	3.1	1.7	6	46.2	93

年均增长率

| 2018~2023 | 4.0% | 4.7% | 3.7% | 4.5% | — | 8.0% | 10.9% | 13.6% | 4.1% | 5.3% | 4.2% | 5.9% | 6.3% | 6.5% |

注：a 包括其他亚洲国家。数据来源：2019 IHS Markit。

高性能芳纶纤维具有阻燃、轻质、高强、耐磨等一系列优良性能，因此在国民经济各领域应用广泛。对位芳纶纤维在防弹头盔、橡胶增强、复合材料、绳索等领域具有广泛应用（表 3-5），可满足航天、航空、高空飞艇、个体防护、应急救援、高端体育领域等应用需求，同时民用航空、轨道交通、先进汽车、新能源等支柱性和先导性产业也在拓展其新的应用。

表 3-5　2018 年主要市场的对位芳纶纤维消费情况

用途	消费量/kt				2018~2023 年年均增长率/%			
	美国	西欧	中国	日本	美国	西欧	中国	日本
防护	54	44	14	9	4.9	6	18.8	5.3
轮胎橡胶增强	4	9	20	19	4.2	3.5	8.6	5.3
其他橡胶增强	9	9	13	3	4.2	3.5	4.7	6.1
石棉替代	10	17	9	12	1.2	1.5	10.2	0.1
复合材料	8	7	25	5	7.7	4.5	8.6	5.3
绳索缆绳	12	11	10	51	5.5	4.5	15.9	11
其他	3	4	9	1	3.6	4.1	13.6	1.5
合计	100%	100%	100%	100%	4.7%	4.5%	13.6%	5.3%

注：数据来源为 2019 IHS Markit。

间位芳纶纤维主要用于纺织、电气绝缘和过滤应用（表 3-6）。近年来，工业应用领域的需求急剧增加，如飞机轻量化及电动机和发电机的能源使用。杜邦公司生产的大多数高端间位芳纶纤维用于纺织和造纸。人们对能够抵御化学和生物制剂的轻型防护服的需求也在增加。另一个日益增长的应用是在风力涡轮机中，Nomex 用于关键部件的绝缘。我国生产的间位芳纶纤维 80% 以上是用于高温的低端品种过滤。山东太浩化工有限公司生产的少量间位芳纶纤维用于服装和其他高端应用，瞄准了美国过滤市场。表 3-6 按主要市场列出了间位芳纶纤维的消费量。

表 3-6　2018 年主要市场的间位芳纶纤维消费情况

用途		消费量/kt				2018～2023 年年均增长率/%			
		美国	西欧	中国	日本	美国	西欧	中国	日本
浆粕	电气用途	49	40	11	31	4.1	3.5	11.4	3.4
	蜂窝材料	4	10	8	11	3	4	12.4	2.1
织物	阻燃材料	26	22	14	20	4.6	4.5	13.4	7.1
	过滤分离	15	17	50	26	3.7	3.5	10.4	3.3
	石棉替代	3	7	13	1	1.8	2	10.4	0.6
	其他	3	4	4	11	2.3	3.3	5.5	4.4
合计		100%	100%	100%	100%	4.0%	3.7%	10.9%	4.1%

注：数据来源为 2019 IHS Markit。

3.3.5　我国芳纶纤维存在的问题

目前，我国基本突破了对位芳纶纤维工程化的关键技术瓶颈，泰和新材和蓝星新材等公司千吨级生产装置已经实现了稳定运行，国产对位芳纶纤维在光缆、橡胶增强和防弹等重要领域已实现批量应用。

从商业化的角度来看，千吨级对位芳纶装置只是突破了技术门槛，还没达到行业经济规模（单套装置 3000t 以上）运行的水平，与市场化运营、全球化竞争的要求更是相距甚远。我国目前与国外相比还存在显著差距，具体表现在以下几点。

（1）基础研究的差距。对位芳纶纤维的生产涉及两个关键环节：聚合和纺丝。聚合如果不稳定，纺丝的稳定性就无从谈起；纺丝的流变学研究也会对最终纤维质量产生显著影响，尤其在生产超细纤维方面。我国目前在这两个方面研究都还不够。对位芳纶纤维的聚合看似简单，实际非常复杂，有副反应众多、对水的影响过于敏感等问题。此外，为了保证聚合稳定性，就必须解决聚合连续性问题。

在纺丝流变学研究方面国内更是薄弱，对于解决干喷湿纺过程中的漫流问题，对于提高纤维强度的理论原理，目前国内的基础研究还远远不够。

（2）市场竞争力不够。在产业化方面，国内已有多家企业可以生产和杜邦Kevlar 29 性能相当的产品，但是生产成本偏高。如果国外通过降价等策略刻意打压，这些国产产品将没有市场竞争力，生存发展将更艰难。要降低生产成本，除了要优化技术方案提高产品合格率外，还要提高生产设备国产化率，目前进口的昂贵设备抬高了产品生产成本。因此，我国要发展对位芳纶纤维，今后要加大生产设备国产化方面的投入。

（3）下游市场的配合问题。国内对位芳纶纤维的生产技术只是在最近几年才刚刚取得突破，所以下游产业，尤其是国防和航空航天等许多敏感领域对于国产芳纶纤维的使用还持谨慎态度。但是反过来说，如果没有这些领域的支持和使用，国产芳纶纤维的高端化发展会更加缓慢。另外，从商业角度来说，目前杜邦和帝人已经在我国解禁了多个产品牌号，如之前严禁在我国销售的 KM2 在我国也可以买到。所以我国需要从战略高度，在国产芳纶纤维已经取得突破的情况下，是否采用反垄断法和国防物资采购条例对国产芳纶纤维进行保护，扶持国产芳纶纤维的发展是国家相关部门需要考虑的问题。

目前为止，国内量产的芳纶Ⅲ纤维性能只达到俄罗斯 Armos 的水平，与其Rusar 纤维相比还有较大差距，和俄罗斯最新研制的 Rusar NT 相比差距更大；在制备工艺技术方面也存在差距，俄罗斯杂环芳纶纤维的四元共缩聚技术和干湿法纺丝工艺已应用于 Rusar 生产多年，技术成熟度和稳定度高，而国内才开始研发，虽然已能够设计流程并能得到样品，但部分关键技术尤其是工程化关键技术还未突破。除此之外，芳纶Ⅲ纤维在产品系列化程度、产业规模、应用开发方面和俄罗斯也存在全方位的差距，主要原因是其应用领域相对高端、狭窄，导致我国在以企业为主导的产业化投资决策上存在疑虑。

因此，我国需要在高性能化、低成本化两方面着力，全面推进芳纶Ⅲ纤维的工程化开发和应用。

3.4　超高分子量聚乙烯纤维

3.4.1　概述

超高分子量聚乙烯纤维是 20 世纪 90 年代初出现的高性能纤维，是当今世界三大高科技纤维（碳纤维、芳纶纤维、超高分子量聚乙烯纤维）之一，是以分子量超百万的超高分子量聚乙烯（UHMWPE）为原料，采用冻胶纺丝方法制成的纤维。该纤维具有分子量高、取向度高和结晶度高的结构特点，并且具有轻质、高强、高模、抗冲击、耐磨损、抗切割韧性、抗紫外线、耐各类化学物品腐蚀等优异综合性能，相同质量下的强度是不锈钢丝强度的 5 倍，是 HM 碳纤维和玻璃纤维的 1.6 倍，是目前比强度最高、密度最小的纤维。

3.4.2　超高分子量聚乙烯纤维的种类

按照用途不同，UHMWPE 纤维可分为绳线制品、纺织织物、无纺织物和复合材料，产品可广泛应用于国防军需装备和特殊民用品领域，如坦克、装甲车、军舰等各类轻质防弹板材，轻质防弹头盔、软质防弹衣、防刺衣、防切割手套、防切割面料、远洋船舶、海港、海军舰艇绳缆，深海石油、天然气钻探平台拉索，远洋捕鱼拖网、深海抗风浪网箱，高性能体育器材和先进复合材料等领域。

3.4.3　超高分子量聚乙烯纤维的制备方法

UHMWPE 由于分子量很高，熔体黏度较大，很难采用常规的熔融纺丝方法来制备 UHMWPE 纤维。自 20 世纪 70 年代以来，在前人的不断摸索下，发明了许多制备 UHMWPE 纤维的方法，主要包括：增塑熔融纺丝法、固体挤出法、超拉伸或局部拉伸法、表面结晶生长法和冻胶纺丝-超倍拉伸法等，而目前仅有冻胶纺丝-超倍拉伸法实现了工业化生产[61-67]。

1. 增塑熔融纺丝法

这种方法是通过加入增塑剂或稀释剂来降低 UHMWPE 熔体的黏度，以提高 UHMWPE 熔体的可加工性，最终将 UHMWPE 纺丝成型。其中，此方法中 UHMWPE 的浓度控制在 20%～40%，并利用双螺杆挤出机进行熔融纺丝。对于增塑剂，一般可以选择固体石蜡或 UHMWPE 的良溶剂，但是其沸点要比 UHMWPE 的熔点高。最后，混合物经熔融挤出成型后，在萃取剂中直接进行多级拉伸，或者先在萃取剂中萃取一段时间后，再进行多级热拉伸，该方法制备的 UHMWPE 纤维强度可达 16cN/dtex，模量达到 600cN/dtex。

2. 固体挤出法

固体挤出法是将 UHMWPE 粉末树脂放入一个可以加热的挤出装置内，待 UHMWPE 粉末完全熔融后采用较高的压力将 UHMWPE 熔体从锥形喷孔中挤压喷出，随即再进行高倍拉伸，如图 3-12 所示。采用此法 UHMWPE 大分子链在高剪切力与拉伸张力作用下能够充分伸展取向，制备的纤维强度可达 19.4cN/dtex。

但是此法在实际的生产过程中受到工艺设备及 UHMWPE 本身性能的限制，很难实现工业化生产。

3. 超拉伸或局部拉伸法

超拉伸或局部拉伸法是将初生纤维加热到结晶温度 T_c（127℃）以上，再进行超倍或局部拉伸，工艺如图 3-13 和图 3-14 所示，在拉伸应力的作用下，使折叠链的大分子链重排转变为伸直链结构，从而获得 UHMWPE 纤维。由于该方法受到 UHMWPE 分子量的限制，仅靠拉伸方法使纤维强度提高存在局限性，该法制备的 UHMWPE 纤维强度可达 17.6cN/dtex，模量达到 800～1000cN/dtex。

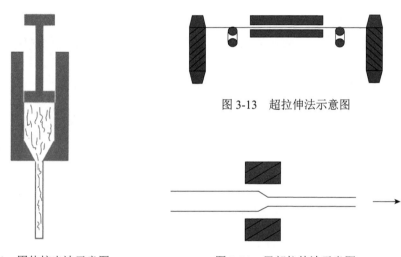

图 3-13　超拉伸法示意图

图 3-12　固体挤出法示意图　　　　　　图 3-14　局部拉伸法示意图

4. 表面结晶生长法

表面结晶生长法由荷兰格罗宁根大学的 A. J. Pennings 和 A. Zwijnenbur 首先发明。该方法采用库爱特（Couette）装置，如图 3-15 所示，将配制好的 UHMWPE 极稀溶液加入装置中，转动装置中心的圆辊，随着不断地转动，圆辊的表面会形成一层 UHMWPE 的冻胶膜，再将晶种放入 UHMWPE 的稀溶液中，当晶种与冻胶膜接触后会诱导 UHMWPE 分子开始结晶，并不断生长成纤维状晶体。将纤维状晶体从导管中引出，纤维的引出方向与中心圆辊的旋转方向相反，使纤维状结晶的生长受到沿纤维轴向的拉伸力，所得纤维的结晶形态呈羊肉串状，再通过进一步的热拉伸，可制备出性能优异的 UHMWPE 纤维。其强度可达到 50cN/dtex，模量可达到 1500cN/dtex。但是由于纤维的结晶生长速度较慢，产量较低，限制了其工业化的脚步。

5. 冻胶纺丝-超倍拉伸法

冻胶纺丝-超倍拉伸法是采用小分子烷烃（十氢萘、矿物油等）作 UHMWPE 粉末树脂的溶剂，加入适量的抗氧化剂后，将其配制成半稀的纺丝溶液。采用双螺杆挤出机共混挤出，经凝固浴骤冷成冻胶纤维。将冻胶纤维进行萃取干燥处理，来脱除冻胶纤维内部的溶剂，随后经过超倍热拉伸，最终制备 UHMWPE 纤维。冻胶纺丝-超拉伸法是目前唯一实现了 UHMWPE 纤维工业化生产的方法，此法所采用的原理是利用双螺杆加热共混，使得 UHMWPE 粉末树脂在溶剂中溶胀、溶解，使其内部的大分子解缠结，经凝固浴骤冷后将这种解缠结的

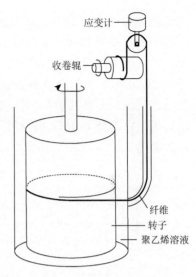

图 3-15　表面结晶生长法示意图

状态保持在冻胶纤维中，脱除溶剂后，再经过超倍热拉伸，纤维的结晶度与取向度大幅度增加，并且形成伸直链晶，从而使制备的 UHMWPE 纤维具有高强度、高模量。

根据采用溶剂的不同，又可将冻胶纺丝-超倍拉伸法分为两种，一种是以荷兰 DSM 公司的 Dyneema 为代表的高挥发性溶剂（十氢萘）的干法冻胶纺丝工艺路线，简称干法路线（图 3-16）；另一种是以美国 Honeywell 公司的 Spectra 为代表

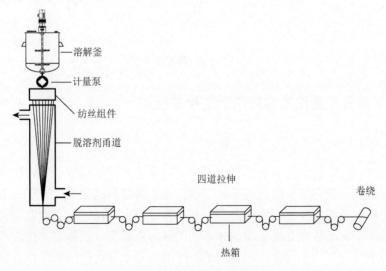

图 3-16　干法路线示意图

的低挥发性溶剂（白油、矿物油等）的湿法冻胶纺丝工艺路线，简称湿法路线（图 3-17）。干法路线十氢萘溶解效果好、纺丝速度快、工艺流程短，产品性能均匀性好，但干法路线溶剂成本高，要求生产设备密闭性好、控制要求高。湿法路线溶剂成本低、对生产设备要求低、萃取回收技术成熟，但湿法路线工艺流程长、纺丝速度低、产品性能均匀性稍低。在国内，湿法路线比干法路线更加成熟，现阶段国内大部分 UHMWPE 纤维生产厂家采用湿法路线，并已经具有了规模化生产的能力。

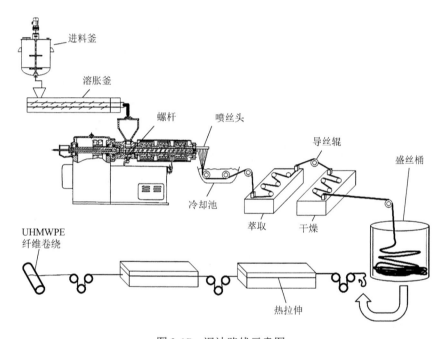

图 3-17　湿法路线示意图

3.4.4　超高分子量聚乙烯纤维的结构与性能

1. UHMWPE 纤维结构与性能特点

UHMWPE 分子量在 100 万以上，分子链是由亚甲基组成的柔性锯齿链，分子链规整有序，没有很长的侧链或者支链，是非常规则的线型大分子。而且分子链之间无极性基团，分子间作用力小，在拉伸过程中可以进行高度取向和结晶，正是由于分子量高且拥有很小的大分子间的缠结点密度，使其非常接近高强高模纤维的理想结构[68-71]。因此，UHMWPE 纤维具有十分优异的物理性能以及化学稳定性，具体表现在以下几个方面。

1）力学性能

UHMWPE 纤维单一的结构单元使其分子链（碳碳键的键能为 345.6kJ/mol）排列比较紧密，较高的取向度和结晶度决定了其具有很高的强度和模量。由于 UHMWPE 纤维的密度很小，为 $0.97 \sim 0.98 g/cm^3$，故其比强度和比模量非常高，比强度居高性能纤维之首，分别是高强度碳纤维的 2 倍和钢材的 14 倍，并且比模量仅次于特级碳纤维。断裂比功很高，同碳纤维和芳纶纤维等高性能纤维相比，其断裂伸长率相对较大。表 3-7 是 UHMWPE 纤维与其他几种高性能纤维的各种性能参数，对比可以看出 UHMWPE 纤维具有其他几种纤维不可比拟的性能优势。

表 3-7　UHMWPE 纤维与其他高性能纤维性能比较

性能	UHMWPE 纤维	芳纶纤维	碳纤维	玻璃纤维	聚酰胺纤维
密度/(g/cm³)	0.97	1.45	1.78	2.55	1.14
抗张强度/GPa	3.0	2.7	2.3	2.0	0.9
比强度/(N/tex)	3.1	1.9	1.2	0.8	0.8
模量/GPa	172	120	390	73	6
比模量/(N/tex)	177	85	210	28	5
断裂伸长率/%	2.7	1.9	0.5	2.0	20

2）耐磨性和耐弯曲性能

UHMWPE 纤维的耐磨性随着模量的增大而提高，这是由于纤维表面比较光滑，故而具有很低的摩擦系数，由其制作的绳缆破断循环数比 Kevlar 纤维高 8 倍。由于该纤维具有相对较大的断裂伸长率，因此具有优异的耐弯曲性能，使得 UHMWPE 纤维易于加工成型，具有良好的纺织可加工性能。

3）耐化学腐蚀性能

UHMWPE 纤维具有简单的亚甲基基团结构，分子链的高结晶度和高度取向性使其具有优良的耐化学腐蚀性能，并且分子链中仅有 C—C 和 C—H 两种化学键，无其他活性或极性基团，因而纤维表面呈化学惰性。除强氧化性酸液外，UHMWPE 纤维对有机介质（萘溶剂除外）及各种腐蚀性介质（酸、碱、盐）都具有很强的抗腐蚀能力。

4）耐冲击性能

UHMWPE 纤维的玻璃化转变温度很低，因此在塑性变形过程中可以吸收较多的能量，在较低温度和较高应变率下依然能够保持优异的力学性能，尤其是抗冲击性能。UHMWPE 纤维复合材料的比冲击总吸收能量分别是 E 玻璃纤维、

Kevlar 纤维和碳纤维的 3.0 倍、2.6 倍和 1.8 倍，而且其防弹能力比 Kevlar 纤维装甲高 2.6 倍。

5）耐光性能和电性能

UHMWPE 纤维具有优异的耐光照性能，经过在紫外线照射条件下测试，UHMWPE 纤维力学性能保持程度比其他普通纤维高得多。将 UHMWPE 纤维放在连续光照条件下两个月，其力学性能仍旧可以保持在 80% 以上，其耐光性能比普通的化学纤维高出两倍多。表 3-8 为 UHMWPE 纤维以及其他几种纤维的介电常数和介电损耗值，从表 3-8 中可以看出相比较于其他几种纤维，UHMWPE 纤维具有较低的介电常数和介电损耗。这一特性能够使 UHMWPE 纤维所增强的复合材料对雷达波的反射很少，而对雷达波的吸收率却很高，因此 UHMWPE 纤维被重点应用于制作雷达罩的各种材料。

表 3-8　不同纤维的介电常数和介电损耗

纤维类别	介电常数（ε）	介电损耗/($\times 10^{-4}$)
UHMWPE	2.3	4
PET	3.0	90
有机硅树脂	3.0	30
PA66	3.0	128
酚醛	4.0	400
电子级玻璃纤维	6.0	60

6）其他优异性能

UHMWPE 纤维吸水率很低，因此在潮湿的环境中不会因为吸水而造成材料的尺寸发生变化，具有良好的抗湿性能；UHMWPE 纤维的耐低温性能极好，即使在极端低温（最低使用温度可以达到 −269℃）环境下使用，依然能保持良好的力学性能，且柔软性变化也不大；UHMWPE 纤维具有良好的耐海水性，在海水中浸泡 6 个月后，纤维的各项性能并未受到很大的影响，对各种破坏性化学介质具有良好的耐久性；UHMWPE 纤维还具有优良的耐紫外线性和耐候性能。

2. UHMWPE 纤维表面改性

由于 UHMWPE 纤维分子链为线型结构，分子链上只有碳和氢两种元素，表面基本无极性基团，且分子结构非常紧密，具有高结晶度、高取向度，造成其表面能低、化学惰性大、吸湿性差、不易染色、界面黏接性能差，在很大程度上限制了 UHMWPE 纤维在材料领域的推广应用。因此，通过对 UHMWPE 纤维表面进行改性以改善纤维界面黏接性能，进而改善 UHMWPE 纤维自身的不足，得到区别于 UHMWPE 纤维表面的其他性能[72-74]。目前对 UHMWPE 纤维表面改性的方法主要包括：等离子体改性、化学氧化改性、辐射接枝改性、电晕放电改性等。

1）等离子体改性

目前等离子体改性是对 UHMWPE 纤维改性最有效的方法之一，纤维经等离子体照射后与基体形成很好的结合能力，可以达到 30nm 的交联深度，在氧气气氛下经过等离子处理后还可以产生部分化学键的作用。在等离子体处理过程中，纤维表面的弱边界层被去除，这有助于提高纤维与基体之间的黏结性[75-77]。

等离子体处理可以根据压力大小分为低压处理和高压处理，压力小于 130Pa 的为低压处理，低压处理对纤维的力学损伤较小所以效果好，但低压处理对真空度要求很高；根据等离子体处理后有无聚合物生成可分为有聚合物和无聚合物两种处理方式，使用 O_2、N_2 和 Ar 等气氛处理纤维时，在其表面没有聚合物生成，此类工艺只是简单地对纤维表面进行刻蚀，操作容易，安全无污染；使用有机体作为气氛处理纤维时，会在纤维表面产生聚合物，这些聚合物可以增加纤维与树脂基体间的结合程度，这类方法虽然对纤维在力学方面的损伤较小，但是会污染等离子体处理设备，因而在改性中一般不使用；根据等离子体处理时的温度还可分为高温处理和低温处理，低温处理指重粒子的温度与室温相同或略高于室温，高温处理则粒子的温度很高，由于 UHMWPE 纤维的熔点较低，所以一般使用低温等离子体处理进行改性。因为等离子体处理只是对 UHMWPE 纤维表面几个分子的深度产生影响，而不会损伤其内部结构，因此纤维的强度损伤较小。

近年来许多学者针对等离子体改性 UHMWPE 纤维进行了研究，He 等[78]通过氧等离子体改性 UHMWPE 纤维，并采用双螺杆挤出机制备出 HDPE/UHMWPE 复合材料，研究发现对 UHMWPE 纤维进行等离子改性可以有效提高 HDPE/UHMWPE 复合材料的层间剪切强度、拉伸强度和冲击强度，XPS 测试结果表明，等离子处理可使 UHMWPE 纤维与 HDPE 发生化学相互作用，增加了表面粗糙度，从而改善了复合材料的界面黏合性。为了改善 UHMWPE 纤维表面的润湿性、染色性和黏附性，Ren 等[79]在 UHMWPE 纤维表面进行了电介质阻挡放电（DBD）等离子体和壳聚糖涂层的组合处理，研究结果表明纤维的润湿性、染色性和黏附性均有所提升，并且 XPS 测试结果显示改性后 UHMWPE 纤维的氧和氮含量高于未改性的纤维。UHMWPE 纱线由于高模量、高强度、低密度的特点被广泛应用于防弹领域，但其低摩擦力在弹道应用中是一个弱点，Chu 等[80]针对 UHMWPE 纱线摩擦力较小的特点，通过等离子体增强化学气相沉积（PCVD）来增加 UHMWPE 纱线之间的摩擦，测试结果表明纱线的静摩擦系数从 0.12 提高到 0.23，动摩擦系数从 0.11 提高到 0.19，并进一步揭示了摩擦系数的提高归因于改性后UHMWPE 纱线表面上大量的颗粒和极性基团，包括羧基、羰基和氨基。

2）化学氧化改性

化学氧化改性是指使用强氧化剂对 UHMWPE 纤维表面进行处理，利用强氧化作用除掉纤维表面的弱界面层，使纤维表面产生凹凸不平的形貌，从而加大了纤维的粗糙度及比表面积，不仅为纤维与基体结合提供物理啮合点，而且氧化作用能够在纤维表面引入碳基和羧基等含氧极性基团。在化学氧化改性中氧化剂浓度、处理时间和温度等条件是最主要的影响因素，该方法可以有效改善纤维与基体之间的黏接性能。常用的氧化剂有重铬酸钾溶液、铬酸、双氧水和高锰酸钾溶液等。

Li 等[81]采用铬酸强氧化剂对 UHMWPE 纤维进行表面改性，研究了改性UHMWPE 纤维增强的天然橡胶（NR）复合材料的力学性能，结果显示UHMWPE/NR 复合材料的模量、拉伸应力、断裂伸长率均得到改善，对复合材料断面微观分析表明 UHMWPE 纤维与 NR 的界面黏合性得到改善。Silverstein 等使用强氧化剂铬酸溶液处理 UHMWPE 纤维，发现其中铬酸的刻蚀效果在提高UHMWPE 纤维与环氧树脂的结合强度方面效果最佳，所得到的纤维与环氧树脂之间的剪切强度增加了 6 倍。经过铬酸溶液刻蚀处理后，UHMWPE 纤维表面的弱界面被去除，纤维的非结晶区逐渐表露出来而被氧化，提高了纤维表面的粗糙程度和浸润性，但是纤维的表面明显受损从而导致力学性能明显下降。

3）辐射接枝改性

辐射接枝改性是指在高能电子束、γ 射线、紫外光、X 射线等辐射源的作用下，纤维表面产生活性位点，继而引发单体在活性位点上发生聚合反应，形成的聚合物层作为"桥梁"接枝基体材料，从而改善纤维表面黏接性能。根据反应条件的不同，辐射接枝改性分为共辐射接枝聚合和预辐射接枝聚合。共辐射接枝聚合是指纤维基材和单体在相互接触的情况下进行辐照。预辐射接枝聚合是将纤维基材在有氧或者无氧环境下进行辐照，然后将辐照后的纤维基材置于含有单体的溶液或者气体中，在除氧、加热的条件下发生接枝聚合反应。

冯鑫鑫[82]选用 UHMWPE 纤维和聚乙烯/聚丙烯（PE/PP）皮芯结构无纺布作为基材，通过预辐射接枝技术与化学改性相结合的方式改性 UHMWPE 纤维制备了两种对铀酰离子和铂离子具有良好富集效果的高分子吸附剂。高乾宏[83]采用预辐射接枝的方法成功地将甲基丙烯酸缩水甘油酯（GMA）和丙烯酸甲酯（MA）共接枝到 UHMWPE 纤维上，随后通过化学修饰在接枝后的 UHMWPE 纤维上引入偕肟胺基，研究结果表明这种方式改性的纤维最大程度保留了 UHMWPE 纤维的优异力学性能，并且该材料对铀具有较高的吸附性。

4）电晕放电改性

电晕放电改性是将 2～100kV、2～10kHz 的高频高电压施加于致电电极，在电极两侧出现强电场使得周围的气体局部发生击穿而产生电晕放电,生成的等离子体及臭氧与纤维表面发生反应使其表面产生大量的极性基团,同时增大纤维表面的粗糙度,改善了纤维与基体的黏接性。该方法处理效果保持率不高,难以连续工业化生产,且处理工艺相对复杂。

李焱等[84]采用电晕放电连续处理 UHMWPE 纤维,随着处理功率的增大,纤维表面粗糙度增加,生成的极性官能团增多,但断裂强度和模量性能下降。在处理时间（180s）不变的条件下,处理功率为 225W 时,纤维表面出现 C=C 不饱和双键;处理功率上升至 375W 时,纤维表面出现 C=O 和—OH 两种含氧官能团,但纤维断裂强度下降 20%;处理功率增大到 525W 时,纤维断裂强度下降 68%。在处理功率为 225W 和处理时间为 180s 条件下,改性后纤维与苯乙烯-乙烯-丁烯-苯乙烯嵌段共聚物（SEBS）的黏接强力提高 67%,但与水性聚氨酯的黏接强力仅提高 25%。

3.4.5　超高分子量聚乙烯纤维的应用现状及需求分析

1. UHMWPE 纤维"十三五"期间的发展

初步统计,2015~2019 年全球 UHMWPE 纤维的产能不断增加,2018 年,全球 UHMWPE 纤维产能增加较为明显,产能共计达到 5.89 万 t。2019 年,全球 UHMWPE 纤维产能达到 6.46 万 t,如图 3-18 所示。目前,荷兰帝斯曼公司是全球领先的 UHMWPE 纤维生产商,2019 年初帝斯曼公司的产能为 8900t/a,占全球产能的 20%以上;此外,美国霍尼韦尔公司的产能为 1500t/a;日本东洋纺的产能也达到 4200t/a。国内企业实现技术突破逐一量产,建成了数十条 UHMWPE 纤维生产线,形成了较为完善的规模化生产能力,近几年,我国在 UHMWPE 的产能增长迅速,如图 3-19 所示。2019 年,我国 UHMWPE 纤维行业总产能约 4.10 万 t,占全球总产能的 60%以上。超过 2000t 产能的国内企业有山东爱地高分子材料有限公司、湖南中泰特种装备有限责任公司、江苏九九久特种纤维制品有限公司、上海斯瑞科技有限公司、宁波大成新材料股份有限公司和浙江千禧龙纤特种纤维股份有限公司,山东如意科技集团有限公司正在建设年产 1 万 t 超高性能 UHMWPE 纤维生产项目。从产业链角度看,与国际公司帝斯曼公司、霍尼韦尔公司相比,国内 UHMWPE 纤维产品强度基本在 28~40cN/dtex,而帝斯曼公司高端 UHMWPE 纤维的强度为 45cN/dtex。从产品应用看,国产化程度逐渐提高,而且部分外销国外,经过 20 年的快速发展,国内 UHMWPE 纤维的生产技术和产品质量已经接近国外公司的产品,UHMWPE 纤维是三大高性能纤维中产业化规模和技术发展最好的一个品种。

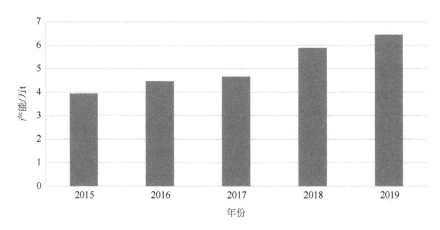

图 3-18　2015～2019 年全球 UHMWPE 纤维行业产能

数据来源：前瞻研究院

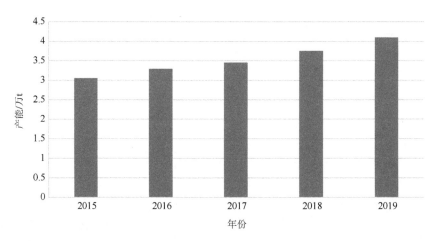

图 3-19　2015～2019 年我国 UHMWPE 纤维行业产能

数据来源：前瞻研究院

　　综上所述，UHMWPE 纤维行业产能呈稳步增长趋势。目前，UHMWPE 纤维在巩固军事装备、海洋产业以及安全防护领域的基础上，积极向家用纺织和体育器械等民用领域拓展。上述应用领域的发展现状与发展趋势情况如下所述。

　　1）军事装备领域

　　目前工业化、大规模生产的高性能纤维主要有芳纶纤维、UHMWPE 纤维和碳纤维。由于 UHMWPE 纤维具有耐冲击性能好、比能量吸收高、轻质、使用温度范围大等优势，其在军事装备领域发挥了重要作用。

UHMWPE 纤维的比强度是芳纶纤维的 1.7 倍，因此，UHMWPE 纤维与芳纶纤维相比，可在相同防护等级的条件下减轻重量。专家表示，更加轻便的防护用品将降低穿戴的疲惫感，帮助士兵保持警觉，提升部队整体的作战能力和耐久性。此外，UHMWPE 纤维防护用品的使用温度可低至-150℃，而芳纶纤维在-30℃就会失去防弹性能，因此在高寒地区，UHMWPE 纤维产品是防护用品的首选。在全球范围内，由于地区发展的不平衡和局部冲突的进一步加剧，特别是"9·11"事件以后，全世界反恐形势日益严峻，急需大量的个体防护装备。根据美国市场研究公司（GVR）的统计，2016 年防弹类纺织品市场规模为 16.37 亿美元，预测至 2025 年其市场规模将进一步扩大至 23.28 亿美元，预测期内的年均增长率为 3.9%。其中，欧洲和北美地区仍是防弹类纺织品最主要的市场，2016 年其市场规模分别为 5.40 亿美元和 4.77 亿美元，预测期内的年均增长率分别为 3.7%和 4.2%；2025 年其市场规模将分别达到 7.54 亿美元和 6.94 亿美元。相比于欧美市场的稳定增长，亚洲在预测期内的年均增长率将达到 4.7%，成为增长最快的地区，市场规模将由 2016 年的 3.17 亿美元增至 2025 年的 4.81 亿美元。在国内方面，近几年随着我国 UHMWPE 纤维的产业化发展，相对打破了国外三家公司的垄断，国产 UHMWPE 纤维也促进了军事装备领域的发展。UHMWPE 纤维是我国迫切需要的重要战略物资，随着军事装备军备水平的提高，对 UHMWPE 纤维的需求驱动力也将越来越大。根据前瞻研究院的预计，到 2025 年军事装备用 UHMWPE 纤维需求量将达到 2.50 万 t。

2）海洋产业领域

UHMWPE 纤维具有高强高模、耐腐蚀、耐磨损、耐光照、柔韧性好的特征，是制造绳缆的理想材料，且由于其质量轻，密度只有 0.97g/cm³，是高性能纤维中密度唯一小于 1 可漂浮于水上的纤维，用其制造的绳索可漂浮于水上。此外，在强度方面，UHMWPE 纤维绳索在自重条件下的断裂长度是钢绳的 8 倍，是芳纶绳的 2 倍；在耐光性方面，UHMWPE 纤维在日光照射 1500h 后，强度仍能保持在 80%以上，而芳纶纤维经日光照射后强度会急剧下降；在化学稳定性方面，UHMWPE 纤维在海水中能有效解决钢绳的锈蚀问题及尼龙、聚酯缆绳在海水中的水解和紫外降解问题。另外，UHMWPE 纤维制成的渔网比相同强度下普通的纤维轻至少 40%，无吸水性、耐紫外线、强度高、网丝细，加工成养殖网箱固定性好，力学性能好，有效防止了食肉鱼对经济鱼的猎杀，降低了养殖成本；用作拖网阻力小，减少渔船能耗，提高了捕捞效率。基于 UHMWPE 纤维的优异特性，其被广泛应用于海洋产业。在国外，UHMWPE 纤维被应用于墨西哥湾等海洋石油移动平台（MODU）、固定平台和单点系泊工程中。此外，国外海事部门已经相继出台相关政策，要求出海船只至少配备一条重达 100kg 的 UHMWPE 纤维绳缆，以替代传统钢绳。在国内，海洋是我国经济社会发展重要的战略空间，是孕育新产业、引领新增长的重要领域，在国家经济社会发展全局中的地位和作用日益突出。根据国家海洋总局数据显示，2014～2019 年，中国海洋产业生产总值稳步增长，2019 年达到 89415 亿元，同比增长 7.19%。在海洋产业中，UHMWPE 纤维以其优良的性能，成为海上用绳缆、船舶系留绳、远洋渔网和海上养殖网箱等的主要材料。结合目前远洋大型渔船、海洋工程等海洋产业的发展，前瞻研究院预计，未来海洋产业用 UHMWPE 纤维市场保持稳定增长，到 2025 年需求量将达到 2.46 万 t。

3）安全防护领域

UHMWPE 纤维防护用品与芳纶纤维、碳纤维及陶瓷、钢铁、合金类防护用品相比，在保证防护性能的前提下，UHMWPE 纤维制成的防护材料超轻且能很好解决非贯穿性伤害。因此，在安全防护领域，UHMWPE 纤维主要用于生产防割手套、防刺服、安全绳索等。近年来各类灾害事故呈现出突发性强、经济损失大、人员伤亡多的特点，对防护材料、防护服装及防护技术提出了更高的要求，迫使安全防护用纤维纺织品迈向更广的应用领域、更高的技术水平发展，表现为防护范围延伸、内涵拓展和功能提升。由于 UHMWPE 纤维具有良好的耐磨、防切割性能，经过特殊工艺处理，UHMWPE 纤维制成的防护手套能够应用于金属加工、玻璃加工等对防护要求较高的特殊行业。随着 UHMWPE 纤维产业化的不断发展，近年来产品逐渐普及，已经逐渐拓展到其他需要手部或其他部位防护的行业。

4）纺织和体育器械领域

在纺织领域，UHMWPE 纤维可应用于具有凉感的床单、被面、枕套、枕巾、凉席、沙发垫、靠垫、高强缝纫线、牛仔面料等产品。未来几年，中国 UHMWPE 纤维在家用纺织领域的应用需求将会有明显的上升趋势，年均复合增速在 15%～20%，至 2025 年其需求量约为 1.30 万 t。在体育器械领域，UHMWPE 纤维可制成安全帽、滑雪板、帆轮板、钓竿用钓鱼线、球拍及自行车、滑翔板等，其性能优于传统材料。

2. 需求分析

自 21 世纪初以来，美国和欧洲对 UHMWPE 纤维的需求一直在增加。在此之前，弹道应用占了 35%的消耗量，其中绳索/绳索/电缆应用占 30%，增强纤维占 15%，其余用于各种工业织物和网状物。从那时起，由于对人员和车辆保护的需求不断增长，以及军队安全服务的现代化，民用和军用防护应用在美国和西欧的消费中都上升了大约 50%。

全球市场对 UHMWPE 纤维需求旺盛，国外三大公司生产量年增长率为 15%。国内目前的 UHMWPE 纤维市场消费量约为 3 万 t，预计到 2023 年消费量达到 4 万 t，年需求增长率达到 5.7%，其中我国的市场消费增长率预计达到 7.0%（表 3-9，数据来源于 IHS Markit），广泛应用于军事装备、海洋工程、航空航天、医疗、建筑业、运输业等领域，如表 3-10 所示。从中国 UHMWPE 纤维主要应用领域需求来看，2019 年，军事装备领域应用的 UHMWPE 纤维需求最高，为 1.07 万 t；海洋产业领域应用的 UHMWPE 纤维需求占比位居第二，约为 1.03 万 t；安全防护领域应用的 UHMWPE 纤维占比位居第三，约为 0.81 万 t，如图 3-20 所示。从 2015～2019 年中国 UHMWPE 纤维主要应用领域需求量变化来看（图 3-21），军事装备领域一直保持最大的需求规模。

表 3-9　全球 UHMWPE 纤维的消费量（单位：t）

年份	美国	欧洲	中国	日本	其他地区	合计
2004	2000	1200	—	900	400	4500
2007	3500	1900	—	1100	1500	8000
2011	5000	2800	5000	1200	200	14200
2015	6000	3200	11000	1550	650	22400
2017	6500	3408	16339	1800	700	28747
2018	6750	3630	17839	1800	750	30769
2023	8200	3635	25468	2300	950	40553
年均增长率						
2018～2023	4.0%	0.0%	7.0%	5.0%	4.8%	5.7%

注：数据来源为 2019 IHS Markit。

表 3-10　UHMWPE 纤维的主要用途

应用领域	绳线制品	纺织织物	无纺织物	复合材料
海洋产业	系泊缆、拖网缆、拖牵缆、海上养殖业用缆、海上采油用缆、海底采集作业用缆	海上挡油堤、捕鱼拖网、围网、深海养殖网箱	海水过滤膜结构	轻便船体及构件、海堤围坝、海洋专用箱体等
军事装备	海上布雷网、降落伞绳	降落伞、伪装网	软质防弹衣	坦克车装甲板、轻体装甲车车身、航行器、武装直升机装甲板、防弹运钞车防弹板、通信指挥车防弹车身、防弹头盔等
安全防护	安全吊装带、软质手铐、安全绳索等	防割手套、防锯割工作服、防刺服	软质防弹体、防制服	防弹头盔、防弹衣、防弹盾牌
体育器械	登山绳索、钓鱼线、球拍网线、风筝线、弓弦	船帆、吹气船	训练用反弹毛毡	赛艇、射箭弓、滑雪橇、曲棍球棒、钓鱼竿
航空航天	"神舟飞船"海上救捞网、降落伞绳索	雷达保护罩	机场跑道	飞机舱内结构件、驾驶舱安全防护门
医疗	缝线、人造肌	手术防割套	医疗安全包装	X 射线室抗屏蔽工作台

续表

应用领域	绳线制品	纺织织物	无纺织物	复合材料
建筑业	货物吊绳、防护网、货物吊网	强力包装用具	护卫面料	安全帽、特种围栏
运输业	柔性集装箱、起吊绳索、车辆牵引绳、气球拉绳、直升机起吊绳索	棚盖布、运输带	防割防刺箱包	特种轻质箱体、抗冲击包装箱
防洪	填石网兜	耐水浸包装	轻便拒水用具	抗冲击围栏、轻型救生艇
通讯	光缆加强芯	线路保护面料	防割填充物	无线发射整流罩

注：数据来源为前瞻研究院。

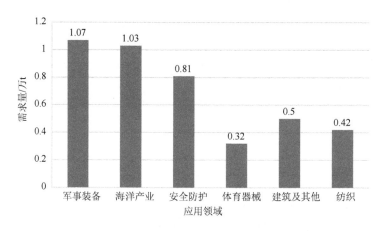

图3-20　2019年中国UHMWPE纤维主要应用领域需求分布情况

数据来源：前瞻研究院

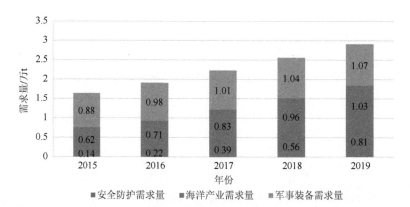

图3-21　2015～2019年中国UHMWPE纤维主要应用领域需求量

数据来源：前瞻研究院

如表 3-11 所示,从欧美和我国应用情况来看,防弹军工是 UHMWPE 纤维最大应用领域,其次是民用缆绳、海洋产业等领域。

表 3-11 UHMWPE 纤维应用(单位:%)

用途	美国	西欧	中国	日本
防弹	50	50	43	2
绳索	25	21	37	40
渔网	9	10	11	6
休闲及其他	11	12	7	15
出口	5	7	2	37
合计	100	100	100	100

注:数据来源为 2019 IHS Markit。

3.4.6 超高分子量聚乙烯纤维存在的问题

UHMWPE 纤维虽然具有许多优良的性能,但在应用过程中主要存在三方面问题。

(1)耐高温性能差。

(2)UHMWPE 纤维的抗蠕变性能较差,在尺寸受力作用下易发生形变。

(3)由于聚乙烯化学结构具有惰性,纤维表面极性相对较低,导致与其他材料的黏合性能较差,制造复合材料的难度较大。

理论上,UHMWPE 单丝的最大拉伸强度为 6.9GPa(70cN/dtex);实际使用后,UHMWPE 纤维 Dyneema SK99 的单丝最大拉伸强度仅为 42cN/dtex,仍有非常大的开发提高空间。虽然研发出了更高强度的 UHMWPE 纤维,但是生产成本过高。因此,在突破 UHMWPE 纤维性能的基础上,降低成本,拓展在民用领域的应用是未来需要解决的问题。

3.5 聚酰亚胺纤维

3.5.1 聚酰亚胺纤维的种类

聚酰亚胺(PI)是指主链含有苯环和酰亚胺环的一大类高分子材料,因其在结构、性能方面的突出特点,PI 被列为 21 世纪最有希望的工程塑料之一[85]。PI 具有极宽的温度适用范围,部分型号的长期使用温度为 300℃,短期使用温度为 500℃,分解温度一般在 550℃左右。同时,可耐极低温,在-269℃的液态氦中不会脆裂。此外，PI 还具有力学性能优异、耐疲劳、耐有机溶剂、耐辐照、绝缘及耐摩擦等优点。由于其合成和加工形式的多样性，PI 制品正以多种不同的形式得到广泛应用，包括薄膜、纤维、塑料、黏合剂和复合材料等方向。其中，PI 纤维由于兼具 PI 材料和纤维制品的特点而备受关注[86]。

高强高模 PI 纤维是 PI 材料中的一种，拥有优异的力学性能、耐高低温、阻燃、低介电、耐辐照、耐烧蚀、低吸水等性能，也是高性能纤维家族中的重要一员。与碳纤维、芳纶纤维、UHMWPE 纤维、PBO 纤维、玻璃纤维等相比，高强高模 PI 纤维在性能方面与上述纤维有很强的互补性，在航空航天、核工业、微电子、轨道交通、武器装备等领域有广阔应用前景，对国民经济、国防军工建设起着重要支撑和保障作用[87]。但在成本上，高于现有的碳纤维、玻璃纤维、芳纶纤维等量大面广的成熟产品，其定位应该是特种高性能纤维。

PI 纤维除上述提到的高强高模特性之外，耐热性也是其主要性能之一，其中芳香族 PI 纤维的初始分解温度一般都在 500℃以上，最大热失重速率对应温度一般在 550～650℃。联苯型 PI 纤维的热分解温度更是高达 600℃[88]，含杂环 PI 纤维的初始分解温度一般为 570～610℃，在无氧气氛下，900℃时，质量残留超过 65%[89]，是迄今热稳定性最好的聚合物品种之一。含杂环 PI 纤维的玻璃化转变温度可以超过 450℃，极大地拓展了该种聚合物纤维材料在航空航天等极端领域的应用。

3.5.2 聚酰亚胺纤维的制备方法

1. 合成工艺

目前，PI 纤维常用的制备方法为溶液纺丝法（干法、湿法、干湿法纺丝），即初生纤维在溶液中成型，然后通过后续加工工艺得到 PI 纤维。根据纺丝浆液的不同，溶液纺丝法主要分为两种，即一步法和两步法[90]。

其中，一步法是采用二酐与二胺单体在酚类等溶剂中反应得到可溶性 PI 溶液，然后直接采用该预聚体制备 PI 纤维。在制备过程中，由于单体在溶剂中的溶解性要稍高，因此得到纤维的结晶度较高。同时，PI 具有较高的分子量和强度，能够承受高倍牵伸，使分子链获得较高的取向程度，从而有利于纤维力学性能的提高[91]。但一步法需要采用可溶性单体进行纺丝，而酚类溶剂对环境的污染较大，且在后续加工过程中溶剂难以完全脱除，因此导致一步法的发展和应用受到了限制。

两步法是采用二酐与二胺单体在 N, N-二甲基乙酰胺（DMAC）、N, N-二甲基甲酰胺（DMF）、N-甲基-2-吡咯烷酮（NMP）等非质子性溶剂中进行缩合聚合得到 PI 的预聚体——聚酰胺酸，然后将聚酰胺酸溶液纺制成聚酰胺酸初生纤维，经过热亚胺化或化学亚胺化后得到 PI 纤维[92, 93]。由于凝固浴过程中双扩散效应和亚胺化过程中小分子水的脱除，纤维内部出现孔洞结构，从而导致制备得到的纤维的力学性能较低[94, 95]。但采用两步法可选择进行共聚的单体种类较多，且可以通过不同单体共聚，制备具有不同性能的 PI 纤维，更适用于大批量工业生产。

2. 纺丝工艺

目前制备 PI 纤维主要采用干法纺丝、湿法纺丝和干湿法纺丝工艺[86]。

1）干法纺丝

在 PI 纤维研究初期，大多采用干法纺丝。干纺时纺丝液经喷丝板压出进入纺丝甬道，通过热空气甬道溶剂快速挥发，原液脱溶剂固化后通过卷绕拉伸形成初生纤维。Lenzing 公司的 P84 纤维就是采用溶于 DMAC 的 PI 纺丝液，由干法纺丝技术制成。江苏奥神新材料股份有限公司采用干纺-二步法成功制备了商品名为甲纶（Suplon®）的 PI 纤维。

2）湿法纺丝

湿法纺丝的纺丝液经喷丝板进入凝固浴，纺丝液在凝固浴中析出而形成纤维。20 世纪 80 年代末，研究人员将均苯四甲酸二酐/4, 4′-二氨基二苯醚（PMDA/ODA）的聚酰胺酸溶液，经湿法纺丝，亚胺化后于 290℃热拉伸，得到 PI 纤维[88]。湿法纺丝所需的原液制备设备较多，体积庞大，而且还要配套凝固浴、循环及回收设备，其工艺流程复杂、投资费用大、纺丝速度慢，导致生产成本较高。后期研究通过单体结构调整及纺丝工艺优化，湿法纺丝得到了很好的发展。

3）干湿法纺丝

干湿法纺丝工艺结合了干法纺丝和湿法纺丝的特点，采用干湿法纺丝时可提高喷头拉伸倍数和纺丝速度，能较有效地控制纤维的结构形成过程。美国 NASA 公司以 DMAC 为溶剂，乙醇或乙二醇溶液为凝固浴，采用干湿法纺丝工艺，得到了 3, 3′, 4, 4′-二苯酮四酸二酐（BTDA）和 ODA 共聚的 PI 纤维[95, 96]。日本帝人以 NMP 为溶剂，选用水/NMP 的混合液为凝固浴，采用干湿法纺丝工艺，得到的 PI 纤维拉伸强度和初始模量分别达到 2.20GPa 和 145GPa[97]。中国科学院长春应用化学研究所通过干湿法纺丝工艺得到了具有高强高模、吸水率低、耐水解、耐高温耐辐照的高性能 PI 纤维，其强度和模量均超过了 Kevlar 49 水平。

3.5.3 聚酰亚胺纤维的结构与性能

1. 一步法制备 PI 纤维的结构与性能

一步法制备 PI 纤维的过程中，需要首先制备可溶性 PI 纺丝溶液。目前，研究较多的一步法制备的 PI 纤维可按照不同二酐单体分为以下几种类型：3, 3′, 4, 4′-联苯四甲酸二酐（BPDA）型、4, 4′-联苯醚二酐（ODPA）型和 3, 3′, 4, 4′-二苯酮四酸二酐（BTDA）型 PI 纤维。

程正迪等通过一步法干喷湿纺的纺丝工艺，以间甲酚为溶剂，水和甲醇的混合溶液作为凝固浴组分，制备出 BPDA/PFMB 和 BPDA/DMB 型 PI 纤维，其结构式如图 3-22 所示[98, 99]。由于—CF$_3$基团的引入，纤维内部分子链结构较为松散，可以承受较大倍数的牵伸，从而通过牵伸改善分子链排列的有序程度来提高纤维性能。因此，在高于 400℃的条件下，纤维经过 10 倍牵伸后，其拉伸强度和初始模量分别为 3.2GPa 和 130GPa。同时，纤维也具有优异的热稳定性，其在氮气和空气气氛下 5%热失重温度均在 600℃左右。

采用类似的制备方法，Li 等以对氯苯酚为溶剂，采用一步法干喷湿纺的纺丝工艺制备出 BPDA/2, 2′-二甲基-4, 4′-二氨基联苯（DMB）型 PI 纤维，其结构式如图 3-22 所示[100]。BPDA/DMB 型纤维的分子链结构与 BPDA/PFMB 型纤维较为类似，—CF$_3$基团被替换为—CH$_3$基团，结果发现当牵伸比接近于 10 倍时，纤维的力学性能达到最佳，其拉伸强度和初始模量分别为 3.3GPa 和 130GPa。总的来说，纤维优异的力学性能归功于其刚性的分子链结构和较高的取向程度。同时，采用一步法制备 PI 纤维的过程中不经过亚胺化等步骤，可以有效保留纤维内部的超分子结构，也可以避免由于小分子水的脱除而产生的缺陷结构。

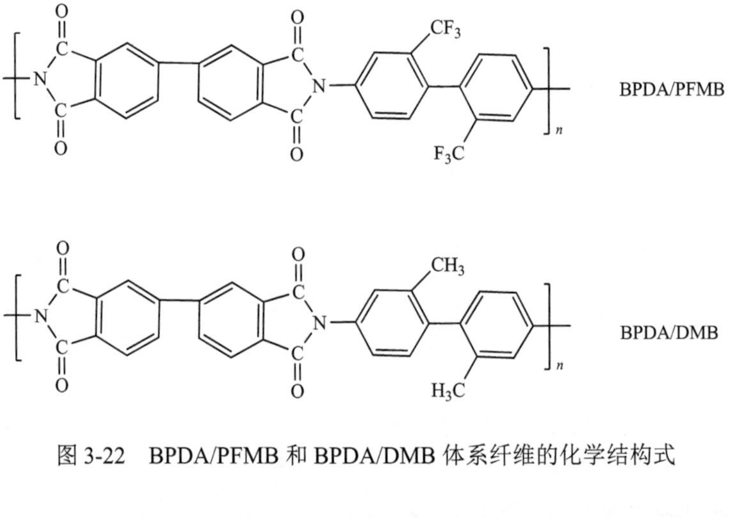

图 3-22　BPDA/PFMB 和 BPDA/DMB 体系纤维的化学结构式

国内的张清华等通过在对氯苯酚溶液中合成 BPDA/ODA 型 PI 溶液，以水和乙醇的混合溶液作为凝固浴组分，采用一步法干喷湿纺的方法制备 PI 纤维[101]。

其中，初生 PI 纤维的拉伸强度、初始模量和断裂伸长率分别为 0.42GPa、33GPa 和 30%；当在 340℃高温下牵伸 5.5 倍时，纤维的力学性能得到了明显的提高，其拉伸强度、初始模量和断裂伸长率分别为 2.4GPa、114GPa 和 2.1%，表明牵伸可以有效提高纤维内部分子链堆积的有序程度，从而提高纤维的力学性能。对于一步法来说，很多研究工作者还对其他的 PI 纤维体系进行了研究[ODPA/DMB 和 BTDA/TFMB/2-（4-氨基苯基）-5-氨基苯并咪唑（BIA）等][91, 102]，但其性能均未能超过 BPDA/DMB 型 PI 纤维。

2. 两步法制备 PI 纤维的结构与性能

两步法是以聚酰胺酸溶液作为纺丝液，由于可采用的单体和溶剂种类较多，因此可以通过改变分子链的结构得到不同种类的 PI 纤维，而不同单体化学结构的变化对纤维的最终性能也有着显著的影响。

1）化学结构对 PI 纤维结构与性能的影响

a. PMDA 型 PI 纤维

在制备 PI 纤维的体系中，由于单体 PMDA 和 ODA 具有较高的反应活性，更容易制备具有较高分子量的聚酰胺酸（PAA）溶液，因此 PMDA/ODA 体系 PI 纤维的研究更为全面，其化学结构如图 3-23 所示[103]。Park 等通过两步法干喷湿纺工艺制备的 PMDA/ODA 体系 PI 纤维的拉伸强度、初始模量和断裂伸长率分别为 0.4GPa、5.2GPa 和 11.1%，其玻璃化转变温度在 400℃左右。虽然 PMDA 单体刚性较高，但柔性醚键的引入导致分子链的规整排列被破坏，使分子链在沿垂直纤维轴方向排列有序性较低，不利于得到具有较好力学性能的 PI 纤维。

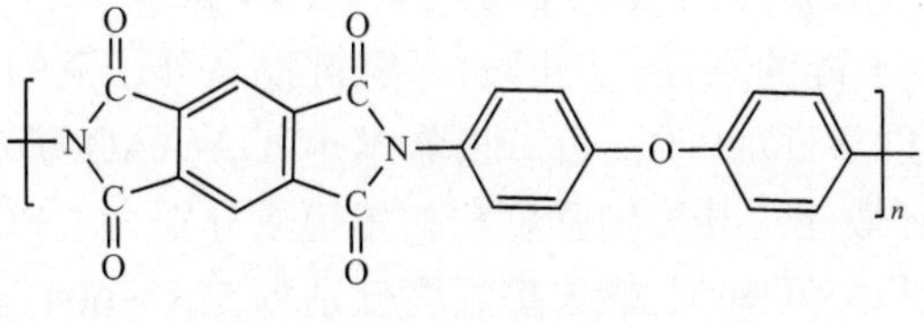

图 3-23　PMDA/ODA 型 PI 纤维的化学结构式

Gao 等通过向 PMDA/ODA 体系分子主链中引入第三单体 BIA 进行共聚，从而有效提高 PI 纤维的力学性能[104]。当 BIA/ODA 摩尔配比为 7∶3 时，纤维的力学性能达到最佳值，其拉伸强度为 1.53GPa，由于 BIA 的加入提高了分子链的刚性，从而有效提高纤维的力学性能。

Su 等采用干喷湿纺工艺制备出 PMDA/ODA/对苯二胺（p-PDA）体系 PI 纤维，结果发现，当 p-PDA/ODA 摩尔配比为 2∶8 时，纤维的力学性能达到最大值，其拉伸强度和初始模量分别为 0.7GPa 和 25.3GPa[105]。PMDA/*p*-PDA 体系分子链的刚性较高，通过分子模拟计算得到的模量可以达到 505GPa。但高刚性的链段在热酰亚胺化过程中，由于链段的运动受到极大的限制，其酰亚胺化程度较低，得到的纤维力学强度为 0.5GPa，模量为 90GPa，伸长率为 0.8%，其 10%的热失重温度为 497℃。通过总结发现，PMDA 型制备体系难以获得具有高强高模特性的 PI 纤维。

b. BPDA 型 PI 纤维

由于 BPDA/*p*-PDA 体系（Upilex-S 型）制备得到的 PI 纤维分子链刚性较大，且分子链间具有较强相互作用力和较高的取向程度，因此该体系被视为具有制备高强高模 PI 纤维潜力的体系之一，其结构式如图 3-24 所示[106]。过高的分子链刚性使加工过程难以施加牵伸，导致得到的纤维较脆，且其力学性不能达到理论值。

目前，较多研究侧重于向该体系中加入新单体共聚进行改性，从而改善纤维的综合性能。

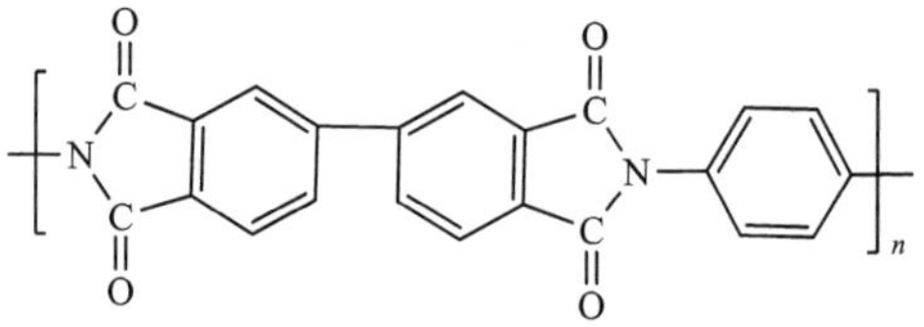

图 3-24　BPDA/*p*-PDA 型 PI 纤维的化学结构式

Niu 等通过向 BPDA/*p*-PDA 体系中引入单体 2-(4-氨基苯)-6-氨基- 4(3*H*)-喹唑啉酮（AAQ），提高分子链的刚性，同时引入氢键提高分子链间相互作用力，从而显著提高 PI 纤维的力学性能[107]。当二胺单体 *p*-PDA/AAQ 摩尔配比为 5∶5 时，纤维的力学性能达到最佳，其拉伸强度和初始模量分别为 2.8GPa 和 115.2GPa。共聚 PI 纤维在氮气和空气中 5%热失重温度分别为 593～604℃和 554～569℃，玻璃化转变温度为 338.3～400.7℃，表明纤维具有优异的热学性能。

Zhang 等向 BPDA/*p*-PDA 体系中引入二胺单体 ODA 和 BIA，并对两种单体对纤维性能的影响进行系统研究[108]。结果表明，ODA 和 BIA 的引入均可以有效提高纤维的力学性能，其中 BIA 单体的加入可使 PI 分子链间形成氢键，随着ODA 含量的增加，纤维上微孔尺寸及其内表面粗糙度均减小。当 *p*-PDA/BIA/ODA 摩尔配比为 6∶3∶1 时，纤维的拉伸强度和初始模量分别提高到 2.72GPa 和 94.3GPa。

Chang 等采用两步法湿法纺丝的工艺，分别向 BPDA/*p*-PDA 体系中引入柔性单体 ODPA 和 ODA，从而提高分子链的运动能力和纤维的加工性能[109]。结果发现，两种柔性单体的加入均能减小纤维内部孔洞结构的尺寸，从而提高纤维的力学性能。对于 BPDA/ODPA/p-PDA 体系来说，当 BPDA/ODPA 摩尔配比为 7∶3 时，纤维的力学性能最佳，其拉伸强度、初始模量和断裂伸长率分别为 1.58GPa、67.75GPa 和 2.75%。对于 BPDA/p-PDA/ODA 体系来说，当 p-PDA/ODA 摩尔配比为 5∶5 时，纤维的力学性能最佳，其拉伸强度、初始模量和断裂伸长率分别为 2.53GPa、53.10GPa 和 7.76%。另外，Chang 等还制备了 BPDA/6FDA/p-PDA/BIA/ODA 体系共聚 PI 纤维，探究了含氟单体的引入对纤维性能的影响，并对 PI 纤维/环氧树脂复合材料的介电性能进行了表征。结果发现，随着 6FDA 含量的增加，纤维的拉伸强度由 2.56GPa 降低到 0.13GPa，初始模量由 91.55GPa 降低到 2.99GPa，而复合材料在 100MHz 频率下的介电常数由 3.46 降低到 2.78。这是由于 F 原子具有较强电负性且占有较大体积，不利于分子链的紧密排列，从而增大了分子链运动的自由体积，进而导致纤维内部产生明显的孔洞结构。

Sun 等向 BPDA/p-PDA 体系中引入单体 2-(4-氨基苯基)-5-氨基苯并噁唑（BOA）和 BIA，通过两步法湿法纺丝工艺制备得到共聚 PI 纤维[110]。结果发现，当 BIA/BOA 摩尔配比为 3∶1 时，PI 纤维的最佳拉伸强度为 2.26GPa；当 BIA/BOA 摩尔配比为 1∶3 时，PI 纤维的最佳初始模量为 145.0GPa。类似地，Yin 等向 BPDA/BIA 体系中引入单体 BOA，通过两步法湿法纺丝工艺制备共聚纤维[111]。当 BIA/BOA 摩尔配比为 7∶3 时，PI 纤维的最佳拉伸强度为 1.74GPa，初始模量为 74.4GPa。随 BOA 含量的增加，分子链氢键相互作用逐渐减弱，但适当含量的 BOA 可以有效提高纤维的结晶取向度，并减小纤维内部孔洞结构尺寸，从而提高纤维的力学性能。同时，Sun 等还研究了 BPDA/BIA/4, 4′-二氨基苯酰替苯胺（DABA）体系 PI 纤维的性能，当二胺单体 BIA/DABA 摩尔配比为 7∶3 时，纤维的力学性能达到最大值，其拉伸强度为 1.96GPa，初始模量为 108.3GPa。

黄森彪等采用两步法干喷湿纺的方法，分别向 BPDA/p-PDA 体系中引入单体 3, 3′-二甲基联苯胺（OTOL）、TFMB、ODA 和 BOA，从而制备出不同系列共聚 PI 纤维[112, 113]。四种单体的加入均提高了分子链的运动能力，使分子链可以承受热处理时对其施加的牵伸作用，从而减小纤维内部孔洞结构对纤维性能的影响。随着第三单体含量的增加，纤维内部分子链堆积密度逐渐降低，反而不利于纤维性能的提高。

2）纺丝工艺对 PI 纤维结构与性能的影响

在采用两步法制备 PI 纤维的过程中，溶剂和小分子水的脱除会造成纤维内部孔洞结构的产生，从而不可避免地影响纤维的力学性能[90]。为了弥补这一缺陷对纤维性能的影响，一般可通过调节纺丝工艺来提高纤维的力学性能。以热亚胺化制备 PI 纤维的工艺为例，在此过程中，一般需要通过改变三种纺丝条件来调节 PI 纤维的性能，①牵伸比：在制备 PAA 纤维的过程中，由于其分子链有序程度较低，因此需要给予初生纤维一定程度的牵伸，使分子链沿纤维轴方向进行有序排列。在亚胺化阶段，伴随分子链中小分子水的脱除，分子链会发生断键重排过程，而适当的牵伸可以在此过程中促进纤维内部分子链的有序排列，从而提高纤维的力学性能。②热亚胺化条件[114]：亚胺化过程对纤维力学性能影响较为显著，在此过程中，热亚胺化温度和时间也成为影响纤维性能的重要因素。而相对于亚胺化时间而言，亚胺化温度对纤维性能的影响更为显著。③凝固浴条件[115]：对于湿干湿法纺丝而言，初生纤维的成品质量对最终 PI 纤维的性能有着至关重要的影响，因此控制 PAA 初生纤维的形貌和性能就显得十分重要。

a. 牵伸比对 PI 纤维结构与性能的影响

董杰等通过两步法湿法纺丝工艺制备出 BTDA/TFMB/BIA 体系 PI 纤维，并通过改变高温条件下的牵伸比来提高纤维的力学性能[102]。其中，PAA 初生纤维的拉伸强度、初始模量和断裂伸长率分别为 0.57GPa、4.3GPa 和 13.0%；当牵伸比提高到 2.3 倍时，PI 纤维的拉伸强度、初始模量和断裂伸长率分别为 2.13GPa、109.2GPa 和 2.1%，表明牵伸比的增大有效提高了纤维的力学性能。随着牵伸比的不断增大，纤维内部分子链排列有序度逐渐增大，结晶取向程度也逐步提高；同时，纤维内部孔洞结构逐渐被拉长至断裂，这两方面的共同作用使得纤维的力学性能得到提高。另外，牵伸比的增大导致 PI 纤维的玻璃化转变温度从 357℃升高至 363℃，这是由晶区内分子链的紧密堆叠限制了分子链的运动造成的。

张梦颖等采用 BPDA/p-PDA/BIA/ODA 体系和两步法湿法纺丝的工艺制备出一系列高性能 PI 纤维[108]，其中，不施加牵伸的纤维的拉伸强度、初始模量和断裂伸长率分别为 0.48GPa、28.85GPa 和 1.95%；当牵伸比增大到 3.0 倍时，纤维的拉伸强度、初始模量和断裂伸长率分别为 2.81GPa、136.36GPa 和 2.38%。随着牵伸比的增大，PI 纤维的表面粗糙度逐渐增大，这是由纤维的皮芯结构所能承受不同程度的应变造成的。

b. 热亚胺化条件对 PI 纤维结构与性能的影响

牛鸿庆等探究了不同热亚胺化温度对 BPDA/p-PDA/AAQ 体系 PI 纤维结构与性能的影响[107]。随着热处理温度的不断提高，纤维的力学性能逐渐升高，并在 390℃时达到最大值，其拉伸强度、初始模量和断裂伸长率分别为 2.6GPa、112.3GPa 和 2.7%。当热处理温度继续升高时，纤维的力学性能反而发生降低，这是由于高温条件下分子链发生了氧化分解。因此，选择合适的热处理温度有利于提高纤维的热亚胺化程度，从而提高纤维的力学性能。

Luo 等采用两步法湿法纺丝的工艺，制备出 BPDA/BIA 体系 PI 纤维[116]。结果发现，当热处理温度由 300℃提高到 400℃时，纤维的结晶度由 1.8%提高到 24.5%，同时，拉伸强度从 10.7cT/dtex 提高到 12.2cT/dtex。这是由于在较低温度的条件下，分子链间氢键作用会形成物理交联点，从而妨碍分子链的有序排列；随着温度的升高，氢键作用逐渐减弱，因此分子链间的物理交联点被破坏，使其能够进行有序排列，结晶度显著增加。

3）化学亚胺化工艺对 PI 纤维结构与性能的影响

在采用两步法制备 PI 纤维的过程中，首先采用 PAA 溶液纺制成 PAA 初生纤维，然后可通过热亚胺化或化学亚胺化的方法，使分子链进行重排，并脱去小分子水，从而提高纤维的力学性能[111]。PAA 溶液在常温或氮气条件下均会发生不同程度的降解，不易保存[117]。为了弥补热酰亚胺化的不足，学者们逐渐开始采用化学亚胺化的方法制备 PI 纤维。研究发现采用化学亚胺化制备的 PI 可以保留其长链的分子结构，制备得到的 PI 也能够溶解在有机溶剂中[118]。在采用化学亚胺化法制备 PI 纤维的过程中，可通过向聚酰胺酸溶液中加入亚胺化试剂使其发生部分亚胺化，从而减少高温脱水产生的孔洞结构等缺陷对纤维性能的影响。Su 等通过部分亚胺化法制备得到 PMDA/ODA/p-PDA 体系 PI 纤维，结果发现，化学亚胺化制备的 PAA/PI 纤维的力学性能要高于纯 PAA 的性能，且化学亚胺化制备的 PAA/PI 纤维经过热亚胺化后，其力学和热学性能也较高。同时，化学/热亚胺化得到的纤维断面结构也更加紧密，其孔洞结构尺寸也较小[105]。

Chang 等通过将化学亚胺化与热亚胺化相结合的方法，制备了 BPDA/ODPA/p-PDA 体系共聚纤维，并系统探究了不同含量的化学亚胺化试剂和不同 PAA 溶液固含量对纤维性能的影响[109]。结果发现，随着化学亚胺化试剂含量和 PAA 固含量的提高，PI 纤维分子链排列的有序程度逐渐提高。同时，由于部分 PAA 分子链在溶液状态下已转化成 PI 分子链，其有效减小了纺丝过程中纤维内部孔洞结构的尺寸，从而显著提高了 PI 纤维的力学性能。

3.5.4 聚酰亚胺纤维应用及需求分析

1. PI 纤维的应用

1）在造纸工业中的应用

PI 纤维是一种具有优良性能的绝缘材料，其所具备的优良力学性能及耐高温性能可以使其应用于高温绝缘纸领域，满足不同行业对高温绝缘纸的需求。

曾有日本学者使用 PI 树脂粉末和短切纤维制得了具有一定强度的 PI 纤维纸，不过由于在制备过程中树脂和短切纤维容易分散不均匀，所得纸张的强度较差。陆赵情等用 PI 树脂作 PI 纤维纸增强剂，树脂填充了纤维间的微隙，所以制得的纸张结构紧密，同时 PI 树脂耐高温，在高温环境下仍具有良好的性能[119]。可见，PI 树脂能够较好地满足 PI 纤维纸在高温绝缘领域应用的基本力学性能及耐热性要求。

2）在过滤领域中的应用[120]

PI 具有优良的化学稳定性及力学性能，因此即使在高温高湿、化学腐蚀等条件恶劣的环境中使用，PI 纤维仍可以保持性能稳定。在纺丝过程中改变工艺参数，能够纺制具有三叶形截面的 PI 纤维，这种结构有助于增强纤维对大气中粉尘的吸附能力。目前 PI 纤维已成功应用于铁合金行业的铁炉除尘、各种供暖设备和能源电厂锅炉的除尘、生活和医疗垃圾等各种废弃物焚烧处理的除尘等。有研究者制备了一种热尺寸稳定性高、质量轻的可调节多孔 PI 纤维海绵体，其空隙率可达99%以上，吸附效率高，在高温过滤领域具有很大的应用前景。不过，目前尚无关于 PI 纤维在低温或常温过滤中的应用报道，其非高温吸附能力有待进一步探讨及研究。

3）在特种防护领域中的应用

PI 纤维的热阻系数大、隔热性能好，且耐高温、具有阻燃性，可将其用于消防防护服的制造。王肖杰等用国产轶纶 95 PI 纤维开发了几种灭火防护服外层面料，研究表明该面料具有优异的阻燃性能、热防护性能以及热稳定性能[121]。中国科学院长春应用化学研究所成功研制出质量明显低于金属编织护套的 PI 纤维混合编织护套，减重效果显著，在航空航天领域具有应用优势。护套的反复弯曲性能明显高于普通金属防波套，但其屏蔽性能不及金属防波套，不适用于屏蔽性能要求较高的环境。

4）在纺织服装领域的应用

PI 纤维凭借高强高模、耐腐蚀、耐高温、阻燃等优异的物理化学性能，主要应用于增强、防护、高温吸附等领域。近年来，有研究人员发现 PI 纤维的保温隔热性优良，已将其从特种防护领域延伸至民用服装领域[122]。

2. PI 纤维的市场分析

1）国外研究现状

20 世纪 60 年代，美国杜邦公司最先开始 PI 纤维的相关研究[123]，但受限于当时的纤维制备技术和 PI 合成技术，难以实现 PI 纤维产业化，仅限于实验室研究。20 世纪 70 年代，苏联报道了关于军用 PI 纤维的相关研究，生产规模较小，限于军工应用[124]。很长一段时期内，由于 PI 的成本高以及其聚合、纺丝工艺落后，世界 PI 纤维的发展较慢。随着 PI 合成技术、纺丝工艺的发展，PI 纤维的生产成本下降，PI 纤维又逐渐成为研究热点。20 世纪 80 年代，奥地利的 Lenzing 公司采用 PI 溶液进行干法纺丝，实现了产业化，产品名为 P84，主要用于高温滤材领域，但价格昂贵且对我国实行限量销售[125]；随后，法国罗纳-普朗克（Rhone-Poulenc）公司推出具有优异阻燃性能的 PI 纤维 Kernel-235AGF，应用于安全毯、防护服、消防服等领域[126]；20 世纪 90 年代，俄罗斯科学家在聚合物中引入含氮杂环结构，开发的 PI 纤维断裂强度达到 5.8GPa，初始模量为 285GPa，这对实现航空航天飞行器轻质高强具有重大意义[125]。

　　2）国内研究现状

　　我国 PI 纤维最早由上海市合成纤维研究所和东华大学合作研发，通过干法纺丝工艺，由均苯四甲酸二酐（PMDA）和 4,4′-二氨基二苯醚（ODA）的聚酰胺酸纺制 PI 纤维，但由于技术和市场等多方面原因研究停止[125]，关于 PI 纤维的研究一度中断。随着 PI 合成技术、纺丝工艺的发展，以及 PI 纤维在航空航天、环保、防火等应用领域的迫切需求，PI 纤维的研究引起了广泛关注[125, 126]。中国科学院长春应用化学研究所经过多年的研究针对 PI 的合成、应用得到了具有自主知识产权的 PI 合成路线[127]。长春应用化学研究所对 PI 纤维的研究始于 2000 年，研发了 PI 溶液纺丝相关技术，并与深圳市惠程电气股份有限公司合作进行 PI 纤维产业化研究。在耐热型 PI 纤维研究方面，突破了纺丝液的制备和聚酰胺酸初生纤维的酰亚胺化等关键工艺技术，采用湿法纺丝技术，2010 年实现了 300t/a 连续生产，生产的轶纶 PI 纤维可满足烟道气除尘滤袋的使用要求[128]。

　　轶纶纤维可作为 P84 替代品，填补了国内 PI 纤维的生产空白。目前，轶纶纤维及其制品已获中国环境保护产业协会袋式除尘委员会和多家高温滤材生产厂家的认可，正在进行 3000t/a 规模生产线的设计与建设。东华大学在 PI 纤维研究方面取得了一定的产业化成果[123, 129]。江苏奥神新材料股份有限公司与东华大学合作，采用干法纺丝技术，打通了 PI 纤维产业化的生产工艺路线，自主研发整套生产设备，目前正在进行 PI 纤维的产业化研究，1000t/a 高性能 PI 纤维项目作为国家“十二五”重点产业化攻关项目，总投资 1.5 亿元。此外，四川大学、浙江理工大学等高校也在进行高性能 PI 纤维的研发工作[126, 130]。

　　“十三五”期间，国内耐热型 PI 纤维的制备技术趋于成熟，目前形成了 2430t 的产业化规模（表 3-12），与国外产品相比，具有性能和成本优势，产品应用推广较快，也对国外产品实现了一定程度的替代。此外，北京化工大学与江苏先诺新材料科技有限公司合作攻关，制备出高强高模 PI 纤维产品，并形成了系列化，最高强度产品达到 4.0GPa 以上，模量达到 140GPa 以上，建成百吨级生产线，技术处于国际领先水平，其产品在军工和民用等方面逐渐得到认可和一定程度的推广应用。但由于高强高模 PI 纤维在市场上是一种新型高性能有机纤维，没有成熟的市场和典型应用案例，用户从认识到认可还需要一定时间，市场需要有一个培育的过程。

表 3-12　世界 PI 纤维产量

公司	产能/t	商品牌号	备注
赢创（奥地利）	1500	P84	复丝和短纤维
吉林高琦聚酰亚胺材料有限公司	300	轶纶 95	短纤维、长丝和高强度纱线
江苏奥神新材料股份有限公司	2000	Suplon	自 2015 年生产
常州广成新型塑料有限公司	130	SHINO	30t 和 100t 两条生产线
合计	3930		

注：截至 2019 年 1 月，数据来源为 2019 IHS Markit。

　　总体来讲，不论耐热还是高强高模，国内研究和生产单位尽管在研究和产业化方面起步较晚，但 PI 纤维的技术和规模化发展迅速，产品性能和总体规模都在国内占据了主导地位。

　　3）需求分析

　　根据高强高模 PI 纤维的性能特点，加之前期应用领域的探索和开拓，其应用主要在以下几个方面：在结构材料方面，利用其高强高模高韧的特点，能够弥补碳纤维韧性的不足，加之与树脂良好的界面相容性，用于制备高强高韧复合材料；利用其低介电、低吸水等特点，在一些领域替代石英玻璃纤维，制备轻质高强高模透波复合材料，实现结构功能一体化；利用其高强、耐辐照等特性，用于空间绳索、光缆保护、核工业线缆等领域；利用其高强耐高温等特点，用于铝材、玻璃等高温制造行业。

　　由此可见，高强高模 PI 纤维是一种军民两用的新型材料。从 2007 年以来的世界 PI 纤维消费量统计数据看，需求量逐年增加，且主要来自中国市场的需求量增长，2018 年世界消费量已达两千余吨（表 3-13）。

表 3-13　世界 PI 纤维消费量统计（单位：t）

国家或地区	2007 年	2011 年	2015 年	2017 年	2018 年
美国	205	250	200～300	200～250	200～250
欧洲	460	560	665.3	722.3	751.2
中国	64	100	350	710	950
日本	40	50	60	40	40
其他地区	31	50	74～80	80	80
合计	800	1010	1349～1455	1752～1802	2021～2071

注：截至 2019 年 1 月，数据来源为 2019 IHS Markit。

3.6 聚酰胺酰亚胺纤维

3.6.1 聚酰胺酰亚胺纤维的种类

聚酰胺酰亚胺（PAI）由偏苯三酸酐（TMA）与芳香族二异氰酸酯的缩聚反应生成聚（酰胺-酰胺酸）前体，然后在 100～120℃加热进行酰亚胺化。将纤维纺丝并进一步热处理。

国际标准化组织（ISO）扩大了芳香族聚酰胺（称为芳族聚酰胺）的定义，使其包括芳香族聚酰胺结构，该结构中最多 50%的酰胺键被酰亚胺取代。因此，PAI 纤维被认为是间位芳族聚酰胺。PAI 不会燃烧；相反，它会在 350～400℃的温度下分解而不会熔融。在强碱性环境中会发生降解；但是，PAI 纤维可以抵抗热酸的侵蚀。由 PAI 经过纺织工艺制备的纤维具有高强、高屈服应力及优异的耐化学腐蚀性，其织物不仅耐磨，而且热阻高，不续燃，在 250℃以上仍可正常使用，广泛用于消防服、抗暴服和从事高危行业人员的防护服等[131]。研究预示，PAI 纤维可以发展成一类特种纤维，成为继含氟纤维、聚苯并咪唑（PBI）纤维、酚醛纤维（Kynol）、碳纤维、PA 纤维、PI 纤维之后又一类新型高性能纤维。

3.6.2 聚酰胺酰亚胺纤维的制备方法

1. 合成工艺

1）一步合成法

仅由一步反应直接合成 PAI 的典型方法是采用偏苯三酸酐和芳香族二异氰酸酯进行反应。二异氰酸酯可与羧酸及酸酐反应。随后，脱去二氧化碳而得到酰胺和酰亚胺。例如，在带有搅拌、回流、氮气保护装置的反应器中，加入等摩尔比的偏苯三酸酐和芳香族二异氰酸酯及由 N-甲基-2-吡咯烷酮（NMP）和二甲苯组成的混合溶剂（80∶20），上述溶液的固含量为 25wt%。将混合物溶液缓缓加热到 NMP 的回流温度，直至黏度达到最大值。然后，将溶液冷却至室温，即可用其制造薄膜等制品。

2）二步合成法

PAI 的合成方法有很多，例如，用偏苯三酸和氯化亚砜在浓硫酸和吡啶作用下，先制成偏苯三酸酐酰氯，然后再与 4,4-二氨基二苯醚反应制成聚酰胺酸，再经环化，即酰亚胺化反应得到 PAI 的二步合成法。在制备聚酰胺酸时，首先将 4,4′-二氨基二苯醚溶于二甲基乙酰胺（DMAC）和二甲苯的混合溶剂中。然

后，缓缓加入酰氯时，反应温度应控制在 50℃以下。随后，再在室温下搅拌 20h
左右即得到用于制造 PAI 的聚酰胺酸。这种聚酰胺酸，可经酰亚胺化制造 PAI
薄膜和漆包线等。其酰亚胺化温度为 300～350℃。与通常的聚酰胺酸一样，其
储存稳定性不好。如有特殊需要，可将聚酰胺酸溶液置于水中，待析出深黄色
树脂后，再进行洗涤、干燥，干燥温度应为 50℃以下。这种聚酰胺酸可在 30℃
以下长期保存。

3）其他合成方法

除上述两种方法外，还有多种合成 PAI 的方法。

（1）用二酸的二酰肼化合物与均苯四甲酸二酐反应，可制成分子链中含有酰
胺键和亚胺环的聚合物。

（2）使用均苯四甲酸二酐与含有酰胺基的芳香族二元胺反应，也可制得 PAI。

（3）使用端基为氨基的聚酰胺低聚物与均苯四甲酸二酐反应，便于调节聚合
物结构中酰胺键与亚胺环间的比例，从而可得到不同性能的 PAI 聚合物[132]。

2. 纺丝工艺

在纤维纺织技术中，静电纺丝因操作简便且成本低廉而受到关注。Heo 等[133]
将 PAI 溶液通过静电纺丝制成纤维垫，中森雅彦等[134]使用静电纺丝法得到 PAI
纤维及其无纺布。除此之外，另一种较常用的纺丝方法是干喷湿纺技术，例如，
毛志平等[135]就将 PAI 纺丝原液采用干喷湿纺法纺丝成型，得到具有耐高温性能和
较高力学性能的 PAI 纤维。

3.6.3　聚酰胺酰亚胺纤维的结构与性能

PAI 由于其良好的纺丝性能被广泛用于纤维领域。Kermel 纤维是最早实现商
业化的 PAI 纤维产品。它其实是一种主链上含有酰亚胺环的间位芳香族聚酰胺类
型的 PI 纤维，于 20 世纪 60 年代由法国罗纳-普朗克公司研制生产。Kermel 纤维
的结构见图 3-25，它是由 TMA 和二苯基甲烷二异氰酸酯（MDI）缩聚而成的。
这是一种典型的耐高温纤维，连续操作温度可达 250℃以上，在 1000℃的高温下

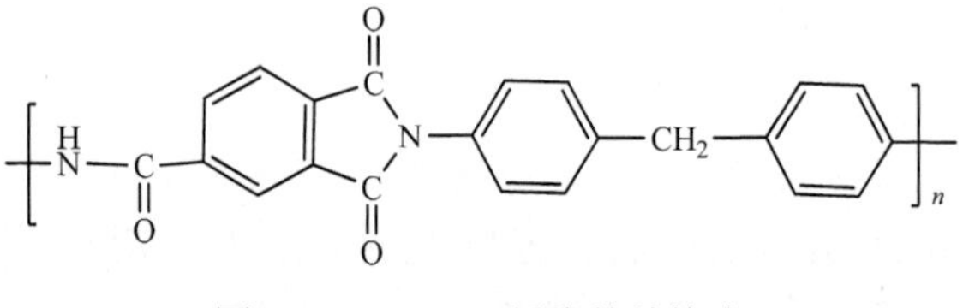

图 3-25　Kermel 纤维的结构式

能够持续几秒钟。其特殊的化学组分与结构使得 Kermel 纤维及其织物自身具有阻燃性能，热阻高，在高温下不熔融、不续燃，具有优异的绝热性能（表 3-14）。燃烧时仅释放出少量的烟，不产生有害气体。可通过原液染色法获得各种颜色并具有很好的色牢度和耐光牢度。

表 3-14　Kermel 纤维性能

性能	数值	性能	数值
断裂强度/(cN/tex)	0.245～0.588	密度/(g/cm^3)	1.34
断裂伸长率/%	8～20	公定回潮率/%	3～5
初始模量/(cN/tex)	4.9～9.4	玻璃化转变温度（T_g）/℃	<315
废水收缩率/%	<0.5	分解温度/℃	380
热收缩率/%	<0.5（200℃）	极限氧指数/%	32

Kermel 纤维表面光滑，横截面接近于圆形，这种纤维形态使其机械强度较低，接近于天然纤维，手感较为柔软，具有良好的舒适性。由于 Kermel 纤维耐化学性、耐磨且具有高强、高屈服应力，因此被广泛应用于消防服、抗暴服以及高危从业人员防护服等[136, 137]。

另外还开发出了由三羧酸酐和 MDI 缩聚而成的 Kermel Tech PAI 纤维，该产品具有良好的长期耐高温能力，常用于热气过滤、高温电子绝缘及阻燃等领域。

3.6.4　聚酰胺酰亚胺纤维的应用及需求分析

1. 聚酰胺酰亚胺纤维的应用

迄今为止，Kermel 纤维是唯一商品化的 PAI 纤维。Kermel 纤维是典型的耐高温纤维，本身具有阻燃性，不熔滴，高温尺寸稳定性好，可在 200℃高温下长期使用。并且 Kermel 纤维可纺性良好，可与黏胶纤维、羊毛或芳纶混纺，广泛应用于欧洲各国的消防服、防护工作服和特种军服。

Kermel 纤维包括两个商品牌号：234AGF 和 235AGF，前者有 3.5cN/dtex 左右的强度，属高强低伸型，适合在棉纺和精梳毛纺系统上加工；后者强度为前者的一半以下，适合于无纺布。234AGF 主要用来制造耐高温防火服、消防服、警服和军用防护服，还用于恶劣环境下的工作服，如特种飞行服、军事保护和工程用服装等。Kermel 纤维特别是在欧洲的应用十分广泛，如法国陆军的连衣裤防护服的外套由 100% 的 Kermel 纤维制成，内衣裤由 Kermel 和羊毛制成，这两层能够提供超过 10s 的耐火焰燃烧时间，而 10s 通常是使士兵能够安全地从着火的装甲车中撤出所需要的时间。空军驾驶员和海军甲板上的消防员和特种部队都使用由 Kermel 和阻燃黏胶混纺织物制作的各种防护服。意大利的消防服、英国和法国的防暴服使用的都是 Kermel/阻燃黏胶（50/50）纤维搭配的混纺织物。意大利、日本、南非、法国等国家的部分消防服的材料还在此类织物的基础上复合聚四氟乙烯膜，以提高防风防水透湿效果。

属于 235AGF 牌号的 Kermel Tech 纤维主要用作高温气体过滤材料。该纤维能够增强过滤设备的可靠性和耐用性，广泛应用于冶金、化工、水泥生产、发电、垃圾焚烧等行业的高温设备。

2. 市场分析

1）发展状况

1976 年以来，耐火 PAI 纤维由 S. A. Rhodia 在法国科尔马的前子公司 Kermel SAS 生产。2002 年，该公司通过管理层收购成为独立公司。其生产的 PAI 纤维以商品名 Kermel P® 在商业上散装出售，并用于制造个人防护设备。

PAI 纤维的生产在世界范围内只受到一家生产商的限制。据估计，2007 年世界纤维产量为 1250t，截至 2019 年 1 月，世界 PAI 纤维产能达到 2000t（表 3-15）。

表 3-15　世界 PAI 纤维产量

公司及所在地	产能/t	商品名	备注
珂美尔纤维简化股份有限公司（法国）	2000	Kermel P®	短纤

注：截至 2019 年 1 月，数据来源为 2019 IHS Markit。

Kermel 织物具有良好的抗静电性能，穿着舒适以及免受辐射热的影响。PAI 织物以其优异的阻燃性、耐化学性、舒适性、吸湿排汗作用、与其他纤维的易混纺性、可染性和美学（尤其是起球性极低）性能而著称。主要用途是用于军用，警察和消防员的高性能耐火（FR）服装，以及工业防护服（隔热、耐火和电弧绝缘）。耐火的 Kermel 纤维可以承受高达 1000℃ 的温度几秒钟。Kermel 织物也用于石化行业和赛车服。尽管纤维可以单独使用，但大多数是与 FR 黏胶纤维、羊毛或对位芳纶混纺。

Kermel 纤维最近也被用于新型牛仔服装，设计包括不燃性、舒适性和耐用性功能。

2）需求分析

近年来，由于用于热气过滤和防护服，美国 Kermel 纤维的消费量将增加。未来需求（2018～2023 年）将以每年 2%～3% 的速度增长。

在欧洲，随着生活水平不断提高的几个国家于 2004 年加入欧盟并通过了更严格的规定，消费量迅速增加。2015～2017 年，消费增长温和，但在 2018 年需求再次回升。

　　日本对 Kermel 纤维的消费发生了变化。近年来，由于客户转向使用 Kermel Tech（一种用于消防服的面料），短纤维进口量从 20～25t 减少到不足 10t。印度每年进口 15～20t 的 Kermel 短纤维。销往新兴地区（如土耳其和俄罗斯）的数量一直在快速增长。由于行业以及军方对防护服的需求不断增长，消费量将进一步增加（表 3-16 为世界 PAI 纤维消费量统计）。

表 3-16　世界 PAI 纤维消费量统计（单位：t）

国家或地区	2011 年	2015 年	2017 年	2018 年
美国	350	>175	200	365
欧洲	1075	800	1000	1260
中东	na	72	94	171
亚洲	na	64	98	35
其他地区	na	5	55	28
合计	1425	1116	1447	1859

na：没有相关数据。

注：截至 2019 年 1 月，数据来源为 2019 IHS Markit。

3.7　聚苯硫醚纤维

　　聚苯硫醚（PPS）树脂是一种高性能聚合物，其产品可分为注塑级、涂料级和纤维级 3 种。纤维级聚苯硫醚树脂是一种线型结晶性高聚物，具有很高的热稳定性、耐化学腐蚀性、阻燃性，其纤维制品（单丝、短纤维、长纤维等）不仅耐腐蚀、耐高温、阻燃，而且还具有极好的物理机械性能和尺寸稳定性，在航空航天、军工、电力、电器以及化工等领域有着十分重要的应用价值[138]。

3.7.1　聚苯硫醚纤维的种类

　　PPS 纤维制品种类主要有：单丝、短纤维、长纤维、短纱、无纺布等，是采用纤维级 PPS 树脂经过熔融纺丝、热拉伸、热定型与后加工处理等工序获得的。最初 PPS 树脂是在 1897 年由 Grenvesse 发现，他以苯和硫磺在催化剂 AlCl$_3$ 作用下通过 Friedel-Crafts 反应制备出无定形、不溶性树脂，但当时未引起足够关注[139]。

在此之后，许多学者开始探索 PPS 的合成工艺，1948 年 Macallum 用对氯二苯、碳酸钠和硫磺在熔融条件下制备出 PPS 树脂，由于产物结构不是线型，每次反应产物的性能变化很大，重复性差，不具实用价值[140]。1973 年 Lenz 等[141]在此基础上研发出一种更佳的合成工艺，他们的方法是利用对卤代苯硫酚的碱金属盐在略低于熔点的温度下进行本体聚合，这种方法的缺点是单体纯度要求较高，生产过程中毒性较大，成本较高，未能得到推广。直到 1967 年美国菲利普斯石油公司的 Edmond 和 Hill 研发出一种可用于工业化生产的合成工艺，这才使得 PPS 以工业化生产方式走向世界，其合成工艺以对氯二苯和硫化钠为原料，在极性溶剂中，170～350℃、1.7～2MPa 条件下合成[142]。

$$Cl{-}\!\!\!\bigcirc\!\!\!{-}Cl \ + \ S \ \xrightarrow[\text{熔析}]{Na_2CO_3} \ \left[\!\!\bigcirc\!\!{-}S\right]_n \ + \ 2nCl^-$$

$$n\,Na_2S \ + \ n\,Cl{-}\!\!\!\bigcirc\!\!\!{-}Cl \ \xrightarrow[\substack{170\sim350℃\\1.7\sim2MPa}]{\text{溶剂}} \ \left[\!\!\bigcirc\!\!{-}S\right]_n \ + \ 2nNaCl$$

1985 年，美国菲利普斯石油公司专利失效，许多著名公司（如美国道化学、LNP 公司、日本宝理株式会社等）采用菲利普斯石油公司技术继续生产，并在此基础上研发新技术。德国（拜耳）、日本（以吴羽化工为代表的六家日本企业）在该技术基础上建立生产装置，全球 PPS 树脂生产能力大增。

在 PPS 树脂合成工艺趋于成熟的同时，1975 年 Bartlesville 就开始研究 PPS 的纺丝性能，但由于 PPS 树脂聚合度太小（小于 200），不适合纺丝，以失败告终[143]；1979 年菲利普斯石油公司将合成工艺进行进一步优化[144]，开发出线型高分子量 PPS 树脂，成功制备出 PPS 纤维；在此基础上，1983 年菲利普斯石油公司首先实现了 PPS 短纤维的工业化生产，商品名为 Ryton；1985 年菲利普斯石油公司的专利失效后，欧美、日韩等国家的企业也相继开始了 PPS 纤维的研究与开发。日本东丽于 1998 年开始生产 PPS 纤维，其商品名称为 Torcon，并于 2000 年并购美国 AF & Y 公司的 PPS 纤维部，继而成为全球最大的 PPS 纤维生产商和供应商。随后，日本吴羽化工与菲利普斯石油公司先后成功开发了第一代、第二代线型 PPS 树脂，大力促进了 PPS 纤维的深入发展[145]，借此吴羽化工成为世界主要的 PPS 纤维原料出口商之一。进入 21 世纪后，为满足市场对 PPS 制品需求量的持续增加，日本东丽、韩国 INITZ、日本 DIC、比利时索尔维等都进行了收购、扩产。

国内关于 PPS 的研究最早始于 20 世纪 90 年代初。1990～1996 年，四川省纺织工业研究所与四川大学等单位合作，结合国家 863 计划研究开发 PPS 纤维，于 2004 年中试成功，通过鉴定验收，技术水平在国内领先；2004 年底，中国纺织科学研究院与国内已实现规模化生产的 PPS 原料制造商四川得阳科技股份有限公司合作，成功开发出纤维级 PPS 树脂及其纤维产品和纺丝技术，批量试制出 PPS 短纤维。在中试放大过程中，完成了 PPS 短纤维纺丝设备和成套技术的开发，纺制出质量较好的 PPS 短纤维，产品在力学性能、耐热性能和耐腐蚀性能等方面接近或超过日本进口的 PPS 纤维；2006 年江苏瑞泰科技有限公司收购了四川省纺织工业研究所的 PPS 短纤维生产技术专利，开始实施 PPS 短纤维工业化生产试验，并建立了 1.5×10^3t/a 的 PPS 短纤维工业化生产装置，实现规模化生产，并于当年的 12 月份通过了中国纺织协会技术鉴定；2010 年底，在开曼群岛注册、香港上市的中国旭光高新材料集团有限公司收购四川得阳特种新材料有限公司和四川得阳化学有限公司，成为国内最大的 PPS 树脂生产企业，目前已具有 PPS 树脂生产能力 3 万 t/a、PPS 纤维生产能力 5000t/a。近几年 PPS 树脂国内外生产厂家及产能如表 3-17 所示。

表 3-17 国内外主要的 PPS 树脂生产厂家及产能

国家	生产厂家	产能/(万 t/a)	备注
美国	泰科纳	0.3	主要生产纤维级 PPS 树脂
	佛特隆集团	1.5	
日本	东丽株式会社	1.9	韩国新建 8.6kt/a 装置
	吴羽化学工业株式会社	2.5	
	DIC 株式会社	3.4	张家港建 6kt/a 装置
中国	敦煌西域特种新材料股份有限公司	0.4	
	浙江新和成股份有限公司	1.5	与帝斯曼成立合资公司
	中国旭光高新材料集团有限公司	3.0	收购四川得阳特种新材料有限公司
	江苏瑞泰科技有限公司	0.5	
韩国	INITZ	1.2	
比利时	索尔维	2.0	
德国	拜耳公司	0.8	
合计		19	

3.7.2 聚苯硫醚纤维的制备方法

线型 PPS 树脂溶解性差，在 200℃ 以下几乎不溶于任何溶剂，难以进行湿法纺丝，所以其通常选用熔融纺丝-拉伸定型工艺技术进行生产，其主要的纺丝工艺流程见图 3-26，首先对 PPS 树脂切片进行干燥预处理，送料进入多功能熔融纺丝机（图 3-27）制备低倍拉伸的预取向初生纤维，然后采用拉伸定型机（图 3-28）进行热拉伸和热定型，制得最终纤维成品[146]。

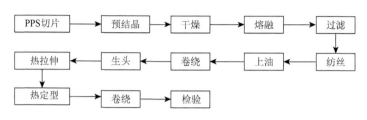

图 3-26　PPS 主要的纺丝工艺流程

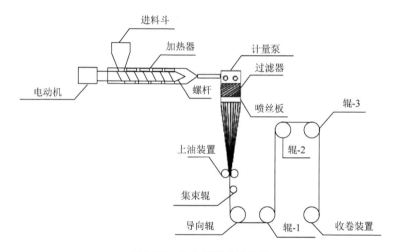

图 3-27　多功能熔融纺丝机

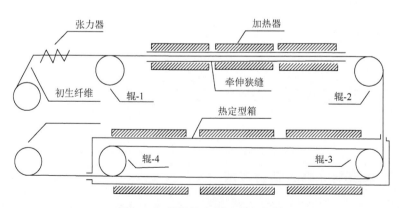

图 3-28　热拉伸定型设备示意图

一般在 PPS 熔融纺丝过程中，需要选用合适的高温纺丝、徐冷、固化成型、牵伸、定型等技术。首先是在纺丝喷丝时，可以实施环吹风丝条渐冷技术，使熔体丝条进一步拉伸细化，延长其冷却固化时间，提高纺丝性能和机械性能。在拉伸后处理工艺技术中，采用在高于 PPS 玻璃化转变温度条件下，对 PPS 纤维实施高温水/油浴、多级拉伸和多级、多温区加热松弛/紧张热定型处理技术，可以使 PPS 大分子链取向趋于完善，进一步提高 PPS 纤维性能，如 Suzuki 等[147]对工业用 PPS 初生纤维经多级拉伸和热定型，提高了 PPS 纤维的性能，经 90℃拉伸、220℃热定型后，PPS 纤维的拉伸强度和弹性模量分别为 0.7GPa 和 8GPa；Gulgunje 等[148]对比研究了 1 级拉伸和 2 级拉伸热定型对 PPS 纤维性能的影响，与 1 级拉伸热定型相比，2 级拉伸热定型提高了 PPS 纤维的可纺性，明显提升纤维的性能，经 2 级拉伸热定型后，PPS 纤维的强度接近 5g/den。

从先前介绍的 PPS 纤维制备流程可知，通常原料选取、预处理及加工技术对其产品质量有着很大的影响，以下详细介绍几种纤维制品的影响因素。

（1）原料的选择[149]。PPS 纤维制品对树脂原料的线型程度、分子量、分子量分布以及熔融指数等均有着很高的要求。通常用于纺丝的 PPS 树脂必须是线型高分子聚合物，其分子量不宜太高或者太低，分子量太高，熔体黏度过高，流动性变差，使纺丝成型困难；分子量太低，纤维强度又不高。此外，原料中的杂质含量要低，过高的杂质含量会引起分子链的交联，给纺丝带来困难，在纺丝过程中往往容易发生断丝。

另外，聚合物的熔融指数（MI）也很重要，不同的熔融指数对纤维的力学性能及可纺性都有着不同的影响。PPS 树脂的熔融指数越小，纤维抗张强度就越高，纤维的勾结强度则相对较低；反之熔融指数越大，那么纤维抗张强度就越低，纤维的勾结强度则相对较高。因此，在生产过程中，应选用适中的聚合物熔融指数，否则将影响纤维的可纺性和强度。

（2）原料的预处理。在熔融过程中，PPS 树脂往往会产生热降解，导致大分子链断裂，影响纤维的成型及正常的纺丝生产。通常降解反应与 PPS 树脂的含水量有着密切关系，所以在纺丝前应对原料进行干燥、预结晶处理。通过干燥、预结晶处理，降低 PPS 树脂的含水量，改善含水的均匀性，提高树脂的结晶度及软化点。

（3）纺丝工艺[150]。要获得良好性能的 PPS 纤维，纺丝工艺参数的选择显得十分重要。通常纺丝温度和纺丝速度是影响纤维产品性能的主要参数，纺丝温度一般选取 310～340℃，如果纺丝温度过高，PPS 树脂容易被氧化交联，同时 PPS 的分子链也易发生断裂，PPS 熔体黏度将会降低，从而使纺出的纤维易出现毛丝、断头；纺丝温度过低时，PPS 熔体黏度将会变大，将使纺丝困难，纤维均匀性变差。PPS 纤维的纺丝速度主要是根据不同规格的纤维来确定的，通常短纤维纺丝速度为 400~1500m/min，单丝纺丝速度为 50~500m/min。若纺丝速度过高，则纺丝张力增大，将会引起断头及毛丝增多；反之纺丝速度过低，纤维的拉伸倍数增大，造成纤维均匀性变差，产量质量下降，不利于后加工。此外，在 PPS 丝条固化成纤过程中，还可以采用延时加热风冷却的方法，来获得质量较为优良的 PPS 初生丝。

（4）拉伸工艺[151]。未经拉伸的 PPS 初生丝具有较大的无定形区（结晶度约为 5%），在拉伸过程中，PPS 纤维会产生部分结晶，同时纤维的大分子链取向度增加，从而提高了纤维的强度。随着纤维强度的提高，纤维伸长率、沸水收缩率随之降低。在 PPS 拉伸工艺中，多级拉伸比和拉伸温度是影响纤维性能的重要参数，通常纤维的拉伸倍数为 3~6 倍，拉伸速度为 50~300m/min，拉伸倍数高，其丝条强度高，断裂伸长率低，纤度小，但拉伸倍数过高，会使丝条断裂，产生毛丝和断头；拉伸倍数过低，则会使拉伸不匀，出现"橡皮筋"丝条。拉伸温度一般高于纤维的玻璃化转变温度，低于结晶温度，最好在 100~120℃。拉伸温度过低，纤维的拉伸应力就大，容易出现毛丝或断头；拉伸温度过高，会由于拉伸介质的热诱导结晶、拉伸热效应和应力取向诱导结晶，共同促进了结晶而使拉伸变得很困难，若在冷结晶温度附近拉伸，会由于迅速结晶，拉伸应力增大，并导致毛丝或断头出现。

（5）热定型工艺[152]。经热定型处理的 PPS 纤维，结晶度和晶体尺寸将发生变化，可使结晶度增加到 60%~80%。通过热定型处理，一方面可以消除纤维在拉伸时产生的内应力，使大分子链有一定程度的弛豫；另一方面进一步提高纤维的尺寸稳定性，改善纤维的物理机械性能，获得具有良好力学性能的 PPS 纤维。通常情况下，热定型温度一般控制在 160~260℃，热定型温度升高，结晶度将会增加，纤维抗张强度也将得到提高，干热和沸水收缩率降低，可明显改善纤维的尺寸稳定性。但是，当热定型温度超过 260℃时，热定型效果反而下降，纤维容易扯断。热定型倍率同样会影响 PPS 纤维的性能，随着热定型倍率的增大，PPS 纤维强度增大，断裂伸长率减小。

3.7.3　聚苯硫醚纤维的结构与性能

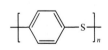

图 3-29　聚苯硫醚结构

PPS 是一种在苯环对位连接硫原子而形成大分子主链的高聚物，其结构式如图 3-29 所示。

其中苯环赋予了 PPS 大分子良好的刚性，硫原子则为 PPS 大分子提供了一定的柔顺性，同时 PPS 大分子结构上大 π 键的存在使得 PPS 的性能非常稳定。

PPS 纤维是一种结构规整的结晶高聚物，密度 $1.37g/cm^3$，线密度 2.06dtex，熔点 285℃，最高使用温度在 200~220℃，分解温度大于 400℃，抗拉强度在 3~4cN/dtex，极限氧指数大于 35，具有优异的耐化学腐蚀性、良好的电绝缘性、阻燃性以及较高的强度等，其优异的综合性能表现在如下几方面。

（1）热稳定性。PPS 纤维在高温下具有优良的强度、刚性及耐疲劳性，可在 200~220℃下连续使用，在低于 400℃的空气或氮气中较稳定，基本无质量损失。在 200℃高温空气环境中 2000h 后仍有 90%的强度保持率，5000h 后有 70%的强度保持率，8000h 后有近 60%的强度保持率。在 260℃高温空气中 1000h 后有 60%的强度保持率。在 250℃以下时，断裂伸长率基本保持不变，当温度达到 700℃时才发生完全降解，但是 PPS 纤维熔点约 285℃，不能用作耐高温纤维。

（2）耐化学腐蚀性。PPS 纤维具有优异的耐化学腐蚀性，特别是耐非氧化性酸和热碱液的性能突出，与号称"塑料之王"的聚四氟乙烯（PTFE）相近，能抵抗酸、碱、氯烃、烃类、酮、醇、酯等化学品的侵蚀，在四氯化碳、氯仿等有机溶剂中一周后仍能保持原有的抗拉强度。在 200℃以下无溶剂可溶，只有浓硫酸、浓硝酸等强氧化剂才能使 PPS 纤维发生降解反应，在 250℃以上仅溶于联苯、联苯醚及其卤代物。由 PPS 纤维制成的非织造布过滤织物在 93℃体积分数为 50%的硫酸中具有良好的耐腐蚀性，强度保持率无显著影响；在 93℃体积分数为 10%的氢氧化钠溶液中放置两周后，其强度也没有明显变化。PPS 纤维主要耐化学品性能见表 3-18[153]。

表 3-18 PPS 纤维主要耐化学品性能

化合物		温度条件/℃	强度保持率/%（暴露一周时间）
酸	48%硫酸	93	100
	10%盐酸	93	100
	浓盐酸	60	95
	浓磷酸	93	100
	乙酸	93	100
碱	10%氢氧化钠	93	100
	30%氢氧化钠	93	100
氧化剂	10%硝酸	93	75
	浓硝酸	93	0
	50%铬酸	93	0~10
	5%次氯酸钠	93	20
	浓硫酸	93	10

续表

化合物		温度条件/℃	强度保持率/% （暴露一周时间）
有机溶剂	丙酮	沸点	100
	四氯化碳	沸点	100
	氯仿	沸点	100
	二氯乙烯	沸点	100
	甲苯	93	75～90
	二甲苯	沸点	100

（3）阻燃性。PPS 分子结构中含有大量的阻燃元素（硫），因此，PPS 纤维无需添加任何阻燃材料便具有很好的阻燃性能，其极限氧指数 LOI≥35，达到了 UL-94V-0 级标准，自燃的温度最高可达 590℃。通常 PPS 制品很难燃烧，如果把它放置在火焰上时会发生燃烧，一旦从火焰上拿开，燃烧便会马上停止，而且燃烧时具有黄橙色火焰，表现出较低的烟密度和延燃性，其发烟率低于卤代聚合物，同时生成少量的黑色烟灰。其燃烧物不易脱落，在其制品上形成残留焦炭，由于没有熔滴现象，就不会灼伤人体皮肤。

（4）电绝缘性。PPS 纤维的介电常数一般高于 5.1，介电击穿强度高达 1.7kV/mm，介电损耗相当低，而且在大频率范围内变化不大，其电导率一般在 10^{-18}～10^{-15}S/cm，在高真空（$1.33×10^{-3}$Pa）条件下，电导率甚至可低于 10^{-20}S/cm，因而 PPS 在高温、高湿、高频环境下仍能保持良好的电绝缘性能。

（5）力学性能。PPS 纤维由于其大分子结构和聚集态结构的规整性，赋予其较好的力学性能，通常 PPS 纤维的断裂伸长率≥20%，其断裂强度可达到 4.0cN/dtex，在 204℃下经历 2h 后其收缩率为 5%，具有较好的加工性能。

（6）尺寸稳定性。PPS 结构大分子刚性链和柔性链并存且规整，致使 PPS 制品在潮湿和腐蚀性气体环境中仍然具有优良的尺寸稳定性。成型收缩率及线性膨胀系数较小，成型收缩率为 0.15%～0.3%，最低可达 0.01%。

3.7.4 聚苯硫醚纤维的应用及需求分析

PPS 作为国家大力支持的一种战略新型材料，被列入我国《当前优先发展的高技术产业化重点领域指南（2011 年度）》第 4 部分新材料及《新材料产业"十二五"重点产品目录》[154]。并且 PPS 纤维作为一种高技术高性能特种功能材料，在环境保护、化学工业过滤、军事等领域有着广泛的应用，如用于燃煤锅炉高温袋式除尘、垃圾焚烧过滤材料、阻燃材料、绝缘材料等。

1. 环保领域

PPS 纤维在环保领域的主要用途是燃煤电厂、石材厂、水泥厂以及化工和应用行业的热液过滤降尘。火力发电厂、水泥厂、垃圾焚烧厂等工业排放出的工业尾气不但温度高，而且含有多种腐蚀氧化性气体（如 SO_x、NO_x、HCl、二氧杂环烃类等），一般的过滤材料过滤效果差、寿命短，如国内丙纶滤袋仅能使用几百小时，而芳纶滤袋也仅能使用半年至一年，这是由于普通的过滤材料耐高温或耐腐蚀性能差，在高温及腐蚀性气体环境下，很容易被破坏。而用于燃煤锅炉的 PPS 滤袋，在 180℃ 以下的湿态酸性环境中，使用寿命长达三年左右。

PPS 纤维除可应用于工业尾气处理外，在液相过滤方面也有着重要的用途。用 PPS 纤维制作的滤料可用于过滤腐蚀性强、温度高的溶液，如各种有机酸、无机酸、酚类、强极性溶剂等。例如，磷肥厂的滤液温度为 80～85℃，含有大量酸性物质（1%～2% HF，20%～30% H_3PO_4，5% H_2SO_4），以前使用加强丙纶或涤纶织物作为过滤材料，因丙纶耐酸和耐热性差、易老化等缺点，使用寿命仅 2～3 天，改用 PPS 纤维过滤后，使用寿命提高至 2 个月以上，大大减少了停车磨损，节约了成本；烧碱化工废液温度在 90℃ 左右，碱的浓度 40%～50%，在改用 PPS 纤维制作滤布后，使用寿命同样大大增加。

如上所述，由于 PPS 纤维织物具有优异的耐化学腐蚀性、热稳定性和独特的性价比优势，决定了其在耐高温过滤材料领域无可替代的地位，市场前景广阔。

2. 高性能复合材料领域

PPS 纤维除了在环保领域具有突出作用外，其 PPS 单丝或复丝还可以与碳纤维混织作为高性能复合材料的增强织物和航空航天用复合材料等，用作受力、耐热结构件和隔热垫、耐腐蚀、耐辐射板、绝缘材料，如防辐射军用帐隐形材料、特种纸、隔膜 HARPOON 导弹的鳍和翼，TOMAHAWK 的雷达天线罩、进气道、进气整流罩，以及火箭的尾椎、发射容器等。

3. 其他领域

除了上述用途，PPS 纤维还可用于电绝缘材料、阻燃材料和复合材料等；用于干燥机用帆布、缝纫线、各种防护布、耐热衣料、电解隔膜和汽车工业的耐热件、耐腐蚀件、摩擦片（刹车用）等。用 PPS 纤维制成针刺毡可用于造纸工业的烘干，也可用于制作电子工业的特种用纸。PPS 纤维制品在各个领域中的应用见表 3-19[155]。

表 3-19　PPS 纤维制品在各个领域中的应用

应用领域	用途
环境保护	过滤织物、除尘器
化学工业	化学品的过滤
航空航天	增强复合材料、阻燃、防雾
汽车工业	耐热件、耐腐蚀件、摩擦片
电子	电绝缘材料、特种用纸
纺织	缝纫线、各种防护布、耐热衣料
造纸	针刺毡干燥带

目前 PPS 品种、牌号已达 100 多种，且消耗量以每年 10%～15% 的速度递增。近十年来，我国的燃煤电力、燃煤锅炉行业对 PPS 纤维的需求量一直保持 25% 左右的年增长率。其他一些发展中国家，如印度、巴西等国也即将大量采用袋式除尘技术，届时将进一步加大全球对 PPS 纤维的市场需求。截至 2018 年世界主要地区消耗 PPS 纤维情况如图 3-30 所示。

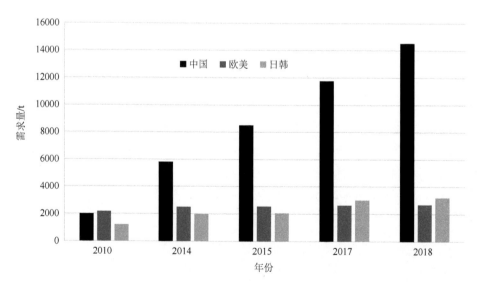

图 3-30　世界主要地区消耗 PPS 纤维情况

在中国，PPS 纤维需求自 2010 年就已经开始大幅度增长了，其速度远远大于全球平均水平，这得益于我国制造业的迅猛发展，汽车、航空航天、电子精密机械等高端制造业的崛起，对于高性能特种材料的需求越来越大。2019 年，国内 PPS 纤维的产能为 26200t，自 2015 年以来增长了 1.4 倍。目前最大的生产商是江苏瑞泰科技有限公司，产能 1.3 万 t/a，包括 1 万 t 短纤维和 3000t 长纤维的生产能力。国外 PPS 纤维生产主要集中在欧美、日韩等发达国家和地区，其中日本东丽既是世界上数一数二的纤维级 PPS 树脂生产商，又是其国内最大的 PPS 纤维生产商，纤维年产能达 3200t（短纤维、长纤维）。欧洲的索尔维公司自 2015 年收购美国的雪佛龙菲利普斯化工有限公司，专注于纤维级 PPS 树脂生产，为其他 PPS 纤维生产商提供原材料，德国的奈克斯纤维公司成立于 2006 年，目前 PPS 纤维产能约为 200t/a。美国纤维创新技术（FIT）公司 PPS 纤维产品主要以短纤维为主，产能大于 1000t/a。截至 2019 年世界主要 PPS 纤维生产商及产能如表 3-20 所示。

表 3-20   世界主要 PPS 纤维生产商及产能

国家	生产厂家	产能/(t/a)	备注
中国	江苏瑞泰科技有限公司	13000	1 万 t 短纤维和 3000t 长纤维。原材料由日本吴羽化工提供
	重庆普力晟新材料有限公司	5000	第一阶段于 2019 年初上线，拥有两条生产线，每条生产线的产能为 2500t
	瀚洋环保科技（营口）有限公司	1000	
	中石化天津分公司	1000	2012 年 2 月启动
	中国旭光高新材料集团有限公司	5000	并购四川得阳特种新材料有限公司
美国	纤维创新技术公司	>1000	短纤维为主，部分纺织品级复长丝。原材料由美国泰科纳（Ticona）提供
德国	奈克斯纤维公司	200	原材料由美国泰科纳提供
日本	东丽株式会社	3200	主要生产短纤维，织物级长丝。原材料由自身提供
	日本东洋纺株式会社	3000	原材料由日本吴羽化工提供
韩国	汇维仕株式会社	3000	2013 年生产短纤维及短纤纱，2017 年的进一步扩建总产能达到每年 3000t

虽然我国已成为世界 PPS 纤维产能最高的国家，但是我国可供用于生产 PPS 纤维的纤维级 PPS 树脂却是严重依赖进口，究其原因还是国内纤维级 PPS 树脂生产技术不够成熟，在产品纯化处理以及工程规模放大上仍有许多关键性技术未能突破。我们要加快我国 PPS 纤维行业发展步伐，国内相关企业应与科研机构加强合作，加大科研开发力度，并从原料研究入手，大力开发分子量分布窄、杂质含量低、线型高分子量的 PPS 树脂，积极研制具有自主知识产权的 PPS 纤维，打破美国、日本等国对我国长期的产品技术垄断和贸易壁垒，进一步推进我国整体科技水平和国民经济的提升，这具有极大的政治与经济意义。

3.8　聚苯并咪唑纤维

3.8.1　聚苯并咪唑纤维的种类

聚苯并咪唑（polybenzimidazole，PBI），指主链含有苯并咪唑基团并且呈现出梯形结构的杂环聚合物，属溶致性液晶高分子，其结构式见图3-31。

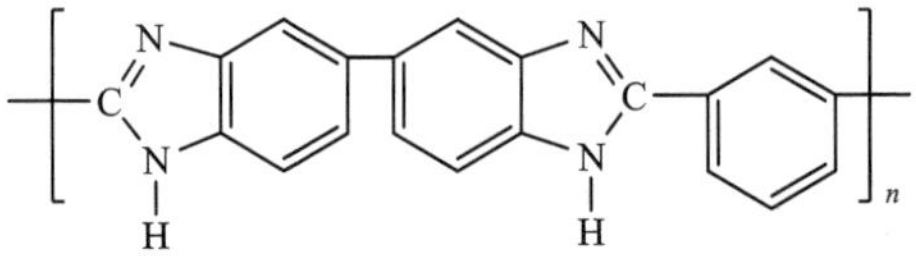

图 3-31　PBI 结构式

PBI 是一类已商业化的高性能聚合物，主要由 Celanese 公司生产，工艺技术路线采用 3, 3′-二氨基联苯胺和间苯二甲酸二苯酯在 DMAC 溶剂中缩聚后，直接进行湿纺和后加工而制得[156]。为了进一步改进其在火焰中的收缩性，可在纺丝后进行磺化处理。PBI 纤维具有高强度、高模量和足够的耐热稳定性，因而可以承受极端条件，近年来在航空航天工业中得到广泛应用。它们还具有阻燃特性、较好的吸湿性，由硫化 PBI 纤维织成的织物可被用于消防员的服装。此外，PBI 作为反渗透膜或中空纤维膜材料已成功地应用于海水淡化。

根据 PBI 主链中结构单元的差异，可以将其分为：全芳型 PBI 树脂、含柔性基团的 PBI 树脂、双酚型 PBI 树脂及 AB 型 PBI 树脂。不同类型的 PBI 树脂采用不同的方法制备而成，根据其性能差异，应用于不同领域。

3.8.2　聚苯并咪唑纤维的制备方法

PBI 的合成方法主要包括：熔融聚合法、溶液聚合法、母体聚合法、亲核取代法，其中，最常用的是熔融聚合法和溶液聚合法。

1. 熔融聚合法

PBI最早是由 Vogel 和 Marvel 采用熔融聚合反应制备的，其反应过程如图 3-32 所示[157]。以各种芳香族四胺类化合物和芳香族二羧酸类化合物为原料，将等摩尔量的单体组分放置在一个圆形烧瓶中，并保持装置的惰性气体氛围。将装置于一定的温度条件下，反应混合物形成熔体，并逐渐转化为固体，继续在高真空条件下加热一段时间后，充氮并冷却。将物料粉碎后，在高温下再加热数小时，温度逐渐上升到 400℃，最终制备得到产物。

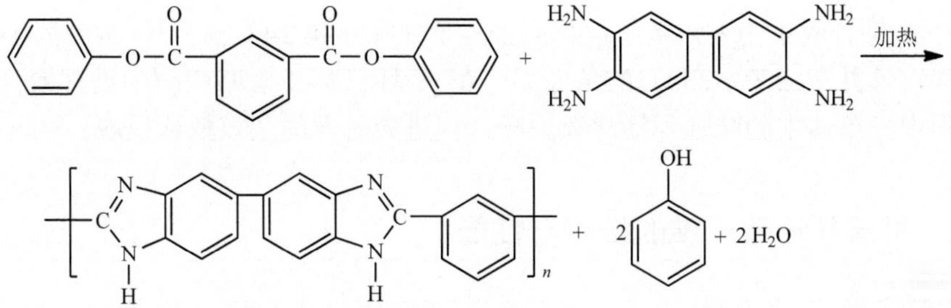

图 3-32　熔融聚合法制备 PBI 的反应结构式

2. 溶液聚合法

由于 PBI 的熔融聚合反应必须在非常高的温度下进行，因此有研究者以多聚磷酸、环丁砜、二苯砜等为溶剂进行了溶液聚合。Yin 等[158]以两种二酐：3,3′,4,4′-联苯四甲酸二酐和均苯四甲酸酐，以及 2-（4-氨基苯基）-5-氨基苯并咪唑（BIA）为原料，以 DMAC 为溶剂，利用溶液聚合法制备了共聚纤维。结果表明，反应物的摩尔比以及热处理过程均会影响共聚纤维的玻璃化转变温度，而苯并咪唑基团的引入使得纤维表现出优异的力学性能和热性能。

3. 母体聚合法

母体聚合法与其他几种方法不同，它不需要合成四胺单体，它是以二胺单体为原料，先进行酰化、硝化反应得到二元硝化产物，再把合成得到的二元硝化产物与二酸单体直接进行聚合，得到母体 PBI，然后再把 PBI 母体上的硝基还原成氨基，最后在高温的条件下进行处理，得到 PBI 聚合物。该方法合成 PBI 的反应条件要求极其苛刻，特别是在最后一步母体 PBI 转化成产物时，必须在极高的温度下完成。因此，这种合成方法不具有普适性。Kim 等[159]以聚（3,3′-二硝基-4,4′-联苯胺间苯二甲酰胺）为原料，经还原反应合成了两种前体：PBI 和聚（3,3′-二氨基-4,4′-联苯胺间苯二甲酰胺）。随着温度的升高，受保护的 NH₂ 基团可以环化形成 PBI。将其与聚酰胺酸共混后，在 400℃下可制备透明的共混膜。红外光谱证明 N—H 伸缩振动发生位移，从而为固化共混物之间发生特定相互作用提供了证据。

4. 亲核取代法

亲核取代法合成 PBI 和溶液聚合有点相似，它们都是在多聚磷酸溶剂中反应，而且反应条件都比较温和，不同于溶液聚合的是：亲核取代法所用的单体不是二元酸，而是一些含有特定官能团的一元芳香酸化合物（如对氟/羟基苯甲酸）。该方法是先合成苯并咪唑结构单元化合物，然后自身再进行亲核取代反应得到 PBI。Harris 等[160]合成了 2(4-氟苯基)-5(6)-羟基-苯并咪唑和 2-(4-氟苯基)-5-羟基-1-苯基苯并咪唑，并在 230～250℃的条件下，在 N-环己基-2-吡咯烷酮中进行聚合。聚合过程中，单体中的咪唑环活化氟原子，促进芳香环的亲核取代反应。

3.8.3　聚苯并咪唑纤维的结构与性能

PBI 大分子链具有高度的芳香性,这一共振结构赋予了 PBI 纤维优异的性能，包括耐高温性能、阻燃性能、抗化学品和溶剂等。由于 PBI 优异的综合性能，PBI 纤维无论是单独使用还是与其他纤维混纺，都可以很容易地通过传统纺织设备转化为纱线、机织、针织、针刺、毡合、湿排和干排非织造布。将其作为纺线内芯，并与其他高性能纤维结合，如芳纶纤维，可以制备具有独特性能的复合纱线和织物。

（1）耐高温性能。Belohlav 等[161]将热失重方法与质谱测试进行结合，首次研究了 PBI 的热稳定性。结果表明,PBI 的初始分解温度为 600～700℃，即使在 900℃的高温下，其质量残留率仍能达到初始聚合物质量的 80%。PBI 纤维在高温下具有尺寸稳定性，且能够保留一定的力学强度。研究表明，即使在温度高达 600℃的情况下，PBI 纤维仍能保留一定的力学强度。

（2）阻燃性能。PBI 纤维的极限氧指数能够达到 41%，其表面燃烧后能够发生碳化，不发生熔融或滴落，从而达到阻燃效果。PBI 纤维在燃烧时，所产生的热量很低，很少或几乎不排放烟雾，而且纤维表面在烧焦后依旧能保持柔韧性和完整性。

（3）抗化学品和溶剂。PBI 纤维不仅具有高温稳定性，还具有很好的化学稳定性。即使是在酸/碱或有机试剂中，PBI 纤维也能保持较高的强度。

（4）舒适性能。PBI 纤维手感十分舒适，像棉花一样柔和，较高的吸湿性也使得 PBI 纤维在加工过程中防止静电产生，使用传统的纺织器械即可对其加工。表 3-21 对 PBI 的基本物理特性进行了总结。

表 3-21　PBI 纤维的基本物理特性

物理特性	聚苯并咪唑	物理特性	聚苯并咪唑
密度/(g/cm³)	1.43	含湿率/%	13～15
强度/GPa	0.3～0.5	极限氧指数/%	42～46

物理特性	聚苯并咪唑	物理特性	聚苯并咪唑
断裂伸长率/%	15～30	长期使用温度/℃	250
模量/GPa	40～45		

3.8.4　聚苯并咪唑纤维的应用及需求分析

　　国外企业对于这类材料的研究较早,相关研究也较为深入,其中塞拉尼斯公司占主导地位。1955 年,杜邦公司通过脂肪二元羧酸与四氨基单体缩聚合成 PBI,后续两大企业帝人和塞拉尼斯公司针对聚合物的性质和聚合过程做了相关研究,但都没有涉及具体的应用,直到 1968 年塞拉尼斯公司将其用于纤维领域。1969 年松下电工采用共混手段将 PBI 用于质子交换膜,各大公司紧随其后,采用合成新单体、掺杂、聚合物改性等手段,改善交换膜的电导率、机械性能、化学稳定性等。2005 年,InterTech 集团(Charleston,South Carolina)从塞拉尼斯公司收购了 PBI 纤维和聚合物业务。此后,该公司着手生产 PBI,并不断提高其性能。国内对该领域的研究则起始于 1988 年,2005 年后才开始深入研究。PBI 的主要应用领域包括:消防领域、军用领域、工业领域等。

　　(1)消防领域。工业和消防部门的防护服是 PBI 纤维的主要市场,其典型的应用是消防员的防护服,包括外套、内衣、裤子、手套、鞋子和面具。PBI 应用于消防员装备产品的地位是在 1994 年确立的,当时纽约市和许多其他城市的消防员指定使用 PBI 作为消防装备的原材料。2011 年,由该纤维与对位芳纶纤维以 40∶60 的比例混织的消防服,在美国占有率为 90%。PBI 纤维与其他高性能纤维结合使用时,可用于防爆和阻燃等特殊领域。

　　(2)军用领域。PBI 纤维在军用领域也发挥着重要作用。PBI/对位芳纶纤维混合物燃烧后,其焦表面保持完整,能够继续提供隔热保护。PBI/Kevlar 防火面料最常用的是比率 40∶60(PBI∶Kevlar)。军事用途约占总用途的 10%。PBI 纤维的首批应用之一是在美国载人飞船计划的飞行服中提供防火保护。应用包括航天飞机上的带子和系绳,飞机座椅上的防火织物和火箭助推器绝缘材料。镀铝 PBI 针织衫用于坠机救援服、军用飞行服和损害控制服。

　　(3)工业领域。在过去的几年中,PBI 混纺织物在工业工装(工作服、衬衫、裤子和夹克)、电气、体育、军事和石化部门得到了广泛的应用,公用事业和石化行业的增长尤其迅速。除了在消防领域的商业化,PBI 还在编织阀门填料、玻璃处理织物、传送带和缝纫线等工业应用中作为石棉替代品。短切 PBI 纤维,长度0.8～25mm,能够应用于重型机械、机车和汽车工业等领域,如垫圈、摩擦产品

（离合器和刹车垫）等。此外，PBI 聚合物还用于制造电子、半导体、金属成型和高温摩擦学/密封应用的元件。PBI 溶液浇铸成膜后可用于生产气体分离膜、水净化和脱盐膜、电池分离器和用于高温燃料电池的质子交换膜等。

除上述各项优势外，PBI 纤维也存在一些问题。PBI 大分子链高度共轭的刚性结构赋予其优异性能的同时，也限制了其溶解性能。其次，PBI 的耐光性较差，在高氧含量的环境中，PBI 纤维会吸收可见光发生降解。此外，与很多抗燃纤维类似，PBI 纤维具有较差的染色性能。有研究者认为，PBI 的刚性结构限制了聚合物大分子链的自由运动，从而影响染料的分散性。PBI 原色为较深的金黄色，其染色效果往往较差，标准的染料技术并不足以实现 PBI 纤维的染色[162]。目前，生产 PBI 纤维的原料毒性较大，这使很多企业都望而却步[163]。

3.9 聚苯并噁唑纤维

3.9.1 聚苯并噁唑纤维的种类

聚苯并噁唑（polybenzoxazole，PBO），属溶致性液晶高分子。其分子结构如图 3-33 所示。

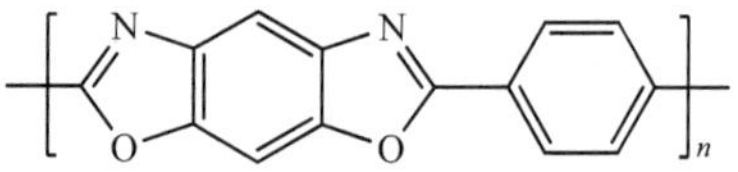

图 3-33 PBO 结构

由于 PBO 独特的刚性分子结构，PBO 纤维具有超高强度、超高模量、耐高温和高环境稳定性的特点，综合性能远优于 Kevlar 纤维，是当前公认的综合性能最佳的高分子纤维。目前只有日本东洋纺实现了 PBO 纤维的产业化，东洋纺生产的 PBO 纤维商品名为 Zylon，包括原丝（AS）和热处理高模丝（HM）两种，其力学性能如下：AS 拉伸强度为 5.8GPa，拉伸模量为 180GPa，HM 强度为 5.8GPa，模量为 270GPa。而理论研究表明，各项性能仍有较大增长空间。因此，在国外 PBO 纤维及复合材料已被广泛应用于航空、航天、航海、军工及民用保护方面，有极高的应用价值和商业价值。

3.9.2 聚苯并噁唑纤维的制备方法

有关聚合物 PBO 的合成研究，人们开始了更深层次的探索与研究。间二氯苯法合成路线研究热点在于如何能使聚合物的性能更接近于期望值，如何完善聚合物纺丝工艺，而 PBO 改性是 PBO 类聚合物将来发展的主要方向。

1. 多聚磷酸合成法

1981 年，Wolfe 等首次报道了 PBO 的合成。他们使用了 4, 6-二氨基间苯二酚（DAR）和几种带有不同取代基的对苯二甲酸，以多聚磷酸为溶剂，P_2O_5 作脱水剂，缩聚合成得到树脂。结果表明，苯撑结构中没有取代基的聚合物的性能是最优的。Sybert 等提出了对苯二甲酰氯法，用对苯二甲酰氯（TPC）代替对苯二甲酸参与缩聚反应，我国金俊弘等也做了此方面的研究。这种方法聚合速度较快，聚合时间相对传统方法较短；缩聚过程中向体系补加的 P_2O_5 相对较少；对苯二甲酰氯熔点低，升华现象比对苯二甲酸减轻。但反应中有大量的 HCl 气体放出，发泡现象剧烈，对设备腐蚀严重，Wolfe 的方法仍然是目前合成 PBO 最常用的方法。

2. 三甲硅烷基化法

此路线首先将 DAR 与三甲基硅氮烷反应生成 N, N, O, O-均四（三甲基硅氮烷）基苯的中间体，以 N-甲基-2-吡咯烷酮（NMP）或 N, N-二甲基乙酰胺（DMAC）作溶剂，与对苯二甲酰氯反应，反应结束后，在 350～400℃下脱三甲基硅烷，成环，加热得到 PBO 聚合物。预聚体可以在 NMP 或者 DMAC 中溶解，然后通过热处理脱水环化得到聚合物[164]。

3. 中间相聚合法

此方法用甲基磺酸为溶剂和缩聚剂，以 DAR 盐和 TPC 为原料进行缩聚，大大提高了反应速率和收率。Hsu 等[165]以 2, 2′-二(3-氨基-4-羟基-苯基)六氟丙烷和间苯二甲酰氯为原料，二者低温聚合可得到不同分子量的聚羟基酰胺。以这一聚合物为前体进行静电纺丝，通过适当的热处理进行环化反应，可得到 PBO 纤维。

4. 单体成盐法

4, 6-二氨基间苯二酚（DAR）盐酸盐在缩聚合成 PBO 过程中有一个相当关键的步骤就是脱氯化氢。张春燕等[166]将 DAR 与对苯二甲酸等摩尔比成盐，然后进行聚合。虽然省去了脱氯化氢的过程，但此单体盐易氧化，难于操作和储存，不适合工业化。目前也有用 $DARH_3PO_4$ 来代替其盐酸盐，储存时间长，缩聚过程中发泡现象不明显，缺点是 DAR 磷酸盐的形式不止一种，难以控制聚合反应各单体的比例。

5. AB 型新单体自缩聚法

金宁人等[167]提出了 AB 型新单体的自缩聚法合成 PBO 的新路线。首先将 4, 6-二硝基间苯二酚（DNR）选择性还原，合成出 4-氨基-6-硝基间苯二酚盐酸盐，此盐酸盐与对甲氧羰基苯甲酰氯进行缩环合成反应得到苯并噁唑化合物，通过催化加氢，得到 AB 型新单体 2-(对甲氧碳基苯基)-5-氨基-6-羟基苯并噁唑，自缩聚合成 PBO。

3.9.3　聚苯并噁唑纤维的结构与性能

全芳香族 PBO 具有优良的耐化学性、高纤维强度和超高模量，是目前已知的耐热稳定性和阻燃性最佳的有机聚合物。PBO 分子链中苯环和苯并二噁唑环是在同一个平面上的，分子链之间紧密堆积，位阻比较小，而且共轭效应的程度加大，使得分子链具有较强的刚性。这样，PBO 聚合物主链变得高度有序，加上主链上杂环的存在，聚合物纤维具有很高的耐热稳定性，耐热温度比一般的有机纤维高；同时，苯撑与杂环几乎与链轴是同轴的，拉伸变形时，应变能量由刚性的对位键和环的变形而消耗，不会造成链轴的重新取向。PBO 纤维的高性能体现在苯环和芳杂环组成刚性棒状分子结构以及分子链在液晶态纺丝时形成高度取向的有序结构。自身良好的物理化学性能，决定了 PBO 比其他高性能纤维具有优势。

PBO 纤维所具有的高强度、高模量以及优异的耐热性和阻燃性、密度小等综合性能，使得其在有机合成材料方面的应用十分广泛。作为耐热垫材应用于金属冶炼、水泥生产等行业；因阻燃性好而应用于高性能的消防服、处理熔融金属现场的炉前工作服和焊接工作服等；也可用作防止切伤的保护服、运动服及航空服等；还可应用于抗冲击装备，如防弹材料等。Liu 等[168]将碳纤维与 PBO 纤维制成混合纤维预浸布，其中碳纤维在织物中作为单向纤维，并被 PBO 纤维包裹以此防止碳纤维磨损降低强度，将此混合织物与聚醚酰亚胺树脂制成复合材料，该复合材料比碳纤维增强热塑性树脂具有更好的耐磨性，比 PBO 纤维增强热塑性树脂具有更高的机械性能，该复合材料具有更高的耐热性能，最大使用温度为 229℃。

PBO 纤维与树脂基体间界面结合较差，故要对其进行表面处理，以改善其与树脂基体的界面黏结性能。Hu 等[169]将 PBO 纤维分别利用偶联剂 Z-6040 处理、氩等离子体处理、偶联剂 Z-6040 与氩等离子体共处理进行改性，然后与环氧树脂制得复合材料，发现经偶联剂与氩等离子体共处理的 PBO 纤维复合材料具有最大的弯曲强度，为 505～557MPa。曹春华等以聚四氟乙烯为基体，PBO 为增强体分散相，利用双螺杆挤出机将 PBO 与聚四氟乙烯分散均匀，在聚四氟乙烯连续相中的 PBO 粒子分散相表面形态较粗糙。在复合材料中增加 PBO 含量提高了冲击强度，聚四氟乙烯与 PBO 相互作用形成界面相的过程中，界面黏附起了重要作用，这是抗冲击性能提高的原因。纤维的抗压性能差，研究表明纤维的微纤结构在压力作用下发生纠结，最后可导致纤维微纤化而变形。尽管存在这些限制，但由于其纤维形态具有快速的能量耗散能力，而广泛应用于纤维、薄膜、涂层、复合材料以及防弹织物和板材中。

3.9.4　聚苯并噁唑纤维的应用及需求分析

PBO 纤维作为杂环特种纤维，性能优异，作为树脂基复合材料增强体，主要应用于航空航天、雷达隐身、防弹装甲等领域；还可以拓展 PBO 纤维在民用领域的应用，如隧道桥梁增强、消防防护服、耐热材料、竞技体育、高强绳索和特种光缆材料等。

国外，日本东洋纺已经实现 PBO 纤维规模化生产，其商品名为 Zylon，品种有纤维长丝、短切纤维、浆粕、纱线等，长丝包括 Zylon-AS 和 Zylon-HM 两个品种多种规格。据报道，目前东洋纺具有 1000t/a 的生产规模，东洋纺的 PBO 纤维主要应用于美国和日本的航天、航空及军工领域。在美国的火星探测车中，正是采用了 PBO 复合材料作为抗冲击保护层；在航空工业领域，PBO 材料已用于高性能飞行器保护壁的设计，SRI 国际组织与 FAA 签订合同，共同研究设计阻挡层以保护要求很高的飞行器组成部件，以阻挡意外的涡轮引擎的碎片；在地震多发的日本，山阳新干线隧道的钢筋混凝土屡次发生崩塌，已开始由 PBO 制的片材进行加固补强；在防弹方面，由 PBO 制的片材进行加固补强服，仅 3.3mm 厚便可满足 NIJ ⅡA 的规格；基于 PBO 纤维优异的耐热性及独特的光电性能，PBO 材料在耐热、隐身与结构一体化材料中也具有重大应用。

国内，中蓝晨光通过十多年的研究，已经突破了 PBO 纤维制备的工程化关键技术，制备的高强高韧型 PBO 纤维性能与东洋纺的 Zylon-AS 性能相当；制备的高强高模型 PBO 纤维性能与东洋纺的 Zylon-HM 性能相当。高强高韧型 PBO 纤维用于坦克的多功能内衬和抗弹装甲复合材料的应用考核，具有良好的减重增效功能。

然而，PBO 纤维的发展也存在一些问题：一是 PBO 纤维的工程化关键技术已经突破，亟待进行规模化生产研究；二是 PBO 纤维的成本较高，需要进行低成本化生产；三是 PBO 纤维自身不耐老化的缺点限制了 PBO 纤维的应用。目前国内的 PBO 纤维性能可以达到东洋纺的 Zylon 纤维的性能，但产品的规模、产品的稳定性及合格率和纤维制造成本，与日本东洋纺相比，还存在较大差距。日本东洋纺的 Zylon 纤维制备技术已开发多年，技术成熟度和稳定度高，而国内才开始研发，虽然在工程化关键技术上取得了突破，但在纤维制备技术控制和设备的稳定性上也存在差距，PBO 纤维在产品系列化程度、产业规模、应用开发方面和日本也存在较大的差距，主要原因是其应用领域相对高端、应用研究相对滞后。另外，据报道，东洋纺在 Zylon 纤维的高性能化上已经开发出性能更高的纤维，耐紫外、耐候方面也取得了较大的改善，制备出了耐候的 PBO 纤维品种。目前，国内 PBO 纤维的产能和产量均较小（未超过 20t），成本高，其产业化技术和水平有待进一步提高。因此，我国的 PBO 纤维需要在提高工程化技术、规模化开发、纤维的高性能化及纤维耐候品种的开发等方面着力，全面推进 PBO 纤维的工程化开发和应用拓展。

3.10　聚苯撑吡啶并咪唑纤维

聚苯撑吡啶并咪唑（PIPD）纤维属于芳杂环并二咪唑类纤维，简称 M5 纤维，具有高拉伸强度、高拉伸模量和高压缩强度，耐热性能优异，在航空、航天、导弹上作为结构隐身/耐热一体化材料[170]，应用前景广阔。PIPD 纤维在国外已有千克级的产品下线，但作为军工产品，其生产工艺被严格保密，与之紧密相关的材料性能方面的报道也非常少，为此，开展对 PIPD 纤维制备技术的研究，可填补国内空白，解决制约我国高性能材料的瓶颈问题，满足我国国防现代化以及高性能纤维产业发展的需要。

3.10.1　PIPD 纤维的种类

PIPD 纤维分子链上存在大量的—OH 和—NH—（图 3-34），容易在分子间和分子内形成大量氢键，PIPD 纤维具有优异性能，其拉伸强度和拉伸模量分别可达 5.5GPa 和 330GPa，其压缩强度接近碳纤维，高达 1.7GPa，其剪切模量约为 6GPa。

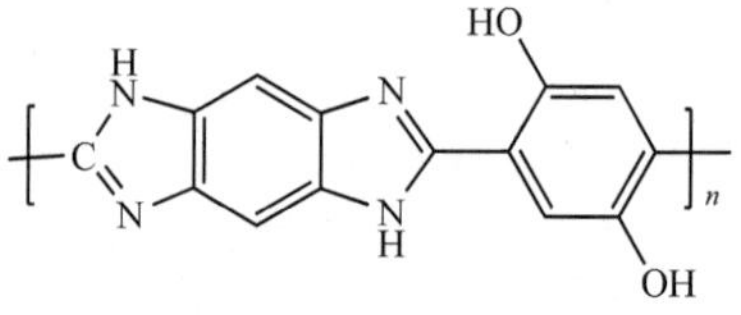

图 3-34　PIPD 纤维的结构

3.10.2 PIPD 纤维的制备方法[1]

1. 单体的合成

PIPD 合成所用的单体分别是 2, 3, 5, 6-四氨基吡啶（TAP）和 2, 5-二羟基对苯二甲酸（DHTA），通过两种单体在多聚磷酸（PPA）中缩聚反应即可得到 PIPD 聚合物。其中单体的合成是聚合过程的关键以及难点所在。

2, 3, 5, 6-四氨基吡啶（TAP）的合成：以 2, 6-二氨基吡啶（DAP）为原料，经硝化、加氢还原制备。利用发烟硫酸和 100% HNO_3 混酸进行硝化反应，获得产率较高的 2, 6-二氨基-3, 5-二硝基吡啶（DADNP），然后加入磷酸、NH_3、浓盐酸对 DADNP 进行还原得到 TAP。但是 TAP 的化学性质非常活泼，不易保存，通常将其制备成 TAP·$3HCl·H_2O$ 形式的盐酸盐或磷酸盐进行聚合。

2, 5-二羟基对苯二甲酸（DHTA）的合成：

①Sikkema 等通过以 1, 4-环己二酮-2, 5-二甲酸二甲酯为原料，经过芳构化制备 2, 5-二羟基-对苯二甲酸二甲酯（DMDHT），然后碱性水解制备出 DHTA。

②采用对苯二甲酚为原料，根据 Koble-Schmit 反应原理制备，但是反应条件基本在 N_2 加压下进行，有危险性并且会引入一些副产物，所以使用会受到限制。

2. PIPD 的合成

1）脱 HCl 缩聚工艺

2, 3, 5, 6-四氨基吡啶盐酸盐（TAP·$3HCl·H_2O$）与 DHTA 按一定摩尔比投入到多聚磷酸溶液中，采用惰性气体鼓泡、加压或减压等方法脱除 TAP·$3HCl·H_2O$ 的 HCl，使氨基活化之后进行升温完成缩聚反应。此法聚合周期长，若 HCl 脱除不完全，会导致聚合物分子量降低。脱 HCl 缩聚反应如图 3-35 所示。

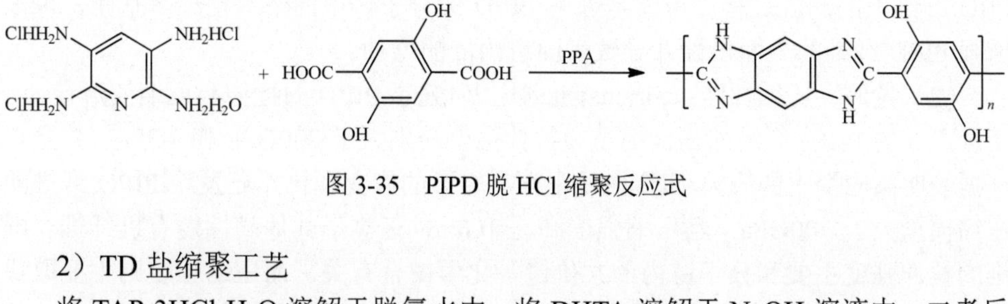

图 3-35 PIPD 脱 HCl 缩聚反应式

2）TD 盐缩聚工艺

将 TAP·$3HCl·H_2O$ 溶解于脱氧水中，将 DHTA 溶解于 NaOH 溶液中，二者反应生成 2, 3, 5, 6-四氨基吡啶-2, 5-二羟基对苯二甲酸络合盐（TD 盐），然后置于多聚磷酸溶液中经升温完成反应。与上述方法相比，缩短了聚合时间，但若要合成大分子量的聚合物，对单体纯度要求极高。TD 盐缩聚反应如图 3-36 所示。

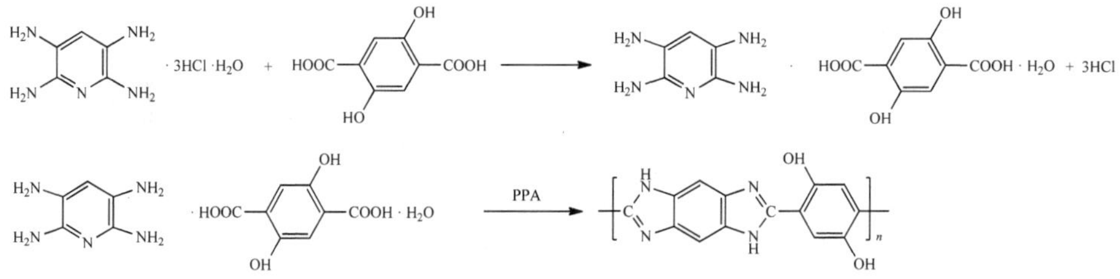

图 3-36　TD 盐缩聚合成 PIPD

3. 纤维的制备

聚合反应结束后，PIPD 不需要沉析和再溶解，其 PPA 溶液可作为纺丝溶液直接进行纺丝，目前大多采用干喷湿纺法（液晶纺丝法）进行纺丝，将 18% 的 PIPD/PPA 溶液在 180℃进行纺丝，经空气层进入水或稀磷酸凝固浴，再经过一系列的拉伸、洗涤、干燥得到初生纤维。再将初生纤维在 N_2 气氛 400℃下定张力热处理 20s 即可制得具有高强度、高模量的 PIPD 纤维。

3.10.3　PIPD 纤维的结构与性能

Klop 等采用 X 射线衍射研究了 M5 初纺纤维及热处理后纤维的结晶结构，M5 初纺纤维是一种结晶水合物，热处理后转变为双向的氢键结构，在大分子间和大分子内分别形成了 N—H—O 和 O—H—N 的氢键结构。

（1）表面润湿性能：Zhang 等[171]通过接触角测试，结果表明，水和乙醇在 PIPD 纤维上的接触角都小于 PBO 纤维，并且水在 PIPD 纤维上的润湿过程明显快于在 PBO 纤维上的润湿过程。可能是因为 PIPD 大分子链中的亲水性羟基基团，可以增强 PIPD 纤维的表面极性并导致表面自由能的增加。

（2）拉伸、压缩性能：Sirichaisit 等[172]研究了 PIPD 的拉伸和压缩变形行为，两种不同的 PIPD 纤维的杨氏模量和拉伸强度分别大于 300GPa 和 4GPa，并且有证据表明高应变下的应力-应变曲线中存在轻微的应变硬化。还发现 PIPD 纤维的压缩模量大于 300GPa，且压缩强度高达 1GPa，远高于其他高性能有机纤维。纤维的拉伸强度主要和分子链内的共价键等化学键合有关，而压缩强度则主要取决于分子间的化学键及二次键[173]，因为 PIPD 纤维中存在分子间氢键，所以它的压缩强度高于同类的 PBO 纤维。Hageman 等首次用密度泛函方法对新型刚性聚合物

PIPD 进行了从头计算，证明氢键网络在解释提高抗压强度方面起着关键但间接的作用，同时不能忽略其他链间相互作用。

（3）防火性能：Northolt 等[174]用锥形量热仪测量了 PIPD 的耐火性能，结果表明，AS-PIPD 纤维和 HT-PIPD 纤维相比，点燃时间明显提高。可能由于 AS-PIPD 纤维是一种晶体水合物，而其中的水是阻燃性更好的原因。

（4）耐热稳定性：PIPD 纤维类似于 PBO 纤维的刚棒结构决定了它也具有优异的耐热性和耐热稳定性。经测试，PIPD 纤维在空气中热分解温度为530℃，超过了芳纶纤维，与 PBO 纤维接近；PIDP 纤维的极限氧指数为 59，在阻燃性能方面也优于芳纶纤维。

3.10.4　PIPD 纤维的应用及需求分析

PIPD 纤维具有良好的耐紫外老化、耐湿热、黏结性能和轴向压缩性能，因此，PIPD 纤维可以替代高强芳纶纤维、PBO 纤维和高性能碳纤维，在航空、航天、导弹上作为结构隐身/耐热一体化材料，应用前景十分广阔。

PIPD 纤维在国外已经有公斤级产品下线，PIPD 的应用研究正在进行。国内 PIPD 纤维研究正在起步，"十二五"期间中蓝晨光和哈尔滨工业大学合作，突破了 PIPD 单体合成、高分子量 PIPD 聚合和纺丝的中试研究，纤维强度达到4.0GPa，模量达到 300GPa，纤维的压缩强度达到 1.0GPa，纤维的热分解温度达到 500℃。

目前，PIPD 纤维的性能还没有达到文献报道的那么高，国内 PIPD 纤维的制备研究、工程化制备、纤维的应用急需进行系统的研究。PIPD 纤维的单体制备也是公斤级的小试产品，产品质量和单体的存储需要进行一系列研究，以提高 PIPD 纤维的产品质量。

3.11　其他纤维

3.11.1　聚醚酰亚胺纤维

聚醚酰亚胺（PEI）是在聚酰亚胺（PI）链上引入醚键形成的一类高聚物。其分子结构如图 3-37 所示。

1. 制备方法

PEI 的聚合单体是双酚 A 型二醚二酐（BPDEDA），通常用溶液法或者熔融缩聚法，以 BPDEDA 和芳香族二胺反应制得 PEI。其中溶液聚合法操作复杂，且对环境不友好，因此主要采取熔融聚合法制备 PEI。

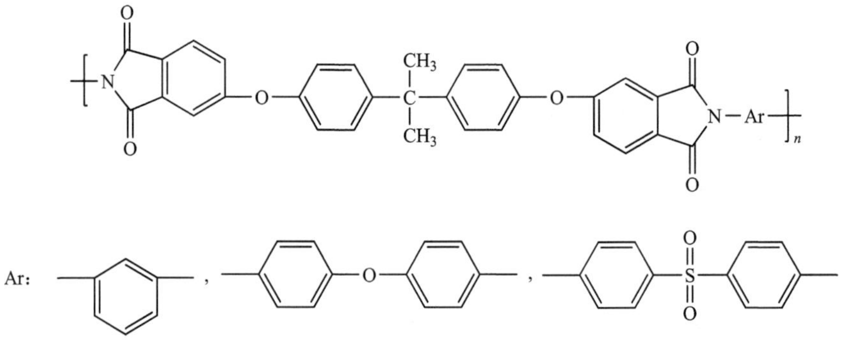

图 3-37　聚醚酰亚胺分子结构

（1）PEI 的合成：双酚 A 二酐与间苯二胺熔融聚合，反应可在双螺杆挤出机中进行，最高温度为 320℃[175]，高温环化、减压脱水。合成路线如图 3-38 所示。

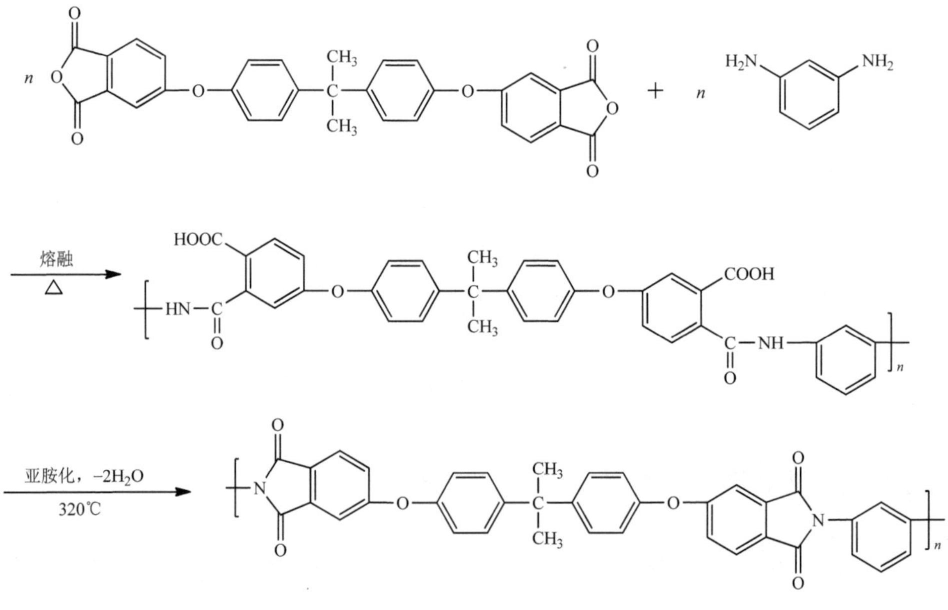

图 3-38　PEI 的合成路线

（2）PEI 纤维的制备：采用熔融纺丝。与其他熔纺工艺相同，需经过冷却、牵引、卷绕等过程，牵伸比与纺速、纤度有关。据报道称，Ultem1000 树脂熔体纺丝，线速度 0.5～3.0m/min、喷丝板表面温度 345～375℃熔体成纤，可在 200～350℃进行牵伸。如 Ultem1000 在熔体速度 2.5m/min，喷丝头表面温度 268℃下纺丝，卷绕速度 250m/min，得到可防性优良的 PEI 纤维。

2. 结构与性能

高芳香化结构赋予聚合物优秀的性能，其玻璃化转变温度明显比聚苯硫醚（PPS）或聚醚醚酮（PEEK）等半结晶聚合物高。

（1）机械性能：化学纤维的机械性能与其是否被牵伸和变形有关。PEI 纤维的强度比 PES 或 PA 纤维小，这主要是因为 PEI 的非晶结构。牵伸 PEI 纤维的应力应变性能表现为强力高、伸长低。此外，PEI 纤维的耐磨性十分优异。

（2）化学稳定性：PEI 对稀酸、碱和盐有良好的稳定性，PEI 在极性和低有机分子中易被侵蚀，非极性和有机大分子对其稳定性影响较弱。

（3）抗辐照性能：PEI 具有很好的抗紫外线、γ 射线性能。

（4）抗燃性能：该纤维的最大优点是具有优良的抗燃性，极限氧指数为 44，当发生火灾时不会放出有毒烟气，该纤维制的飞机和高速列车椅套与椅垫，已通过欧盟和美国最严格的认证，认为是最理想的阻燃纺织材料。

3. 应用及需求

可乐丽尚未正式宣布产能，但据信约为 200～300t/a。可乐丽以长丝、短纤维、细纱、短纤维和非织造布的形式提供 PEI 纤维。可乐丽的目标是将这种新纤维推向三个主要应用领域，以开发具有低烟密度和良好可染性的高耐热性和阻燃性纤维。

PEI 纤维三个主要应用包括：

（1）纤维增强复合材料：用于运输车辆、计算机或移动电话外壳、印刷电路板以及风力涡轮机叶片。

（2）纺织品：用于铁路和飞机的安全和防护装置、墙壁织物、建筑物防火层和座椅纺织品。

（3）无纺布：用于液体和气体过滤器、防火层、垫子、隔音和隔热。

3.11.2　聚醚醚酮纤维

聚醚醚酮（PEEK）纤维是有机纤维，具有高度结晶性。全芳香族的 PEEK 纤维结构中兼有醚键和酮羰基，使其物理性能、耐化学性能、耐热性能等十分优异。PEEK 纤维的出现开拓了高聚物材料的应用范围，尤其是能够满足恶劣极端环境使用要求，为解决某些工程问题提供了新的方法[176]。其分子结构如图 3-39 所示。

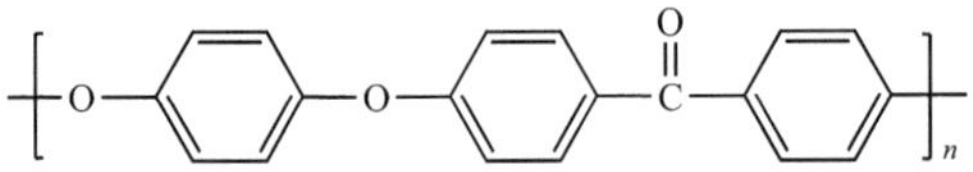

图 3-39 PEEK 纤维的结构

1. 制备方法

PEEK 纤维纺丝技术是在 20 世纪 70 年代初根据美国国家航空航天局的项目要求下在美国开发的。PEEK 纤维在高温下熔融纺丝，可以在 230～260℃下长时间使用，并且耐受大多数无机物和有机化学物质。国外 Zyex 公司 PEEK 纺丝技术已经成熟，并且生产出不同规格的纤维丝[177]。

由于 PPEK 流动性不好、加工温度高、纺丝困难以及市场等原因，国内 PEEK 纤维的制备大多停留在实验室阶段，通常用熔融纺丝制得 PEEK 纤维。

于建明等[178]用特性黏度为 0.8 的 PEEK 切片，用如下的工艺条件纺丝：6 孔喷丝板，口径 0.5mm，长径比 3:1，纺丝温度 385℃，挤出速度 $0.028cm^3/s$，卷绕速度 50m/min。李明月等[179]用 Victrex 公司生产的 PEEK 切片纺丝。

2. 结构与性能

PEEK 纤维具有如下性能：

（1）力学性能：PEEK 纤维拉伸强度为 400～700MPa，伸长率 20%～40%，模量 3～6GPa。PEEK 纤维柔韧与弹性较为均衡，抗冲击恢复性比钢丝好，PEEK 纤维还具有良好的综合耐磨性能。

（2）化学稳定性：PEEK 纤维耐化学溶剂性良好，一般试剂很少能够对它造成腐蚀。其还具有优良的抗水解性，在高温水或高温蒸汽中仍能保持其优良的性能[180]。

（3）热性能：PEEK 纤维在 250℃条件下各项性能表现良好，在 300℃条件下能保持一部分特性。在空气和水蒸气中均具有良好的耐热性能。

此外，PEEK 纤维还具有良好的耐磨性、柔韧性、抗冲击性等优点，使其被应用于多个领域。

3. 应用及需求

由于 PEEK 是最昂贵的商业聚合物之一，PEEK 纤维的使用仅限于非常苛刻的应用。单丝和复丝 PEEK 纱线应用于传送带，以承受在其表面上连续输送产品的热干燥条件。

PEEK 纤维的高耐化学性和耐磨性使其适用于工业防护服和鞋类的缝纫线。在美国，PEEK 纤维应用于先进的飞机复合材料，在复合材料的生产中，它们有时与碳纤维丝混合，这些复合材料应用于飞机结构支架。PEEK 单丝可应用于球拍和音乐琴弦行业的绳索和琴弦。在医学领域非常少量的 PEEK 长丝可替代韧带、导管管和缝线编织物，以及骨移植和设备过滤器的复合材料。

PEEK 纤维应用于复合材料，如热水管道膨胀节，其中 PEEK 增强橡胶代替标准钢接头以及高温工业皮带。超细 PEEK 纤维被编织成织物，用于航空航天、生物技术和医疗行业。瑞士赛发（SEFAR）公司用直径小至 30μm 的纤维制造织物和特殊产品（如皮带、面板和袖子）。

PEEK 纤维还与其他材料一起用于生产耐热过滤器、热空气过滤和隔热用的毡。其他应用领域包括生产特种纸、食品制备和化学粉末加工。

3.11.3　聚萘二甲酸乙二醇酯纤维

聚酯纤维自 20 世纪 50 年代以来，因为其价格低廉、性能优异等优势迅速占领市场，是其他合成纤维中发展速度最快的品类[181]。其中研究最为成熟的就是聚对苯二甲酸乙二醇酯（PET）纤维，虽然 PET 纤维在人们的生活中发挥着重要的作用，但是在性能上还需要一定的提升。近年来，聚萘二甲酸乙二醇酯（PEN）纤维是很多学者关注的一类纤维，其结构与 PET 相似，不同之处就是用萘环取代了苯环。二者的结构如图 3-40 和图 3-41 所示。

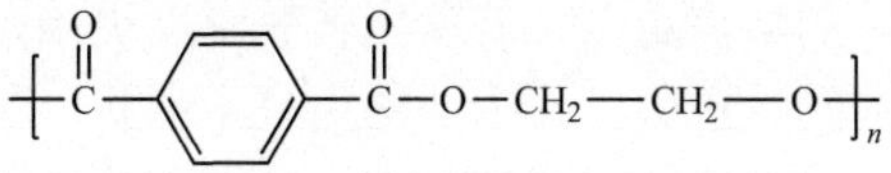

图 3-40　PET 结构

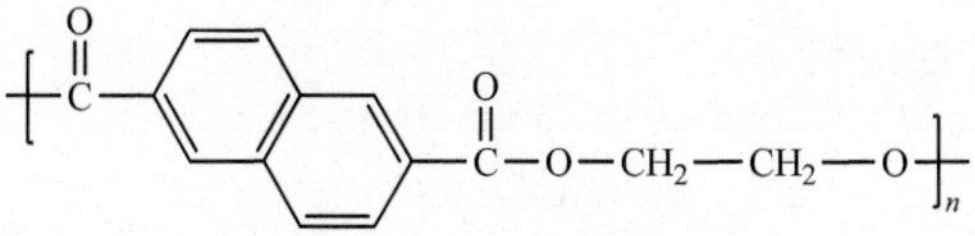

图 3-41　PEN 结构

1. 制备方法

1）PEN 聚合物的合成

PEN 的单体分别是 2,6-萘二甲酸或 2,6-萘二酸二甲酯以及乙二醇，通过直接酯化反应或者酯交换之后缩聚而成。

直接酯化法[182]：2,6-萘二甲酸和乙二醇在催化剂、一定温度和压力的共同作用下缩聚合成 PEN。由于 PEN 比 PET 的空间位阻大，为了使 2, 6-萘二甲酸充分反应，实验中加入乙二醇的量要比合成 PET 的量多。其中在提纯 2, 6-萘二甲酸单体时，由于其异构体沸点相差不大，所以纯度难提高。缩聚时，加入一定量的 Ti_2O_3 催化剂，含磷化合物作稳定剂，在 280～290℃ 温度聚合，得到的产物纯度高，色泽好。

酯交换法：在氮气保护下，2, 6-萘二酸二甲酯与乙二醇发生酯交换反应，然后在催化剂、低压、一定温度下进行缩聚反应。反应受氮气流速、反应温度以及催化剂浓度影响。

2）PEN 纤维的纺丝工艺

主要采用熔融纺丝生产工艺。将制得的 PEN 树脂干燥，然后按照常规的 PET 纺丝技术和主要设备进行熔融纺丝，其中纺丝的速度和产品有关，一般为 3000～5000m/min。与 PET 纺丝不同的是，由于 PEN 的玻璃化转变温度高于 PET，如果拉伸速度太慢，会影响 PEN 纤维质量，所以可以通过采用多道牵伸并提高纤维牵伸温度的方法解决此问题。如日本帝人采用的牵伸工艺是：前道牵伸辊的温度为 170～200℃，喂入轮温度为 150～170℃，前道牵伸热板温度为 210～240℃，牵伸辊温度为 220～245℃[183]。

2. 结构与性能

由 PET 和 PEN 的结构式可以看出，由于 PEN 分子链中的萘环代替了 PET 结构中的苯环，导致 PEN 的熔点更高，玻璃化转变温度更高，并且萘环比苯环的共轭效应大，因此 PEN 的刚性更大，分子结构更呈平面状。同时乙烯链节的存在又赋予了 PEN 的柔性，加工过程又不失流动性。使得 PEN 在熔融加工时成本低于其他溶液纺丝的纤维。

PEN 纤维具有高的纤维强度，比 PET 纤维具有更高的起始模量，比锦纶具有更好的加工性和尺寸稳定性。

3. 应用及需求

PEN 聚合物于 1994 年由伊士曼（Eastman）化学公司和壳牌化学公司在美国商业化。大多数用于胶片，但也有一些用于纤维的 PEN。全球主要的 PEN 纤维生产商是日本帝人株式会社。世界上大部分 PEN 聚合物的生产都致力于高端薄膜和模塑应用，而 PEN 纤维的产量估计在 1800～2000t。

目前主要用于包装材料、汽车防冲撞充气安全带、轮胎和传送等的骨架材料、PEN 纤维增强材料、过滤材料、缆绳、服装材料等。

3.11.4　脂肪族聚酮纤维

脂肪族聚酮（POK）是一种半结晶热塑性工程塑料，已于 1995 年由壳牌化学公司以商标名卡内纶（Carilon）聚合物推出。分子结构如图 3-42 所示。

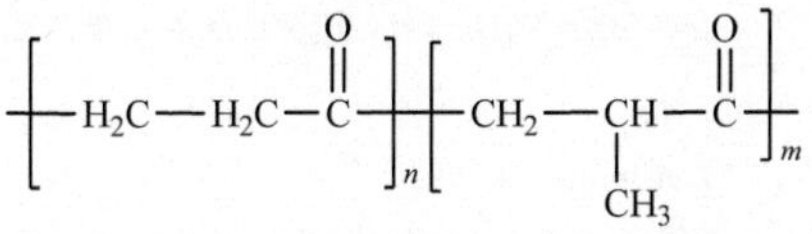

$$\left[H_2C-H_2C-\overset{\displaystyle O}{\overset{\displaystyle \|}{C}} \right]_n \left[CH_2-\underset{CH_3}{CH}-\overset{\displaystyle O}{\overset{\displaystyle \|}{C}} \right]_m$$

图 3-42　POK 纤维的分子结构

1. 制备方法[184]

Carillon 聚合物是由一氧化碳和 α-烯烃（如乙烯、丙烯）通过一步催化工艺合成。合成的 POK 具有高熔点、半结晶和完整交替链的特点，使 POK 纤维具有非常高的强度。

尽管 Carillon 聚合物可以进行溶液纺丝而使 POK 分子链拉伸和取向，然而最可行和经济的途径是通过熔纺法生产 POK 纤维。例如，由含 6mol%丙烯、熔点为 220℃的 Carilon 聚合物，可以在 260℃温度下熔纺成单丝和复丝。熔纺的 Carillon 纤维可以高倍率进行拉伸，可获得高取向、高强力的纤维。

2. 结构与性能

POK 纤维具有优良的机械性能，拉伸强度和模量分别为 13cN/dtex 和 363cN/dtex，明显高于尼龙，而低于芳纶纤维。由于其优良的机械性能以及与橡胶材料的良好附着力，使其在橡胶工业具有广阔的应用前景。

3. 应用及需求

POK 纤维可应用于轮胎骨架材料，不但能降低轮胎的质量，而且可以提高轮胎的各种性能；当作为补强空气弹簧橡胶膜时，可提高其耐压性、耐屈挠性、橡胶与纤维间的耐剥离性、耐疲劳性和耐久性；当用作补强胶管时，可提高胶管的耐屈挠疲劳等性能[185]。

参 考 文 献

[1]　国家制造强国建设战略咨询委员会.《中国制造 2025》重点领域技术创新绿皮书：技术路线图. 北京：电子工业出版. 2016.

[2] 干勇. 制造强国三大基础要素——新型信息技术、新材料和技术创新体系. 智慧中国, 2018, (6): 56-59.

[3] 俞森龙, 相恒学, 周家良, 等. 典型高分子纤维发展回顾与未来展望. 高分子学报, 2020, 51 (1): 39-54.

[4] 商龚平, 马琳. 对我国高性能纤维产业发展的思考. 新材料产业, 2019, (1): 2-4.

[5] 林刚. 碳纤维产业"聚"变发展——2020 全球碳纤维复合材料市场报告. 纺织科学研究, 2021, (5): 27-49.

[6] 刘国昌, 徐淑琼. 聚丙烯腈基碳纤维及其应用. 机械制造与自动化, 2004, (4): 41-43.

[7] 马向军. 以 NaSCN 溶液为溶剂一步法湿纺 PAN 基碳原丝工艺的研究. 天津: 天津大学, 2006.

[8] 张泽, 徐卫军, 康宏亮, 等. 高性能聚丙烯腈基碳纤维制备技术几点思考. 纺织学报, 2019, 40 (12): 152-161.

[9] 赵晓莉, 齐暑华, 刘建军, 等. 干喷湿纺法制备 T700 级聚丙烯腈基碳纤维. 工程塑料应用, 2019, 47 (1): 67-71, 95.

[10] 贺文晋, 张晓欠, 刘丹, 等. 沥青基碳纤维制备研究进展. 煤化工, 2019, 47 (4): 72-75, 81.

[11] 任蕊, 皇甫慧君, 曹晨茜, 等. 沥青基碳纤维的制备方法及其产业化研究. 应用化工, 2018, 47 (10): 2254-2259.

[12] 张晓阳. 粘胶基碳纤维及沥青基碳纤维技术进展及发展建议. 化肥设计, 2017, 55 (4): 1-3.

[13] 郑伟. 粘胶基碳纤维的制造及其应用. 人造纤维, 2006, 36 (4): 23-27.

[14] 陈淙洁, 邓李慧, 吴琪琳. 碳纤维微观结构研究进展. 材料导报, 2014, 28 (S1): 21-25, 39.

[15] 陈丽. 碳纤维微观结构表征与性能分析. 绵阳: 西南科技大学, 2015.

[16] 高爱君. PAN 基碳纤维成分、结构及性能的高温演变机理. 北京: 北京化工大学, 2012.

[17] 高爱君, 童元建, 王小谦, 等. 不同初始结构碳纤维石墨化进程趋同性研究. 材料科学与工艺, 2012, 20 (5): 26-30.

[18] 李明专, 王君, 鲁圣军, 等. 芳纶纤维的研究现状及功能化应用进展. 高分子通报, 2018, (1): 58-69.

[19] 孙酣经, 柴宗华. 高性能化工新材料及其应用 (二) 芳纶纤维及其应用. 化工新型材料, 1998, (5): 41-43.

[20] 丁许, 孙颖, 魏雅斐, 等. 芳纶纤维二维编织绳索的拉伸及应力松弛性能研究. 产业用纺织品, 2020, 38 (4): 17-24.

[21] 杨陈, 林燕萍, 王晨露, 等. 对位芳纶纤维热降解性能表征与机理研究. 化工新型材料, 2021, 49 (10): 109-113.

[22] 高启源. 高性能芳纶纤维的国内外发展现状. 化纤与纺织技术, 2007, (3): 31-36.

[23] 董旭海, 马海兵. 我国芳纶发展现状及未来趋势. 高科技纤维与应用, 2019, 44 (6): 13-17.

[24] 王红, 楚久英. 芳香族聚酰胺纤维研究进展及应用. 国际纺织导报, 2020, 48 (4): 4, 6-9.

[25] 李凯楠, 李晓冬, 胡书春, 等. 聚吡咯在芳纶Ⅲ纤维表面的原位合成及产物吸波性能研究. 化工新型材料, 2020, 48 (8): 130-136.

[26] 乌云其其格, 廖子龙, 雷娜, 等. 高性能芳纶纤维/环氧树脂预浸料及其在航空领域的应用. 第二十一届全国复合材料学术会议 (NCCM-21) 论文集, 2020, 510-520.

[27] 翟媛媛, 刘艳君, 赵瑞, 等. 芳纶纬编增强体复合材料的力学性能. 纺织高校基础科学学报, 2020, 33 (3): 8-12.

[28] 许黛芳. 磷酸改性芳纶对聚氨酯硬质泡沫阻燃抑烟性能的影响. 纺织学报, 2020, 41 (5): 30-37.

[29] 王玲, 梁森, 闫盛宇, 等. 橡胶基芳纶纤维复合材料抗冲击性能的研究. 复合材料科学与工程, 2020, (2): 69-75.

[30] 王子帅, 钟智丽, 万佳, 等. 玄武岩长丝/芳纶间隔纱织物复合材料板材耐冲击性能的研究. 复合材料科学与工程, 2020, (1): 92-94, 100.

[31] 向坤, 李扬, 陆轴, 等. 低温等离子体处理芳纶复合材料界面性能研究进展. 工程塑料应用, 2020, 48 (6): 145-149.

[32] 翟媛媛, 刘艳君, 赵瑞, 等. 改性芳纶纬编增强体复合材料力学性能的研究. 合成纤维, 2020, 49 (4): 44-48.

[33] 万胜, 李英哲, 李琳, 等. 纤维表面处理对短纤维/丁腈橡胶复合材料性能的影响. 合成橡胶工业, 2020, 43 (4): 274-279.

[34] Kim G, He Y, Kulkarni S, et al. The influence of aircraft fluid ingression on tensile properties of aramid fiber composites. Advanced Composite Materials, 2020, 30 (9): 1-15.

[35] 刘清清, 郭荣辉. 芳纶纤维的改性研究进展. 纺织科学与工程学报, 2020, 37 (3): 86-93.

[36] 李伟, 曹应民, 张电子, 等. 短切芳纶纤维增强复合材料的研究进展. 工程塑料应用, 2010, 38 (9): 86-88.

[37] 张振亚, 郭文慧, 刘树博, 等. 芳纶浆粕纤维的辐照改性研究. 河南科学, 2019, 37 (11): 1747-1751.

[38] 李翠玉, 张蕊, 石亚蒙, 等. 芳纶纤维表面改性及其纬平针织复合材料力学性能的研究. 化工新型材料, 2020, 48 (2): 99-102.

[39] 张旭, 张天骄. 间位芳纶和对位芳纶的红外光谱与拉曼光谱研究. 合成纤维工业, 2019, 42 (6): 88-91.

[40] 张宇皓, 韩万里, 李思嘉, 等. 间位芳纶针刺非织造布耐高温耐腐蚀性. 工程塑料应用, 2020, 48 (9): 116-120.

[41] 乌云其其格, 陈超峰, 彭涛. 中温固化环氧树脂芳纶 III 纤维复合材料性能研究. 高科技纤维与应用, 2019, 44 (5): 29-35.

[42] Zhong A, Luo J, Wang Y, et al. Effect of micro-/nano-scale aramid fibrillated fibers on the tensile properties of styrene-butadiene latex. Polymer Composites, 2020, 41 (12): 5365-5374.

[43] 冯欢, 杭志伟, 王祥荣. 对位芳纶纤维的性能分析. 现代丝绸科学与技术, 2014, 29 (4): 131-134.

[44] 马福民, 余家全, 梁劲松, 等. 国内外对位芳纶产品结构及性能对比分析研究. 塑料工业, 2020, 48 (11): 94-99.

[45] 刘杰, 康红波, 于龙, 等. 国产芳纶纤维力学性能实验探讨. 天津纺织科技, 2014, (4): 14-18.

[46] 王劼. 芳纶纤维在轮胎骨架材料中的应用. 轮胎工业, 2020, 40 (3): 139-141.

[47] Gao J, Jiao F, Zhang H, et al. Meso research on the fiber orientation distribution of aramid fiber-reinforced rubber composite. Polymers for Advanced Technologies, 2020, 31 (12): 3281-3291.

[48] 冯红卫, 赵利媛. 高温下芳纶纤维混凝土力学性能试验研究. 混凝土与水泥制品, 2020, (8): 56-58.

[49] Gu D, Duan C, Fan B, et al. Tribological properties of hybrid PTFE/Kevlar fabric composite in vacuum. Tribology International, 2016, 103: 423-431.

[50] 赵肖斌, 姚博炜. 芳纶纤维材料在电气绝缘和电子领域中的应用. 电子技术与软件工程, 2019, (21): 92-93.

[51] 谢瑶, 王亚芳, 卓龙海, 等. 高导热氮化硼/芳纶沉析复合薄膜的制备及性能. 高等学校化学学报, 2020, 41 (3): 582-590.

[52] 缪特, 张如全, 冯阳. 纳米发泡整理对芳纶过滤材料性能的影响. 纺织学报, 2019, 40 (9): 108-113.

[53] 沈嘉敏, 宇晓明, 张斌, 等. 芳纶纤维增强橡胶复合材料的横向和纵向拉伸性能研究. 化工新型材料, 2020, 48 (8): 113-116.

[54] 余旷, 齐亮. 对位芳纶和聚芳酯纤维在高性能绳缆中的应用. 合成纤维, 2020, 49 (3): 10-13, 27.

[55] 齐亮, 余旷. 芳香族聚酰胺纤维在输送带中的应用. 橡胶科技, 2020, 18 (9): 512-515.

[56] 郭客, 张志强, 宋仁伯, 等. 芳纶浆粕和纳米钛酸钠晶须在汽车摩擦材料中的协同效应. 材料研究学报, 2020, 34 (4): 304-310.

[57] Cao Z Y, Grabandt O, 王宏球. 芳纶纤维对循环经济的贡献. 国际纺织导报, 2020, 48 (8): 20-21, 48.

[58] 张美云, 罗晶晶, 杨斌, 等. 芳纶纳米纤维的制备及应用研究进展. 材料导报, 2020, 34 (5): 5158-5166.

[59] Nasser J, Zhang L, Lin J, et al. Aramid nanofiber reinforced polymer nanocomposites via amide-amide hydrogen bonding. ACS Applied Polymer Materials, 2020, 2 (7): 2934-2945.

[60] 王丹妮, 聂景怡, 赵永生, 等. KH-550 改性纳米二氧化钛对芳纶纳米薄膜抗紫外及力学性能的影响. 高分子材料科学与工程, 2020, 36 (8): 58-66.

[61] 唐进单. UHMWPE 纤维的制备及应用领域. 化纤与纺织技术, 2018, 47 (3): 23-27.

[62] 史佳冀. 高密度聚乙烯/超高分子量聚乙烯中高强纤维制备及结构性能研究. 上海: 华东理工大学, 2018.

[63] 任元林. UHMWPE 纤维及其非织造复合材料的制备与应用. 纺织导报, 2006, (4): 85-88, 103.

[64] 赵国樑. 超高分子量聚乙烯纤维制备与应用技术进展. 北京服装学院学报 (自然科学版), 2019, 39 (2): 95-102.

[65] Wang Y, Cheng R, Liang L, et al. Study on the preparation and characterization of ultra-high molecular weight polyethylene-carbon nanotubes composite fiber. Composites Science and Technology, 2004, 65 (5): 793-797.

[66] 马金阳. 超高分子量聚乙烯纤维改性增强聚合物基复合材料性能研究. 天津: 天津工业大学, 2019.

[67] 任意. 超高分子量聚乙烯纤维性能及应用概述. 广州化工, 2010, 38 (8): 87-88.

[68] 孙勇飞, 李济祥, 王新威. 高浓度湿法冻胶纺丝制备 UHMWPE 纤维的研究. 上海塑料, 2021, 49 (1): 42-45.

[69] Ruan S, Gao P, Yu T X. Ultra-strong gel-spun UHMWPE fibers reinforced using multiwalled carbon nanotubes. Polymer, 2006, 47 (5): 1604-1611.

[70] 王非, 刘丽超, 薛平. 超高分子量聚乙烯纤维制备技术进展. 塑料, 2014, 43 (5): 31-35.

[71] 李晓庆, 周建勇, 毕晓龙, 等. 纤维级超高分子量聚乙烯的制备及性能研究. 合成纤维工业, 2012, 35 (4): 30-33.

[72] 冯霞, 胡俊成, 阿拉东. 多巴胺仿生修饰及聚乙烯亚胺二次功能化表面改性超高分子量聚乙烯纤维. 天津工业大学学报, 2016, 35 (6): 14-19.

[73] 罗峻, 邓华. 超高分子量聚乙烯纤维表面改性方法研究进展. 中国纤检, 2019, (8): 124-127.

[74] 田永龙, 郭腊梅. UHMWPE 纤维的 PEW-g-MAH 涂层改性及性能研究. 针织工业, 2019, (3): 22-25.

[75] Du G, Liu A J. The flexural and tribological properties of UHMWPE composite filled with plasma surface-treated wood fibers. Surface and Interface Analysis, 2017, 49 (11): 1142-1146.

[76] Gilman A B, Kuznetsov A A, Ozerin A N. Modification of ultra-high-molecular-weight polyethylene fibers and powders using low-temperature plasma. Russian Chemical Bulletin, 2017, 66 (4): 577-586.

[77] Jin X, Wang W Y, Xiao C F, et al. Improvement of coating durability, interfacial adhesion and compressive strength of UHMWPE fiber/epoxy composites through plasma pre-treatment and polypyrrole coating. Composites Science and Technology, 2016, 128: 169-175.

[78] He R Q, Niu F L, Chang Q X. The effect of plasma treatment on the mechanical behavior of UHMWPE fiber-reinforced thermoplastic HDPE composite. Surface and Interface Analysis, 2018, 50 (1): 73-77.

[79] Ren Y, Ding Z R, Wang C X, et al. Influence of DBD plasma pretreatment on the deposition of chitosan onto UHMWPE fiber surfaces for improvement of adhesion and dyeing properties. Applied Surface Science, 2017, 396: 1571-1579.

[80] Chu Y Y, Chen X G, Tian L P. Modifying friction between ultra-high molecular weight polyethylene (UHMWPE) yarns with plasma enhanced chemical vapour deposition (PCVD). Applied Surface Science, 2017, 406: 77-83.

[81] Li W W, Li R P, Li C Y, et al. Mechanical properties of surface-modified ultra-high Molecular weight polyethylene fiber reinforced natural rubber composites. Polymer Composites, 2017, 38 (6): 1215-1220.

[82] 冯鑫鑫. 辐射改性聚乙烯纤维 (无纺布) 对铀酰离子和铂离子的吸附研究. 上海: 中国科学院大学 (中国科学院上海应用物理研究所), 2020.

[83] 高乾宏. 超高分子量聚乙烯纤维及织物的辐射接枝改性与功能化研究. 上海: 中国科学院研究生院 (上海应用物理研究所), 2016.

[84] 李焱, 李常胜, 黄献聪. 电晕处理对 UHMWPE 纤维的性能影响. 合成纤维工业, 2010, 33 (3): 36-38.

[85] 王士华, 苗岭, 陈桃, 等. 干法纺聚酰亚胺纤维生产技术的研发. 高科技纤维与应用, 2013, 38 (4): 52-55.

[86] 雷瑞. 高性能聚酰亚胺纤维研究进展. 合成纤维工业，2014，37（3）：53-55.

[87] 牛鸿庆，张梦颖，周康迪，等. 高强高模聚酰亚胺纤维的耐环境影响性能研究. 工业技术创新，2014，1（1）：43-49.

[88] 张清华，陈大俊，丁孟贤. 聚酰亚胺纤维. 高分子通报，2001，（5）：66-72.

[89] Liu J，Zhang Q，Xia Q，et al. Synthesis，characterization and properties of polyimides derived from a symmetrical diamine containing bis-benzimidazole rings. Polymer Degradation & Stability，2012，97（6）：987-994.

[90] Goel R N，Hepworth A，Deopura B L，et al. Polyimide fibers：structure and morphology. Journal of Applied Polymer Science，1979，23（12）：3541-3552.

[91] Kim Y H，Harris F W，Cheng S Z D. Crystal structure and mechanical properties of ODPA-DMB polyimide fibers. Thermochimica Acta，1996，282-283：411-423.

[92] Kaneda T，Katsura T，Nakagawa K，et al. High-strength-high-modulus polyimide fibers Ⅱ. Spinning and properties of fibers. Journal of Applied Polymer Science，1986，32（1）：3151-3176.

[93] Zhang Q H，Dai M，Ding M X，et al. Mechanical properties of BPDA-ODA polyimide fibers. European Polymer Journal，2004，40（11）：2487-2493.

[94] Dorogy W E，Clair A K S. Wet spinning of solid polyamic acid fibers. Journal of Applied Polymer Science，1991，43（3）：501-519.

[95] Niu H Q，Zhang M Y，Li A，et al. Microstructure evolution and properties of polyimide fibers containing trifluoromethyl units. High Performance Polymers，2020，32（1）：39-46.

[96] Dorogy W E，Clair A K S. Fibers from a soluble，fluorinated polyimide. Journal of Applied Polymer Science，1993，49（3）：501-510.

[97] 向红兵，陈蕾，胡祖明. 聚酰亚胺纤维及其纺丝工艺研究进展. 高分子通报，2011，1：40-50.

[98] Cheng S Z D，Wu Z，Mark E，et al. A high-performance aromatic polyimide fibre：1. Structure，properties and mechanical-history dependence. Polymer，1991，32（10）：1803-1810.

[99] Eashoo M，Shen D，Wu Z，et al. High-performance aromatic polyimide fibres：2. Thermal mechanical and dynamic properties. Polymer，1993，34（15）：3209-3215.

[100] Li W，Wu Z，Hao J，et al. High-performance aromatic polyimide fibres. V. Compressive properties of BPDA-DMB fibre. Journal of Materials Science，1996，31（16）：4423-4431.

[101] Zhang Q H，Luo W Q，Gao L X，et al. Thermal mechanical and dynamic mechanical property of biphenyl polyimide fibers. Journal of Applied Polymer Science，2004，92（3）：1653-1657.

[102] Dong J，Yin C，Lin J，et al. Evolution of the microstructure and morphology of polyimide fibers during heat-drawing process. RSC Advances，2014，4（84）：44666-44673.

[103] Lei H，Zhang M，Niu H，et al. Multilevel structure analysis of polyimide fibers with different chemical constitutions. Polymer，2018，149：96-105.

[104] Gao G，Dong L，Liu X，et al. Structure and properties of novel PMDA/ODA/PABZ polyimide fibers. Polymer Engineering & Science，2008，48（5）：912-917.

[105] Su J F，Chen L，Tang T T，et al. Preparation and characterization of ternary copolyimide fibers via partly imidized method. High Performance Polymers，2011，23（4）：273-280.

[106] Hasegawa M，Sensui N，Shindo Y，et al. Structure and properties of novel asymmetric biphenyl type polyimides. Homo- and copolymers and blends. Macromolecules，1999，32（2）：387-396.

[107] Niu H，Qi S，Han E，et al. Fabrication of high-performance copolyimide fibers from 3，3′，4，4′-biphenyltetracarboxylic dianhydride，p-phenylenediamine and 2-(4-aminophenyl)-6-amino-4(3H)-quinazolinone. Materials Letters，2012，

89：63-65.

[108] Zhang M，Niu H，Chang J，et al. High-performance fibers based on copolyimides containing benzimidazole and ether moieties：molecular packing，morphology，hydrogen-bonding interactions and properties. Polymer Engineering & Science，2015，55（11）：2615-2625.

[109] Chang J，Niu H，Min H，et al. Structure-property relationship of polyimide fibers containing ether groups. Journal of Applied Polymer Science，2015，132（34）：42474.

[110] Sun M，Chang J J，Tian G F，et al. Preparation of high-performance polyimide fibers containing benzimidazole and benzoxazole units. Journal of Materials Science，2016，51（6）：2830-2840.

[111] Yin C，Dong J，Tan W，et al. Strain-induced crystallization of polyimide fibers containing 2-(4-aminophenyl)-5-aminobenzimidazole moiety. Polymer，2015，75：178-186.

[112] 黄森彪，马晓野，郭海泉，等. BPDA/PPD/OTOL 聚酰亚胺纤维的力学性能、形貌和结构. 应用化学，2012，29（8）：863-867.

[113] Huang S B，Gao Z M，Ma X Y，et al. Properties，Morphology and structure of BPDA/PPD/TFMB polyimide fibers. Chemical Research in Chinese Universities，2012，28（4）：752-756.

[114] 刘波，兰建武，吴乐，等. 聚酰胺酸酰亚胺化条件及其对聚酰亚胺力学性能的影响. 合成纤维，2008，（10）：27-30.

[115] 李论，韩恩林，武德珍. 凝固浴条件对 PI 纤维结构及性能影响的研究. 2011 年全国高分子学术论文报告会论文摘要集，2011，458.

[116] Luo L，Yao J，Wang X，et al. The evolution of macromolecular packing and sudden crystallization in rigid-rod polyimide via effect of multiple H-bonding on charge transfer（CT）interactions. Polymer，2014，55（16）：4258-4269.

[117] 陈娆. 影响聚酰胺酸降解因素的研究. 沈阳化工学院学报，2002，（2）：124-126.

[118] 杜宏伟，孔瑛. 一种可溶性聚酰亚胺的合成与性能研究. 高分子学报，2003，（4）：476-479.

[119] 陆赵情，徐强，丁孟贤，等. 聚酰亚胺树脂增强聚酰亚胺纤维纸基材料的研究. 造纸科学与技术，2013，32（2）：30-32，41.

[120] 汪家铭. 聚酰亚胺纤维应用前景与发展建议. 化学工业，2012，29（12）：16-20.

[121] 王肖杰，卜佳仙，傅婷，等. 聚酰亚胺纤维灭火防护服外层面料的设计开发. 上海纺织科技，2016，44（9）：11-13.

[122] 谢焓，周永凯，于国杰. 聚酰亚胺纤维絮片服用性能研究. 纺织导报，2015，（2）：87-90.

[123] 张清华，陈大俊，张春华，等. 聚酰亚胺高性能纤维研究进展. 高科技纤维与应用，2002，11（5）：11-14.

[124] 汪家铭. 聚酰亚胺纤维发展概况与应用前景. 石油化工技术与经济，2011，27（4）：58-62.

[125] 丁孟贤，杨诚，卢晶. 耐高温聚酰亚胺纤维的生产技术及性能研究. 中国环保产业，2012，（3）：50-53.

[126] 陈辉. 一步法制备聚酰亚胺纤维及其性能研究. 杭州：浙江理工大学，2012.

[127] 钱伯章. 聚酰亚胺国内外发展分析. 国外塑料，2008，26（11）：40-43.

[128] 杨军杰，孙飞，张国慧，等. 轶纶聚酰亚胺短纤维的性能及其应用. 高科技纤维与应用，2012，37（3）：57-60.

[129] 李焱，刘兆峰，于俊荣. 聚酰胺酸的合成及其酰亚胺化研究. 合成纤维，2006，（4）：6-9.

[130] 许伟. 聚酰亚胺纤维的纺制及其结构性能研究. 成都：四川大学，2006.

[131] 金星，王俊胜，王国辉. 消防战斗服用耐高温纤维. 消防科学与技术，2015，34（2）：237-241.

[132] 吴国光. 聚酰胺酰亚胺的研发新进展. 信息记录材料，2011，12（3）：42-47.

[133] Heo G Y，Park S J. Surface physical and chemical properties of atmospheric pressure plasma-treated polyamideimide fibrous mats using attenuated total reflection Fourier transform infrared imaging. Carbohydrate Polymers，2012，88（2）：562-567.

[134] 中森雅彦，大田康雄，小林久人，等. 聚酰胺酰亚胺纤维及由其构成的无纺布及其制造方法以及电子部件用隔离件. CN200680026932.7. 2008-07-23.

[135] 毛志平，李卫东，徐红，等. 聚酰胺酰亚胺纤维的制备方法. CN200910055560.6. 2010-01-06.

[136] 覃小红. 高性能纤维的发展及应用. 纺织科技进展，2004，(5)：14-15.

[137] 刘晓艳，于伟东. 高性能纤维 PBO 和 Kermel 的热性能研究. 国际纺织导报，2009，37(1)：7-8，10.

[138] 俞森龙，相恒学，周家良，等. 典型高分子纤维发展回顾与未来展望，2020，51(1)：39-54.

[139] Brady D G. The crystallinity of poly(phenylene sulfide)and its effect on polymer properties. Journal of Applied Polymer Science，1976，20(9)：2541-2551.

[140] Zuo P Y，Tcharkhtchi A，Shirinbayan M，et al. Overall investigation of poly(phenylene sulfide)from synthesis and process to applications：a review. Macromolecular Materials and Engineering，2019，304(5)：1800686.

[141] Lenz R W，Martin E，Schuler A N. Crystallization-induced reactions of copolymers. I. Ring-size isomerization of poly(ester acetals). Journal of Polymer Science Part A：Polymer Chemistry，1973，11(9)：2265-2271.

[142] 李淑静. 聚苯硫醚 FDY 制备技术与性能的研究. 太原：太原理工大学，2010.

[143] 叶光斗，唐国强. 高性能聚苯硫醚(PPS)纤维的发展与应用. 化工新型材料，2007，51：79-82.

[144] Yu Y，Xiong S W，Huang H，et al. Fabrication and application of poly(phenylene sulfide)ultrafine fiber. Reactive & Functional Polymers，2020，150：104539.

[145] 徐俊怡，刘钊，洪瑞，等. 聚苯硫醚的产业发展概况与复合改性进展. 中国材料进展，2015,34(12)：883-888.

[146] 曾栌贤，刘鹏清，王晓，等. 全拉伸及传统两步法聚苯硫醚纤维的结构性能比较. 高分子材料科学与工程，2014，30(2)：89-94.

[147] Suzuki A，Kohno T，Kunugi T. Application of continuous zone-drawing/zone-annealing method to poly(p-phenylene sulfide)fibers. Journal of Polymer Science Part B：Polymer Physics，1998，36(10)：473-481.

[148] Gulgunje P，Bhat G，Spruiell J. Structure and properties development in poly(phenylene sulfide)fibers. II. Effect of one-zone draw annealing. Journal of Applied Polymer Science，2012，125(3)：1890-1900.

[149] 胡宝继，刘凡，邵伟力，等. 聚苯硫醚熔喷可纺性的研究. 上海纺织科技，2019，47(8)：29-31.

[150] 张勇，相鹏伟，张蕊萍，等. 纺丝速度对聚苯硫醚纤维结构与性能的影响. 高分子材料科学与工程，2015，31(7)：114-118.

[151] Okumura W，Hasebe H，Kimizu M. Fiber structure development and mechanical properties in continuous drawing and annealing of poly(phenylene sulfide)filament. Fiber，2012，68(2)：33-41.

[152] 孔清，崔宁，董知之，等. 拉伸热定型对 PPS 纤维结构与性能的影响. 高分子材料科学与工程，2012，28(10)：85-89.

[153] 申霄晓. 聚苯硫醚纤维的性能综述. 中国检验，2018，(4)：140-141.

[154] 李小东，陈智，巨婷婷. 聚苯硫醚的合成及其应用研究进展. 广州化工，2019，47(19)：17-18，21.

[155] 张振方，孔楠. 聚苯硫醚纤维的研究现状与应用. 成都纺织高等专科学校学报，2016，33(2)：170-173.

[156] 罗益锋. 新型抗燃纤维的开发及应用. 纺织导报，2011，(3)：54-56，58.

[157] Vogel H，Marvel C S. Polybenzimidazoles，new thermally stable polymers. Journal of Polymer Science，1961，50(154)：511-539.

[158] Yin C，Zhang Z，Dong J，et al. Structure and properties of aromatic poly(benzimidazole-imide)copolymer fibers. Journal of Applied Polymer Science，2015，132(7)：41474.

[159] Kim S H，Pearce E M，Kwei T K. The synthesis of a precursor of polybenzimidazole(PBI)and blends with polyamic acid(PAA). Journal of Polymer Science Part A：Polymer Chemistry，1993，31(13)：3167-3180.

[160] Harris F W，Ahn B H，Cheng S Z D. Synthesis of polybenzimidazoles via aromatic nucleophilic-substitution

reactions of self-polymerizable（A-B）monomers. Polymer，1993，34（14）：3083-3095.

[161] Belohlav L R. Polybenzimidazole. Angewandte Makromolekulare Chemie，1974，40：465-483.

[162] Mak C M，刘晓艳，张华鹏. PBI：耐热纤维的发展. 国外纺织技术，2003，（8）：14-15.

[163] 罗益锋. 抗燃与阻燃纤维的现状和发展趋势与建议. 高科技纤维与应用，2014，39（4）：1-7.

[164] Imai Y，Itoya K，Kakimoto M，et al. Synthesis of aromatic polybenzoxazoles by silylation method and their thermal and mechanical properties. Macromolecular Chemistry Physics，2000，201（17）：2251-2256.

[165] Hsu S L C，Lin K S，Wang C. Preparation of polybenzoxazole fibers via electrospinning and postspun thermal cyclization of polyhydroxyamide. Journal of Polymer Science Part A：Polymer Chemistry，2008，46（24）：8159-8169.

[166] 张春燕，史子兴，冷维，等. 采用 4,6-二氨基间苯二酚-对苯二甲酸盐合成聚苯撑苯并二噁唑. 上海交通大学学报，2003，37（5）：646-649.

[167] 金宁人，刘晓锋，张燕峰，等. AB 型 PBO 的新单体合成与聚合反应研究. 高校化学工程学报，2007，21（4）：671-677.

[168] Liu B，Xu A，Bao L. Erosion characteristics and mechanical behavior of new structural hybrid fabric reinforced polyetherimide composites. Wear，2016，368-369：335-343.

[169] Hu C，Wang F，Yang H，et al. Preparation and characterisation of poly p-phenylene-2, 6-benzobisoxazole fibre-reinforced resin matrix composite for endodontic post material：a preliminary study. Journal of Dentistry，2014，42（12）：1560-1568.

[170] 王重文. PIPD 与 PPDA 的合成及性能研究. 石河子：石河子大学，2019.

[171] Zhang T，Jin J H，Yang S L，et al. Preparation and properties of novel PIPD fibers. Chinese Science Bulletin，2010，55（36）：4204-4208.

[172] Sirichaisit J，Young R J. Tensile and compressive deformation of polypyridobisimidazole（PIPD）-based 'M5' rigid-rod polymer fibres. Polymer，1999，40（12）：3421-3431.

[173] 周龙飞，张兴祥，李瓅. 高性能 PIPD 纤维制备及结构性能研究进展. 高科技纤维与应用，2013，38（5）：56-59，64.

[174] Northolt M G，Sikkema D J，Zegers H C，et al. PIPD, a new high-modulus and high-strength polymer fibre with exceptional fire protection properties. Fire & Materials，2002，26（4-5）：169-172.

[175] 何祯，张广成，礼嵩明，等. 聚醚酰亚胺泡沫塑料的研究进展. 工程塑料应用，2010，38（12）：84-87.

[176] 栾加双. 聚醚醚酮纤维的制备及性能研究. 长春：吉林大学，2013.

[177] 胡安，刘鹏清，徐建军，等. 聚醚醚酮纤维的结构与性能. 合成纤维工业，2009，32（6）：14-17.

[178] 于建明，边栋材. 聚醚醚酮纤维研制. 纺织学报，1995，（5）：4-7，3.

[179] 李明月，张天骄. 聚醚醚酮熔纺工艺的研究. 北京服装学院学报（自然科学版），2008，28（4）：47-51.

[180] 王贵宾，栾加双，张淑玲，等. 聚醚醚酮特种纤维的研究. 2016 年全国高分子材料科学与工程研讨会论文摘要集，2016，437.

[181] 缪晓辉. PET/PEN 熔融共混纤维的制备及其性能研究. 上海：东华大学，2016.

[182] 张素风，康春蕾，孙召霞. 聚萘二甲酸乙二醇酯的合成、性能及应用. 造纸科学与技术，2014，33（3）：46-49.

[183] 王帆，张小飞. 新型聚酯化纤维——PEN. 工业设计，2012，1：125.

[184] Korm H，王明芳. 一种新型工业纤维. 国外纺织技术，1999，（12）：4-5.

[185] 李汉堂. 新型高性能聚酮纤维在橡胶工业中的应用. 橡塑资源利用，2011，（5）：1-6.

第4章　高性能树脂基复合材料

4.1　高性能树脂基复合材料的种类

高性能树脂基复合材料具有密度小、比强度高的特点。"轻量化"是新型结构材料发展的趋势,高性能树脂基复合材料产业发展对提高效率、降低能耗、减少污染、节约资源、提升产品质量有着重要作用,成为国家经济社会与国防工业发展中不可或缺的关键材料[1]。

高性能树脂基复合材料包括基体树脂相和增强相,其中增强相主要是纤维,两相之间存在着相界面。基体材料、增强材料及其加工方法都对高性能树脂基复合材料的性能起到了决定性作用。其中基体树脂起到固结增强相及传递应力的作用,其耐热性、韧性决定了复合材料的使用温度和抗冲击性能。基体材料包括热固性树脂和热塑性树脂两类。热固性树脂基体包括不饱和聚酯、环氧树脂、苯并噁嗪、双马来酰亚胺、聚酰亚胺、氰酸酯、酚醛树脂、硅树脂等;热塑性树脂基体包括通用塑料(如聚丙烯等)、普通工程塑料(如尼龙等)和高性能工程塑料(如聚芳醚等)。纤维增强相包括无机纤维(如碳纤维、玄武岩纤维等)和有机纤维(如芳纶纤维、聚酰亚胺纤维、PBO纤维等)。

树脂基复合材料包括结构复合材料和功能复合材料。结构效应包括高强高韧、耐高温耐腐蚀、轻质高强、高模抗冲等;功能效应包括透波、阻尼、隐身、光电修饰、能量调控等。

4.2　树脂基复合材料的现状及需求分析

4.2.1　树脂基复合材料"十三五"期间的发展

高性能树脂基复合材料不但大量应用于航空航天、武器装备和舰船等领域,还广泛应用于新能源、汽车、轨道交通、建筑及基础设施等工业领域。其中,航空航天领域的需求每年以24%的速率增长,体育休闲领域的年增长速率约8%,工业领域的需求量年增长速率约15%。高性能树脂基复合材料通过向新能源、汽车、轨道交通、建筑及基础设施等领域的快速拓展应用,使其产业化规模不断扩大[2]。

1. 热固性树脂基复合材料的发展现状

1）热固性树脂基复合材料的增韧体系比较成熟

航空航天、车辆、舰船、风能等领域对树脂基复合材料综合性能不断提出更高的要求，使热固性树脂基体复合材料不断发展。

国外已形成了具有不同使用温度的酚醛、不饱和聚酯、环氧树脂、双马来酰亚胺和聚酰亚胺等树脂基体系列，特别是环氧树脂基复合材料的增韧技术发展成熟。

环氧树脂基复合材料可在150℃以下长期使用，是应用最广的复合材料体系。碳纤维增强复合材料作为主结构材料应用时，冲击载荷（主要是低速冲击）往往会造成层合结构复合材料的分层损伤。抗冲击损伤能力将直接影响复合材料的冲击后压缩强度（CAI）和许用设计应变，复合材料韧性的提高往往会改善其抗冲击损伤能力。环氧树脂基复合材料包括标准韧性、中等韧性、高韧性和超高韧性体系。基本型环氧树脂基复合材料（标准韧性）的 CAI 在 100～190MPa（如 5208/T300、3501-6/AS-4 等复合材料）；第一代韧性环氧树脂基复合材料（中等韧性）的 CAI 在 170～250MPa（如 R6376/T300、977-3/IM7 等复合材料）；第二代韧性环氧树脂基复合材料（高韧性）的 CAI 在 245～315MPa（如 8552/IM7、977-2/IM7 等复合材料）；而第三代韧性环氧树脂基复合材料（超高韧性）的 CAI 已经达到 315MPa 以上（如 3900-2/T800、977-1/IM7、5276-1/IM7 和 8551-7/IM7 复合材料等），其典型例子是东丽公司研发的 3900-2 环氧树脂基体，其预浸料能同时满足手工铺叠、自动铺带和铺丝工艺的要求，已应用于 B787 大型客机的机翼、机身等主承力结构，但是环氧树脂体系的弱点是在湿热环境下性能下降明显。

双马来酰亚胺树脂基复合材料因其使用温度可达到230℃，近年来发展迅速。国外已经形成了系列化的双马来酰亚胺树脂体系，如 5245C、5250-2、5250-3、5250-4、5260、5270-1、F650、F652、F655、M65、XU292、V391 等。同时，为满足低成本树脂传递模塑（RTM）工艺的要求，发展了 RTM 双马来酰亚胺树脂，包括 Cytec 公司的 CYCOM 5250-4RTM 和 CYCOM 5270-1RTM（长期使用温度232℃），以及 Hexcel 公司的 RTM650、RTM651 双马来酰亚胺树脂体系。

聚酰亚胺复合材料在高温下具有优异的综合性能，可以在 280℃以上长期使用。PMR-15 是美国国家航空航天局开发的第一个应用于航空发动机的高温树脂，也是目前应用最广泛的聚酰亚胺树脂，其使用温度为288～316℃。为了提高 PMR 型聚酰亚胺复合材料的耐热性，进一步研发了耐温等级更高（315～370℃）的第二代 PMR 聚酰亚胺树脂（如 PMR-II、V-CAP 和 AFR-700 等）、耐温 370～426℃ 的第三代聚酰亚胺树脂（AFRPE-4、RP-46、DMBZ-15 等）及耐温 426～500℃ 的第四代聚酰亚胺树脂（P2SI900HT）。为了降低聚酰亚胺复合材料的制造成本，克服 PMR 型聚酰亚胺复合材料的抗冲击性能差等缺点，美国国家航空航天局研究了可 RTM 工艺成型的苯乙炔苯酐（4-PEPA）封端聚酰亚胺树脂基体（PETI-298、PETI-330、PETI-375），其工艺性能好，具有较高的耐热性和良好的力学性能。

国内树脂基复合材料经过 30 多年的发展，建立了以环氧、双马来酰亚胺和聚酰亚胺为主的复合材料树脂体系，掌握了系列增韧技术。从树脂基复合材料韧性技术水平来看（图 4-1），国内与国外的差距较小，达到国际先进水平，但国外高韧性复合材料技术已经得到大量的应用，而国内高韧性复合材料的应用刚刚开始，缺乏实际应用的考核和经验积累，材料成熟度低。国内也研制了以 5405 和 QY8911 为代表的第一代双马来酰亚胺复合材料，以 5429、5428 和 QY9511 为代表的第二代韧性双马来酰亚胺复合材料体系，以及 6421ESRTM 和 QY8911-Ⅳ 为代表的 RTM 成型复合材料体系，并已经批量应用于 J-10、J-XX 和新型歼击机等型号；研制了可在 280～315℃下长期使用的第一代聚酰亚胺树脂如 LP-15、KH304、BMP316 等，可在 350～371℃长期使用的第二代聚酰亚胺 MPI-1 和 BMP350，可在 400℃长期使用第三代聚酰亚胺 PYI-400 的材料关键技术。

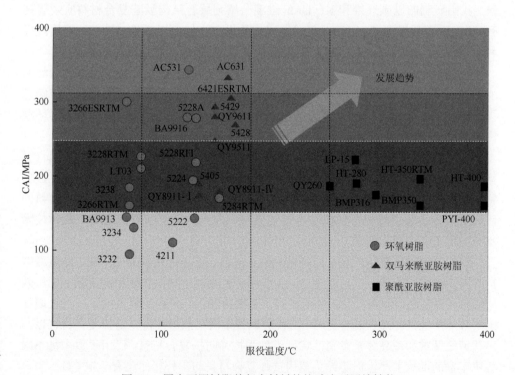

图 4-1　国内不同树脂基复合材料的抗冲击后压缩性能

国内建立了复合材料构件研发平台和制造基地，主要包括北京航空材料研究院、中国航空制造技术研究院、成都飞机工业（集团）有限责任公司、沈阳飞机工业（集团）有限公司、西安飞机工业（集团）有限责任公司、哈尔滨飞机工业集团有限责任公司、昌河飞机工业（集团）有限责任公司、江西洪都航空工业集团有限责任公司、航天材料及工艺研究所、西安航天复合材料研究所、中国航天科工三院306所、中国兵器工业集团第五十三研究所、洛阳船舶材料研究所、中材科技股份有限公司、安徽金诚复合材料有限公司、惠阳航空螺旋桨有限责任公司等。

国内建立了热熔预浸料生产和热压罐复合材料成型工艺技术、纤维/布带缠绕成型技术、RTM 成型技术和复合材料结构整体成型技术，可研制和小批量生产碳纤维、玻璃纤维和芳纶纤维增强高性能酚醛、环氧、双马来酰亚胺和聚酰亚胺等多种复合材料，基本满足了航空、航天、兵器、能源和交通运输领域的需求。自动铺带和自动铺丝，以及预浸料自动拉挤等先进高效的工艺技术正逐步投入应用，初步形成了复合材料制造技术体系[3]。

2）功能性树脂基复合材料技术渐成体系

结构吸波树脂基复合材料是兼具承载和吸波性能的结构功能一体化的复合材料。我国研制的以碳纤维和 Kevlar 纤维混杂增强层合结构吸波复合材料实现了在 8～18GHz 下反射率≤−10dB，其发展方向是进一步提高低频吸波性能、使用温度和力学性能，因此，必须引入新的吸波机制，发展耐高温树脂基体。

结构透波复合材料同样包括层合和夹层两种结构形式，目前主要有玻璃纤维或 Kevlar 纤维增强环氧、双马来酰亚胺和聚酰亚胺等基体透波复合材料，在新型飞机、导弹、舰船、地面车辆等得到应用。其发展方向是提高力学性能和耐环境性能，尤其是耐热性能。

声隐身复合材料主要包括结构阻尼、结构透声、结构吸声、结构隔声复合材料。目前正在开展满足球形声呐设计要求的高模量（45GMPa 以上）透声复合材料及相应的真空辅助成型工艺研究。结构阻尼、结构吸声、结构隔声复合材料的研究目前处于起步阶段，仅仅实现了在基座、围壳等部位的点式应用，总体技术水平与国外相比差距巨大。

结构抗弹树脂基功能复合材料技术趋于成熟，逐步形成规模化产业。非承载型抗弹复合材料以抗弹防护功能为主，主要用于复合装甲和附加装甲的夹层、二次效应防护（多功能内衬等）及人体防护等。与国外相同，国内已经发展了一代玻璃纤维增强热固性抗弹防护复合材料、二代玻璃纤维增强热塑性抗弹防护复合材料以及三代芳纶纤维和超高分子量聚乙烯纤维增强抗弹防护复合材料，已用于数十种不同装甲车辆的批量生产，但防弹头盔用抗弹复合材料与国外相比还有一定差距。

国内树脂基防热复合材料以抗烧蚀性能良好的酚醛体系为主体，低烧蚀速率（线烧蚀速率 0.3～0.35mm/s）和烧蚀形貌控制技术达到国际先进水平。国内发展了聚芳炔和聚硅芳炔等高残碳耐烧蚀树脂及其复合材料。在载人航天和深空探测等发展计划的推动下，我国中低密度树脂基防热复合材料也具备了一定技术的水平，所研制的 H88 和 H96 型蜂窝增强低密度树脂基防热复合材料在载人返回舱上实现成功应用。但总体来说，我国中低密度树脂基防热复合材料的技术水平与国际相比还有较大差距[4]。

2. 热塑性树脂基复合材料的发展现状

随着能源危机的愈演愈烈，节能减排成为发展高速飞行器、高机动性车辆等必须考虑的问题，因而轻质高强纤维增强高性能树脂基复合材料在飞行器制造和车辆制造等领域的用量显著增长，且已由非承力结构件向主/次承力结构件发展。树脂基体的高韧性和高模量是提高其复合材料韧性和抗压强度的基础，尤其是飞机主/次承力结构件，如大型飞机的机舱、垂尾、展翼等，需求耐高温、高强高韧的树脂基体。为此，国内外研究机构在热固性树脂增韧方面做了大量工作，取得了显著的成果，目前采用热塑性树脂增韧技术开发出高韧性热固性树脂基复合材料，其冲击后压缩强度值达 250MPa 以上。但是，随着环保问题的日益突出，热固性树脂基复合材料不可回收利用的问题又摆在了面前。在车辆领域，已提出到 2015 年，车辆可回收利用的材料比例由目前的 75% 提高到 85%。因此，高强高韧、循环利用环保是未来高性能树脂基复合材料发展的重要方向。

连续纤维增强热塑性复合材料的研究已超过 40 年，可选用的纤维包括玻璃纤维、碳纤维、芳纶纤维、植物纤维以及玄武岩纤维等，树脂基体有聚丙烯、聚乙烯、尼龙 6、尼龙 66、聚碳酸酯、热塑性聚酯、热塑性聚氨酯、聚苯硫醚、聚芳醚酮等。其中，聚丙烯、聚乙烯、尼龙 6、尼龙 66、聚碳酸酯、热塑性聚酯、热塑性聚氨酯为基体的复合材料主要应用于车辆等耐热等级较低、强度要求不高的环境，而聚苯硫醚、聚芳醚酮为基体的耐高温高强度热塑性复合材料应用领域更广，目前主要用于航空航天等领域。目前掌握该技术的企业主要集中在德国、荷兰、英国和美国等少数欧美国家。我国部分企业掌握了一部分车辆用热塑性复合材料技术，但与国外存在巨大差距。

国外行业巨头正将连续纤维增强热塑性复合材料作为重点发展方向，不断实施并购计划。其中，朗盛集团收购了德国的 Bond-Laminates、三菱收购 QPC、东丽收购荷兰的 Tencate、索尔维收购 Cytec 等，韩华、巴斯夫、科思创、英力士等化工巨头也相应推出了连续纤维增强热塑性复合材料，但目前能提供航空级连续纤维增强热塑性复合材料的企业只有 Cytec 和 Tencate。

由于航空级热塑性复合材料的基体必须选择耐高温的热塑性树脂基体，所以其制备技术较难，对装备的要求高。波音和空客分别于 2009 年设立了相应的研究计划。空客组织荷兰福克（Fokker）飞机结构公司、TenCate 先进复合材料公司、Technobis 纤维技术公司、荷兰热塑性部件公司（DTC）、KVE 复合材料集团、机载复材公司、KE 工厂公司、CODET 公司、荷兰国家航空航天实验室、代尔夫特理工大学、特文特大学，设立了"热塑性经济可承受性飞机主结构联盟"（TAPAS），目的是开发和验证适合材料、制造技术、连接技术，如纤维焊接、压力成型和纤维铺放。波音公司与荷兰 TenCate 先进复合材料公司、斯托克·福克公司和特文特大学组成"热塑性复合材料研究中心"（TPRC）。典型的耐高温热塑性复合材料的研究历程见图 4-2。在 1990～2000 年，该公司采用可溶解的聚醚酰亚胺（PEI）为基体，研制了连续碳纤维增强 PEI 复合材料（Ca/PEI），并制备了第一个系列产品——Fairchild Dornier 肋和第一个压力板，但是因 Ca/PEI 使用温度低且耐湿热性差，不适合制备飞机的外部结构件，在 2000 年后发展了聚苯硫醚（PPS）系列连续碳纤维增强复合材料（Ca/PPS），利用 PPS 良好流动性开发熔融浸渍工艺，开发了 Ca/PPS 热熔焊接工艺，使装配成本降低了 20%。采用 Ca/PPS 制备了 A340 机翼固定前缘、A380 机翼固定前缘等，但 Ca/PPS 的脆性大，在抗冲击部件的应用受限，因此在 2010 年后，该公司又开始研究高韧性的聚醚酮酮（PEKK）为基体的连续碳纤维增强复合材料（Ca/PEKK），但 PEKK 的熔融加工温度高使其制作成本高。

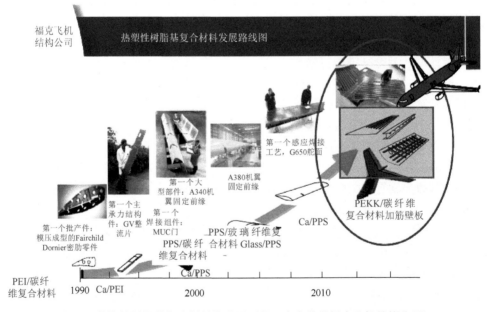

图 4-2　热塑性树脂基复合材料的发展历程（来自荷兰福克飞机结构公司）

其他国际大公司也在开发热塑性树脂基复合材料，如 SABIC 公司的碳纤维增强 PEI 复合材料已被允许在飞机舱体内使用，美国 Cytec 公司和英国的 ICI 公司均开发了商业化的连续碳纤维增强 PEEK 复合材料，但 PEEK 不溶解，只能采用熔融方式加工，而其熔点高、熔融黏度大，与碳纤维界面结合性能差，必须对碳纤维进行表面处理，制备成本高，且使用温度不够高。

2019 年 8 月，Hexcel 的碳纤维增强 PEKK 材料及其选择性激光烧结工艺通过波音公司的审查，采用该材料制成的 HexPEKK-100 复杂支架、管道，将用于波音公司主流的飞机型号，并满足飞机内部烟雾和毒性要求。

目前高性能连续纤维增强热塑性树脂基复合材料的应用开发研究正不断取得突破，但目前由于树脂基体、制作成本、成型加工、耐热性等因素，实际应用比例不到连续纤维增强热固性树脂基复合材料总量的 10%。

我国在耐高温热塑性复合材料方面研究也取得一定进展，尤其近几年来，包括大连理工大学、北京航空航天大学、山东理工大学、东华大学、四川大学，以及北京航空制造工程研究所、航天材料及工艺研究所等研究单位都展开了卓有成效的工作。其中，北京航空航天大学和北京航空制造工程研究所等研究 PEEK 为基体的复合材料，东华大学、四川大学研究 PPS 为基体的复合材料，山东理工大学研究 PEKK 为基体的复合材料，而大连理工大学则以自主发明的杂萘联苯聚芳醚系列树脂为基体，开展了不同耐热等级的高性能热塑性树脂基复合材料。杂萘联苯聚芳醚系列树脂基复合材料耐热等级有 230℃、250℃、300℃以及 350℃体系，典型的复合材料在 250℃下的力学性能保持率大于 60%，是国际上耐热等级最高的热塑性树脂基复合材料体系。

连续纤维增强热塑性树脂基复合材料预浸带的制造工艺根据所选择的基体树脂不同而存在差异。OCV 公司和巨石集团有限公司有混纤纱（Twin-Tex）技术，即纤维和热塑性树脂纤维混纺或混纱，再通过熔融热压制备预浸带，但该技术的树脂含量高，复合材料的性能偏低；熔融预浸加工温度高，树脂在熔体槽中停留时间较长，容易氧化，并对纤维的界面浸润性差；粉末浸渍法需要将树脂制成细度均匀的粉末，成本高，树脂含量较难控制；悬浮预浸技术采用水为分散液，将细度均匀的树脂粉末通过表面活性剂均匀分散到水中进行浸润，PEEK、PEKK、PPS 等大部分热塑性树脂采用此方法；液体成型需要树脂具有优异的流动性能，目前只有通过己内酰胺阴离子开环聚合的尼龙 6 和丙烯酸树脂适合此工艺，树脂含量低，聚合较难控制；溶液预浸方法适合能溶解于有机溶剂的树脂，与上述方法相比，树脂的黏度大为降低，有利于树脂对纤维的有效浸润，且在浸渍结束后，去除溶剂即可获得预浸料。该方法整个浸渍过程简单，操作方便，其工艺设备的通用性较强。大连理工大学利用杂萘联苯聚芳醚系列树脂可溶解的特点，采用溶液方式预浸制备预浸带，树脂含量易于控制，加工成本低，是非常有发展前景的高性能树脂基复合材料。

各国在纤维增强高性能树脂基复合材料技术领域的竞争日趋激烈，在汽车和大型飞机上的用量已经成为衡量汽车和飞机结构先进性的重要指标之一。研制开发耐热等级更高、加工性能优异、高强高韧、低成本的高性能树脂及其成型技术成为国际上高性能树脂行业公认的发展方向。树脂基复合材料的耐高温、高韧性使复合材料的设计更加灵活，对未来宇航技术的发展有巨大推动作用。国外航空复合材料制造公司认为开发新型高韧性树脂基体复合材料及其新成型工艺、建立新的设计概念是未来大飞机等飞行器发展的必由之路。

3. 复合材料成型装备的发展现状

复合材料成型工艺技术是先进树脂基复合材料技术发展的关键技术之一。在一系列研究发展计划大力牵引和推动下，欧美等发达国家在结构复合材料制造技术方面取得巨大突破。

高性能热固性复合材料构件成型工艺以预浸料热压罐成型复合材料为主。预浸料热压罐成型工艺技术的最新发展是和数字化、自动化技术相结合，采用预浸料自动裁切和激光定位辅助铺层技术，基本实现了制造过程自动化、数字化生产，提升了热压罐成型工艺水平，改善了复合材料构件的质量。但是，热压罐成型工艺能耗大，占复合材料制造成本近60%。

树脂传递模塑（RTM）工艺是继热压罐成型工艺之后开发最成功的非热压罐低成本复合材料成型工艺。RTM工艺不需要制备预浸料，将纤维或织物预成型体置于闭合模具中，然后将流动性好的热固性树脂基体直接注入，最终获得具有优良综合性能的近净尺寸复合材料零件。和传统热压罐成型技术相比，RTM工艺可降低制造成本40%左右。为了进一步提高生产速度，改进产品质量和降低产品制造成本，在常规RTM基础上发展了一系列改进工艺，如真空辅助树脂传递模塑（VARTM或VARI）、热膨胀树脂传递模塑（TERTM）、树脂膜浸透成型（RFI）、连续树脂传递模塑（CRTM）、共注射树脂传递模塑（CIRTM）、树脂渗透模塑（SCRIMP）等，但RTM成型复合材料韧性较低，不适合抗冲击要求高的构件。

真空袋成型是另一种非常重要的低成本非热压罐成型工艺。真空袋成型不需要在热压罐加压固化，只需在烘箱或其他热源中加热抽真空固化成型，省去了热压罐的投资和热压罐的运行成本，但对树脂的性能要求较高。

随着高性能树脂基复合材料的不断推广应用，复合材料构件的尺寸也越来越大，外形越来越复杂，整体化程度要求越来越高，依靠手工铺贴难以实现大型复杂整体复合材料构件制造的技术要求和生产效率的经济性要求，因此自动铺带和自动铺丝工艺等自动化铺放技术得到了发展。经过30多年发展，美国自动铺带机已经发展到第五代，如Boeing公司为了提高铺带效率，已普遍采用多铺放头铺带机和针对特定构件的专用化自动铺带机。欧洲90年代开始研制生产自动铺带机，在已有自动铺带技术的基础上，实现了自动铺带机的高效和多功能化，如弗雷斯特-里内（Forest-Line）公司的双头两步法自动铺带机和MTorres公司的多带平行铺放与超声切割一体化自动铺带机[5]。

自动铺丝（AFP）技术是融合了缠绕技术和自动铺带技术特点的复合材料自动化制造技术，可实现包括如凹凸曲面、开口、加强肋等细节结构的复杂制件的精确铺放。图 4-3 为不同复合材料铺放技术铺贴效率的比较。

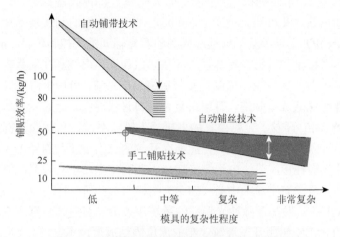

图 4-3　不同复合材料铺放技术铺贴效率的比较

国外在热固性复合材料自动铺放技术方面的研究已趋成熟，目前正致力于研究热塑性复合材料自动铺放技术，采用激光、热风、红外加热手段，与 ATL 和 AFP 两种技术相结合后，逐步发展为热塑性材料原位固结铺缠技术，是一种高效的成型手段（图 4-4）。Automated Dynamics 公司最早开展相关的研究。2009 年以来，AFPT GMBH 和 Laserline 合作，借助后者开发的千瓦级别激光器，开发了激

图 4-4　激光辅助原位固结技术制备复合材料管件（来源：Fraunhofer IPT）

光辅助原位铺放和缠绕系统。在闭环控制系统的辅助下，激光加热的能量集中且分布均匀，热塑性预浸带在铺放及缠绕的过程中实现了辊压固结，免去了热压罐等后续加热成型工艺，大幅度降低了成型过程的能耗。该技术已经被 NASA、GA 公司、BAE 系统公司等采用，用于制造航天气瓶及特种武器身管。

在激光加热技术和机器人技术上，欧洲正在开发全新的制造技术和智能控制方案。Fraunhofer IPT 主导了基于自适应模型的激光辅助缠绕控制项目（ambliFibre），开发了新的仿真模型和数据挖掘算法，评估热成像图、离线和在线数据，形成了第一个基于智能模型的受控激光辅助预浸带缠绕制造系统，可用于汽车气瓶以及深海采油管道的连续化低成本制造，有望在复合材料管材连续、非连续制造领域实现重大突破。Mikrosam 开发了无需模具的多机器人铺放系统，包括激光辅助机器人铺放系统、同步机器人辅助模具系统，能够在开放的三维形状和封闭的表面（如管道和容器）铺放热塑性预浸带。由于激光加热工艺对安全防护有较高的要求，因此在德国奥格斯堡，德国航空航天中心（DLR）结构与设计研究所下设的轻质产品技术中心（ZLP）正在开发基于脉冲光源的能量解决方案，有望结合碳纤维增强 PEEK 以及低熔点的 PAEK 树脂开发液氢储罐的原位固结成型技术。

预浸料拉挤技术是在传统拉挤成型技术的基础上发展起来的一种先进复合材料自动化制造技术。目前，Jamco 公司为空客 A300/310/320/330/340 系列飞机的复合材料垂直安定面提供长桁和加强筋（图 4-5）。另外，Jamco 公司采用预浸料拉挤技术制造了空中客车公司 A380 的主承力的机身地板梁，其尺寸为 5.92m×0.25m[6]。

图 4-5 采用先进拉挤技术（ADP）制造的长桁和加强筋

为了提高热塑性复合材料板材的成型加工速度，SABIC 和 Airborne 于 2018 年合作开发了基于传送带的数字复合材料生产线（DCML），用于定制近净尺寸结构的平面层压板，每分钟可生产四件 15 个铺层的复合材料板，且铺层信息可灵活定制，该生产线的生产与质检能力可达 150 万个。适用的原材料体系包括碳纤维增强 PC、PE、PP、PEEK 单向预浸带，主要产品面向电子产品需求。

焊接装备是实现热塑性复合材料设计轻量化的重要途径。ZLP、DLR 公司及 IVW 公司合作开发了热塑性复合材料电阻焊接技术，将 Premium Aerotec 设计的 A320 机型后压力舱隔板部件连接起来，并在 2019 年 6 月的巴黎航展中展出了 1：1 的展示件（图 4-6）。相比于同等性能的铆接件，质量减轻 10%～15%，生产时间缩短 50%。此外，ZLP 开发了一种基于机器人的连续超声波焊接系统，该系统由 7m 直线轨道、KUKA 机器人、焊接头组成，并通过了机身面板和后部压力舱壁的部件连接工艺验证。

图 4-6 采用电阻焊接技术成型的航空后压力舱隔板（来源：Advanced Aerotec）

基于计算机辅助制造（CAM）热塑性复合材料制造技术，是将当前可用的 AFP/ATL 设备连接和控制到任何现有的运动平台（如机械臂或 CNC 机器），开展多自由度的成型与加工。例如，Fraunhofer IFAM 开发的 MBFast18，该移动加工平台由自动导引车、机器人和便携式数控机床组成，钻孔单元的工作空间高达 $0.5m^2$，可提高大型碳纤维增强复合材料（CFRP）飞机零件制造的生产率（图 4-7）。

4.2.2 树脂基复合材料的需求分析

目前树脂基复合材料的市场还主要以热固性树脂基复合材料为主，连续纤维增强热塑性树脂基复合材料的市场占有份额不足 10%[7]。但专家预测未来热塑性树脂基复合材料的市场占有份额将达 50%。

图 4-7　MBFast18 移动机器人系统项目（来源：Fraunhofer IFAM）

1. 航空复合材料领域

1）航空复合材料整体需求情况

航空复合材料市场价值估计为 80 亿美元，75%为碳纤维复合材料，其中运输机占 45%，军用飞机 21%，公务机及民用直升机 9%，复合材料维修行业 18 亿美元（图 4-8）。民用运输机的巨大产量和高复合材料使用比例，使其需求量占绝大多数的市场份额。军用固定翼飞机的较大重量和一定的复合材料使用比例，使军用固定翼飞机复合材料次级市场居于航空复合材料市场的第二位。直升机和通用航空飞机在航空复合材料市场上占据的份额较小。

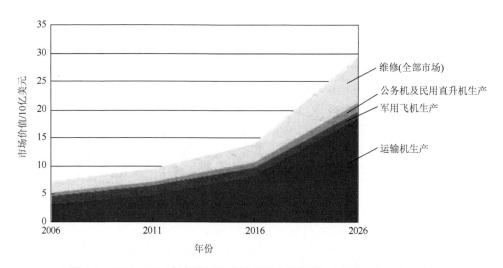

图 4-8　2006～2026 年各类飞机复合材料市场价值（来源：IHS Markit）

航空复合材料产业的最大市场在北美，约占 58%，其次是欧洲占 38%，亚太地区仅占 4%～5%，波音和欧洲宇航防务集团（EADS）约占整个市场的 20%。目前，航空碳纤维市场价值约 4 亿美元，东丽在航空碳纤维复合材料市场占有领导地位。碳纤维预浸料市场价值约为 10 亿美元，Cytec 和 Hexcel 公司是最大的碳纤维复合材料预浸料供应商，其中 Cytec 占 40%，Hexcel 占 40%，东丽 5%，其他公司占 15%。波音 787 采用碳纤维复合材料预浸料作为主要结构材料，其批量生产后将增加东丽的市场份额。玻璃纤维预浸料市场价值为 2 亿美元，总重约为 16.1 百万磅。Cytec 和 Hexcel 是航空玻璃纤维复合材料预浸料市场的最大供应商，C&D 公司是最大的内饰件材料供应商。其中 Cytec 占 21%，Hexcel 占 28%，C&D 占 10%，其他占 41%。

进入 2000 年以后，复合材料在大型民机结构上的应用也取得了巨大的进展。其中，以波音公司和空中客车公司两大飞机制造商推出的新机型 A380、B787、A400M、A350 等大型飞机的复合材料应用最具代表性。A380 是空中客车公司最新推出的大型宽体客机，复合材料的用量高达 25%，是最先将复合材料用于中央翼盒的大型民用客机。B787 飞机是波音公司研发的大型客机，其复合材料的用量达 50%以上，是最先采用复合材料机翼和机身结构的大型客机。A350 飞机的复合材料用量达到了结构重量的 53%。随着复合材料用量增多，应用部位由次承力构件扩大到主承力构件。空客研制的 A400M 军用运输机也采用复合材料机翼和机身结构，复合材料的用量占结构重量的 40%左右。俄罗斯正在研制的安-70 大型运输机复合材料用量占机体结构重量的 25%。在战斗机方面，四代战斗机 F22 的复合材料用量达到其结构重量的 24%，F35 复合材料用量达到其结构重量的 35%，EF-2000 复合材料用量达到其结构重量的 43%。在直升机领域，复合材料在 V-22、RAH-66、NH-90 等新型直升机中大量应用，复合材料的用量分别达到了结构重量的 80%、90%和 95%左右[8]。

国内航空领域对高性能树脂基复合材料有大量的需求。C919 大型客机是我国自主研制的 150 座级中短航程商用运输机。C919 大型客机在 2018 年前实现复合材料应用到机翼级主承力构件，用量达到结构重量的 15%～25%左右（表 4-1）；在 2025 年前国内研制的大型客机复合材料用量达到结构重量的 50%。

表 4-1 C919 大型客机复合材料应用部位和类型

复合材料类型	应用部位
碳纤维增强环氧树脂基复合材料	扰流板、起落架舱门、襟翼、副翼、腹鳍、方向舵、升降舵、垂尾、平尾、后承压球面框、中央翼、外翼等
玻璃纤维增强环氧树脂基复合材料	雷达罩、天线罩、翼尖、襟翼滑轨整流罩、尾锥、翼身整流罩、舱内隔板、地板等

大型运输机在尾翼和机翼运动翼面等使用复合材料，单机复合材料用量在 4t 左右，新型歼击机的复合材料用量达到结构重量的 29%，直升机复合材料用量将达到 80%以上，新型无人机和通用航空飞机的复合材料用量将达到 20%～50%。改型的新舟 700 支线客机将在尾翼、机翼等结构中采用复合材料，复合材料用量将达到 20%左右。

国内航空发动机 FWS-XX 在外涵道批量应用了聚酰亚胺树脂基复合材料，在研和在役改型及未来高推比发动机的进气机匣、风扇叶片、外涵道、中介机匣、矢量喷管等部位对耐高温树脂基复合材料提出明确的需求，国内大型客机发动机的风扇机匣、鼻锥、风扇整体叶片将采用高韧性树脂基复合材料，外涵机匣、中介机匣、外调节片等部件将采用耐高温高韧性树脂基复合材料。

目前航空领域高性能树脂基复合材料的用量达到 200t/a，随着 C919 大型客机等的批量生产和通用飞机的发展，航空复合材料的用量将快速增加，在未来 5～8 年，航空复合材料用量将达到 1000t/a 以上。

2）热塑性复合材料在航空领域的应用情况

在热塑性复合材料制造技术方面取得了显著的进步，基于热塑性预浸料的复合材料成型工艺也正在逐步发展，主要包括模压/冲压成型、自动缠绕成型、自动铺放成型、热塑性焊接成型。随着热塑性复合材料综合性能的不断提升与成型工艺的逐渐成熟，其应用范围已经拓展至航空航天领域，应用对象也由非承力构件向承力构件转变。表 4-2 列出了热塑性复合材料在国外军用飞机上的应用情况，最具代表性的是美国 F-22 战斗机热塑性复合材料用量达到 10%，而我国飞机用量很少，仅对简单结构进行了试验验证[9]。

表 4-2　热塑性复合材料在国外军用飞机上的典型应用

材料体系	应用构件	性能特点
AS4/PEEK	F/A18 蒙皮	验证二次熔融可行性
IM6/PEEK	F-5F 起落架内外蒙皮、观察台	比铝蒙皮减重 31%～33%
GF/PEEK	波音 757 发动机整流罩 F-22 主起落架舱门、座舱遮光屏、设备机架、管道等	抗恶劣条件（高湿、震动、高速），比金属制件减重 30%，成本降低 60%～80%
CF fabric/PPS	波音飞机检修门	韧性为环氧基复合材料的 3～5 倍

2. 航天复合材料领域

在航天领域，已经形成了板壳、空间和内压壳体三大航天结构复合材料系列，随着树脂基体韧性和耐温等级的不断提高，以及液体成型、缠绕成型和自动铺放成型等高效工艺技术的大规模应用，复合材料在航天领域的应用正由导弹和卫星支架等小尺寸次承力结构向发射筒、承力筒等大尺寸主承力结构跨越。目前美国、德国、法国和日本的卫星本体结构，除因温控限制而采用其他材料外，几乎全部采用高模量碳纤维复合材料制造，使卫星结构重量仅占卫星总重量的 5%，进一步提高了结构效率。碳纤维也开始大量应用高模量高强度 M55J，部分卫星结构开始使用性能更高的 M60J 高模量高强度碳纤维复合材料。为保证该桁架结构的热膨胀系数，卫星杆件、接头和蜂窝夹层结构的蒙皮均采用沥青基碳纤维增强氰酸酯复合材料制成，该材料制造的杆件热膨胀系数不大于 0.05ppm/K，管件轴向的热导率大于 200W/(m·K)，可有效提高结构精度和空间热稳定性[10]。

国内航天领域对高性能树脂基复合材料也有迫切的需求。新型战略导弹为了大幅度提高有效载荷，减轻结构重量，结构复合材料的应用比例将达到 80% 以上，单个战略导弹复合材料用量达到 1.5t；新型中远程地地导弹需要采用大型复合材料天线罩、结构防热复合材料、发动机复合材料壳体等，单个地地导弹复合材料用量达到 0.5t。卫星结构分系统的主承力结构件、次承力结构件，如卫星的中心承力筒、结构板、太阳翼电池帆板、太阳翼连接架、天线及支撑结构、遥感卫星相机镜筒及支架结构均采用高模量碳纤维树脂基复合材料制造，占整星结构的 90% 以上。目前航天领域高性能树脂基复合材料的用量达到 50t/a，在未来 5～8 年，航天复合材料用量将达到 80～100t/a。

德国 MT Aerospace 公司采用缠绕工艺为法国 Ariane-6 运载火箭制造新一代高效固体推进剂发动机的热塑性复合材料壳体，该方案在 Ariane-5 改进阶段就已经开始进行验证，热塑性复合材料首次拟应用于运载火箭发动机壳体[11]。

3. 武器装备复合材料领域

高性能树脂基复合材料在坦克装甲车辆车体、炮塔大型结构装甲构件、弹箭武器发动机壳体、喷管、尾翼、战斗部舱体、整流罩、天线罩，火炮身管和底盘也得到大量应用。美国研制成功了以 Integral Composite Armor 为代表的新型多功能结构复合装甲体系，复合材料车体减重效果达 30% 左右，同时具备了隐身、电磁屏蔽等特性。美国正在积极开展新一代多功能复合材料研制，目标是将减重效率由目前的 25%～33% 提升到 40%～50%，同时具备优良的宽频隐身效果。陆军弹箭武器的发动机壳体、喷管、尾翼、战斗部舱体、整流罩、天线罩、发射管（箱）、包装箱等部件主要是 T300 和 T700 级碳纤维增强复合材料，T-800、T-1000 也已开始用于中小口径弹箭武器。

国内兵器行业已将结构和防热复合材料开始用于主承力结构部件。预计未来五年内，兵器行业 T300、T700 级国产碳纤维复合材料需求量将达到 300t/a 以上；

未来十年内，国产 T300、T700 级碳纤维复合材料需求量将达到 700t/a 左右，高品级的 T800 级碳纤维复合材料需求量也将达到 10t/a 以上。预计未来十年，我国装甲装备、单兵防护、工程防护、民用人体防护等领域对高品级抗弹有机纤维的年需求量将达 6000t 以上。对于兼具结构承载和抗弹功能结构装甲构件，每年用量在 120t 左右；未来的发展是玻璃纤维/碳纤维以及与芳纶纤维的混杂复合材料，预计未来 5~8 年用量在 800t 左右。

4. 舰船复合材料领域

复合材料在舰船的应用主要有快艇、猎扫雷艇和大中型水面舰船、潜艇的上层建筑、独立结构、防护结构、非耐压壳体结构以及舱内结构等。美国的舰船复合材料用量一直稳居世界之首。美国制造了整体化的全复合材料"Stiletto"高速隐身快艇；英国也报道 20m 以下的船舶 80%采用复合材料制造。在舰船复合材料行业，瑞典、意大利和日本等国的技术和产业水平也均处于世界一流水平。2000 年下水的 VISBY 级巡洋舰，由于采用复合材料结构，舰体减重 30%。

国内舰船领域对复合材料具有迫切的需求。船舶减震降噪和耐腐蚀要求日益提高，未来我国猎扫雷艇、轻型护卫舰、驱逐舰、潜艇等大中型船舶迫切需求采用复合材料。

5. 工业复合材料领域

复合材料风电叶片：在过去的十年中，全球风力发电量年均增长率近 40%。在欧洲，德国政府计划在 2025 年前，将风力发电占总发电量的比例由目前的 3.5%提高到 25%以上，丹麦在 2030 年达到 50%；美国能源部要求在 2030 年风电需占整个国家用电 20%，达到 300GW。风电叶片是大型风力发电机的关键部件。我国 2020 年，风电总装机量将达到 200GW，平均每年新增装机量 16GW，复合材料年用量平均 22 万 t。

汽车用复合材料：减少能源消耗和降低对环境的污染已成为汽车工业实现可持续发展需要解决的关键问题。美国福特公司采用 CFRP 制造汽车传动轴、发动机罩、上下悬架臂等零部件。欧洲汽车制造者则把碳纤维增强复合材料应用于主承力结构件或次承力结构件，以达到更大减重并节约汽油的目的。2020 年，我国汽车产量为 2500 万辆，汽车复合材料用量将超过 120 万 t[12]。

轨道交通用复合材料：在车辆车体结构上，复合材料对减轻列车车厢重量、降低噪声、振动，提高安全性、舒适性，减少维修等均有重要作用。瑞士 Schindler Waggon 公司在瑞士联邦材料科学与技术研究所的技术支持下采用纤维缠绕的矩形管制造了复合材料铁路客车，与铝制车体相比，整体缠绕成型的复合材料车体可减轻车体 20%~25%的重量，同时还减少了制造成本。英国的 Intercity125

机车采用纤维增强复合材料（FRP）整体成型驾驶室端盖，比传统钢结构驾驶室重量轻 30%～35%，同时具有很好的抗冲击能力，能承受重 0.9kg 的立方体钢块以 350km/h 的速度冲击。我国在轨道交通方面，2020 年全国铁路营业里程达到 10 万千米以上，铁路客车用复合材料，如高速列车机车车头、墙板、顶板、卫生间和洗漱间等部件，用量 20 万 t。

建筑及基础设施用复合材料：主要应用领域有耐震补强加固和超负荷加固，提供更大的韧性和强度；腐蚀修补，保护建筑物免受外界环境腐蚀；老化及经地震、火灾等损坏修补，增加建筑物的抗压、抗剪、抗弯、抗腐蚀，抑制裂纹扩展，增加韧性，延长使用寿命[13]。据美国联邦公路管理局公布的数据，美国现有的高速公路桥梁中 40%左右在结构上是不完全的，桥梁、沟槽和隧道等相关结构的缺陷和功能退化共有 18 万处，必须在未来二十年改进或更新，预算总费用约 1800 万美元。2020 年我国在建筑和基础设施、结构补强等复合材料用量为 165 万 t。环保领域用复合材料，如烟气脱硫排气管道、水处理装置等，2020 年，环保领域用复合材料为 35 万 t。

我国在工业领域的复合材料消耗量已先后超过德国、日本和美国，已成为复合材料用量的大国。

4.3　树脂基复合材料存在的问题

国内高性能树脂基复合材料整体水平，无论技术还是应用，均与发达国家存在明显的差距。具体表现为以下几点。

（1）复合材料设计、分析与可靠性评估技术落后，严重影响复合材料的应用效率。国内复合材料构件设计总体上仍以"替代"为主，应用以"跟踪"为主，造成复合材料应用的减重效率不高。

（2）国内树脂基复合材料关键原材料，尤其是增强材料（如碳纤维），价格过高，缺乏竞争力。高强高模碳纤维只能保证军工领域应用，民用领域因其价格昂贵不能使用，且其批次稳定性有待提高。高强高模的有机纤维应用开发能力不足。

（3）国内第三代高韧性热固性树脂基复合材料关键技术已达到国际先进水平，但尚缺乏工程验证和应用。耐高温热塑性树脂基复合材料的性能已达到国际水平，缺乏工程验证和应用。

（4）大型复合材料构件应用考核不足，影响了先进树脂基复合材料在飞机机翼、机身、导弹弹体等大型构件上的广泛应用。

（5）航空发动机和超高速飞行器等用耐高温树脂基复合材料尚未形成完整的

材料技术体系，缺乏对耐高温树脂基复合材料的关键基础研究，严重缺乏在航空发动机等装备的考核验证。

（6）新一代卫星用超高刚度和高导热碳纤维复合材料技术尚不成熟，战略战术导弹用烧蚀防热复合材料仍有待完善和提高，高性能透波树脂和高残碳烧蚀防热树脂缺乏，急需开展新型高性能树脂体系研发和工程化、与之相对应的复合材料技术研究和考核验证，支撑导弹和卫星等航天装备更新换代。

（7）民用复合材料产业集成度不高，中小企业所占比例过大，技术水平有待提高，低水平重复建设情况严重，行业内低价恶性竞争已成痼疾，企业盈利能力较差。

（8）高性能树脂基复合材料关键工艺装备的自主研发能力较弱，难以支撑复合材料先进工艺技术的发展。国内的复合材料关键装备总体处于以引进为主、研仿为辅的状况，部分装备如缠绕机、热压罐、等静压机的设计制造虽取得了一定突破，但发挥主要作用的还是进口装备。

（9）高性能树脂基复合材料的"通用化""系列化""标准化"落后，尤其是许多新产品没有及时上升为标准。针对复合材料各向异性、非均质、非均相等特点的无损检测、高过载与高速碰撞条件下的动态性能表征、损伤容限与疲劳性能表征以及环境试验等检测评价标准落后。

4.4　树脂基复合材料发展愿景

4.4.1　战略目标

以高韧性树脂基复合材料在大型飞机的应用，耐高温高韧性树脂基复合材料在航空发动机、导弹和高速飞行器等耐高温结构的应用，以及复合材料结构自动化制造技术为重点，以低成本复合材料及其制造技术在兵器、舰船和能源等领域规模应用为目标，从材料体系、结构设计、成型加工和装备进行全链条系统布局，构建规模化高性能碳纤维结构复合材料产业。加快建立先进数字化平台和设计技术体系，突破"跟踪设计、替代应用"局限，形成自主设计和创新设计能力，有力牵引和促进先进复合材料的应用。具体目标如下所述。

至 2025 年：

（1）建立超高韧性热固性树脂基复合材料的工程化技术并完成装机考核验证。

（2）完成高性能热塑性树脂基复合材料的工程化技术并实现典型样件的验证。

（3）耐高温结构功能一体化复合材料实现在军用装备领域的应用考核。

（4）实现复合材料自动化技术普及率达到 50%。

（5）低成本快速成型复合材料技术在兵器、船舶、能源、交通和无人机等领域得到批量应用，初步形成先进结构复合材料产业。

（6）建立高性能树脂基复合材料设计体系。

至 2035 年：

（1）耐高温热塑性树脂基复合材料综合力学性能及其制造技术达到国际领先水平，实现高性能热塑性树脂基复合材料在大型飞机上的全面应用，建立相应的标准体系。

（2）研究智能型树脂基复合材料的制备技术。

（3）全面实现耐高温结构功能一体化复合材料在导弹、航空发动机等领域应用；智能型复合材料实现工程化应用。

（4）全面实现树脂基体复合材料自动化制造。

（5）高性能及低成本复合材料在国防、民用航空、通用航空和交通运输等领域得到广泛应用，形成规模化结构复合材料产业。

4.4.2　重点任务

至 2025 年：

（1）发展 CAI≥315MPa 超高韧性环氧树脂基复合材料工程化应用技术，并在飞机上完成装机验证考核。

（2）发展耐高温热塑性树脂基复合材料工程化技术，尤其重点研究耐 250℃、300℃、350℃的聚芳醚热塑性树脂基复合材料制造技术及其相关制造设备，实现不同纤维（碳纤维、玄武岩纤维）的工程化技术，并完成航空航天领域的典型样件考核。

（3）攻克复合材料制造自动铺丝和铺带工艺的装备及其成型技术；分别定型热固性树脂基复合材料和热塑性树脂基复合材料的自动铺放装备。

（4）实现耐 400℃以上的高温树脂基复合材料工程化技术。

（5）实现多频段透波和结构/隐身一体化宽频吸波和透波复合材料技术，大功率密度结构透波复合材料、中低密度防热复合材料和空间高模量超轻结构复合材料的工程化技术；实现自感应、自适应、自诊断、自修复等智能型复合材料的工程化技术。

（6）针对兵器、船舶、能源、交通和无人机等领域，发展低成本非热压罐成型复合材料快速成型技术，以及复合材料自动柔性装配技术。

（7）针对不同耐温等级、树脂基体的类型，建立高性能树脂基复合材料的设计体系。

至 2035 年：

（1）实现高性能热塑性树脂基复合材料在大型飞机上的全面应用推广，建立相应的标准体系，进行航空领域质量认证。

（2）实现结构透波、结构隐身、智能型树脂基复合材料的工程化应用，全面提升我国国防军工等领域的技术水平。

（3）低成本复合材料及其制备技术全面提升我国国内民用及军工领域的技术和装备水平。

（4）实现我国整体高性能树脂基复合材料水平达到国际先进水平。

4.4.3　实施路径

至 2025 年：

（1）发展 CAI≥315MPa 超高韧环氧树脂基复合材料工程化应用技术。

（2）发展耐 250℃、300℃、350℃的杂萘联苯聚芳醚热塑性树脂基复合材料制造技术及其相关制造设备，实现不同纤维（碳纤维、玄武岩纤维）的工程化技术；建立热塑性树脂基复合材料的设计体系。

（3）实现耐 400℃以上高温树脂的低成本合成工程化技术，预浸带制造技术及其成型技术。

（4）初步实现树脂基复合材料的自动化制造技术，分别定型热固性树脂基复合材料和热塑性树脂基复合材料的自动铺放装备。

（5）实现多频段透波和结构/隐身一体化宽频吸波和透波复合材料技术，大功率密度结构透波复合材料、中低密度防热复合材料和空间高模量超轻结构复合材料的工程化技术；实现自感应、自适应、自诊断、自修复等智能型复合材料的工程化技术。

（6）实现低成本复合材料的树脂基体及增强材料的低成本化；实现非热压罐复合材料连续自动化快速制造生产线及其材料工艺关键技术。

（7）初步形成包含原材料、中间体材料和复合材料及其关键装备的复合材料产业，产业产值突破 100 亿元。

至 2035 年：

（1）实现高性能热塑性树脂基复合材料在大型飞机承力结构、次承力结构的装机验证，建立相应的标准体系，进行航空领域质量认证。

（2）实现结构透波、结构隐身、智能型树脂基复合材料的工程化应用。

（3）形成系列不同等级树脂基复合材料创新技术，从树脂、复合材料技术到制造装备均实现自主创新，实现完全自主保障，整体水平达到国际先进水平，其中，热塑性树脂基复合材料技术达到国际领先水平。

我国高性能热塑性复合材料发展路线图如图 4-9 所示。

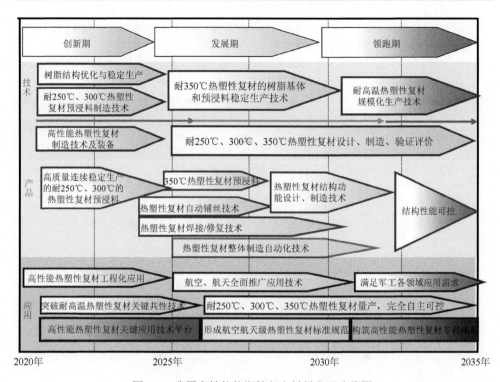

图 4-9　我国高性能热塑性复合材料发展路线图

参 考 文 献

[1]　杜善义.先进复合材料与航空航天.复合材料学报,2007,(1):1-12.

[2]　陈祥宝,张宝艳,邢丽英.先进树脂基复合材料技术发展及应用现状.中国材料进展,2009,28(6):2-12.

[3]　包建文,蒋诗才,张代军.航空碳纤维树脂基复合材料的发展现状和趋势.科技导报,2018,36(19):52-63.

[4]　邢丽英,包建文,礼嵩明,等.先进树脂基复合材料发展现状和面临的挑战.复合材料学报,2016,33(7):
　　　1327-1338.

[5]　郝大贤,王伟,王琦珑,等.复合材料加工领域机器人的应用与发展趋势.机械工程学报,2019,55(3):
　　　1-17.

[6]　王兴刚,于洋,李树茂,等.先进热塑性树脂基复合材料在航天航空上的应用.纤维复合材料,2011,28(2):
　　　44-47.

[7]　张晓虎,孟宇,张炜.碳纤维增强复合材料技术发展现状及趋势.纤维复合材料,2004,(1):50-53,58.

[8]　Ageorges C, Ye L, Hou M. Advances in fusion bonding techniques for joining thermoplastic matrix composites:
　　　a review. Composites Part A: Applied Science and Manufacturing, 2001, 32(6):839-857.

[9]　Stavrov D, Bersee H. Resistance welding of thermoplastic composites-an overview. Composites Part A: Applied
　　　Science and Manufacturing, 2005, 36(1):39-54.

[10]　Vieille B, Casado V M, Bouvet C. About the impact behavior of woven-ply carbon fiber-reinforced
　　　thermoplastic-and thermosetting-composites:a comparative study. Composite Structures, 2013, 101:9-21.

[11]　Offringa A R. Thermoplastic composites-Rapid processing applications. Composites Part A：Applied Science and Manufacturing，1996，27（4）：329-336.

[12]　Ning F D，Cong W L，Qiu J J，et al. Additive manufacturing of carbon fiber reinforced thermoplastic composites using fused deposition modeling. Composites Part B-Engineering，2015，80：369-378.

[13]　Cheng S，Weng Z，Wang，X，et al. Oxidative protection of carbon fibers with carborane-containing polymer. Corrosion Science，2017，127：59-69.